数 ∴ 学 ＝ (女 × 孩) 4 随机算法

Randomized Algorithms

〔日〕结城 浩 ◇ 著

丛熙 江志强 ◇ 译

U0258601

人民邮电出版社

北 京

图书在版编目（CIP）数据

数学女孩. 4，随机算法 ／（日）结城浩著 ； 丛熙，
江志强译. -- 北京 ： 人民邮电出版社，2019.5
（图灵新知）
ISBN 978-7-115-50933-8

Ⅰ．①数… Ⅱ．①结… ②丛… ③江… Ⅲ．①数学—
普及读物 Ⅳ．①O1-49

中国版本图书馆CIP数据核字(2019)第040951号

内 容 提 要

《数学女孩》系列以小说的形式展开，重点描述一群年轻人探寻数学中的美。内容由浅入深，数学讲解部分十分精妙，被称为"绝赞的数学科普书"。

《数学女孩4：随机算法》以"随机算法"为主题，从纯粹的数学和计算机程序设计两个角度对随机算法进行了细致的讲解。内容涉及排列组合、概率、期望、线性法则、矩阵、顺序查找算法、二分查找算法、冒泡排序算法和快速排序算法等。整本书一气呵成，非常适合对数学和算法感兴趣的初高中生以及成人阅读。

◆ 著   ［日］结城浩
译   丛 熙   江志强
责任编辑   高宇涵
责任印制   周昇亮

◆ 人民邮电出版社出版发行   北京市丰台区成寿寺路11号
邮编 100164   电子邮件 315@ptpress.com.cn
网址 http://www.ptpress.com.cn
涿州市京南印刷厂印刷

◆ 开本：880×1230 1/32
印张：15.75   2019年5月第1版
字数：400千字   2025年2月河北第22次印刷
著作权合同登记号   图字：01-2018-2900号

定价：69.00元
读者服务热线：(010)84084456-6009   印装质量热线：(010)81055316
反盗版热线：(010)81055315

致读者

本书涵盖了形形色色的数学题，从小学生都能明白的简单问题，到大学生也难以理解的难题。

本书通过语言、图形、程序以及数学公式表达登场人物的思路。

如果你不太明白数学公式的含义，姑且先看看故事，公式可以一眼带过。泰朵拉和尤里会跟你一同前行。

擅长数学的读者，请不要仅仅阅读故事，务必一同探究数学公式。如此，也许能够更好地把握故事的全貌。

主页通知

关于本书的最新信息，可查阅以下 URL。

http://www.hyuki.com/girl/

此 URL 出自作者的个人主页。

目 录

C O N T E N T S

序言

序 言

我的前方本没有路，
我的身后是我踏出的路。
——高村光太郎《旅途》

我，想了解这个世界。

我，想了解我自己。

想了解世界的广阔。

想了解自己的深邃。

但实际上——我想被了解。

被世界，被她所了解。

但是我不明白。

我不明白我自己。

真的希望自己现在的样子被看到吗？

我想不明白这一点。

与少言寡语的红发少女，

邂逅在新的季节。

从那里诞生出新的谜题。

若要做出选择，只能有所放弃。
无限多条道路，只能选择一条。

　　过去已然确定，未来尚不可知。
　　位于它们的分界上的，是现在。

如果未来变成现在，只会留下一个时刻。
现在在前行中将不定的未来变成确定的过去。

　　选择，决定了前程。
　　选择，向未来前行。

即便无法理解，我也会选择。
即便无法理解，我也在活着。
一边选择，一边活着。
一边前行，一边开辟道路。

　　我的前方本没有路，
　　我的身后是我踏出的路。

我不知自己是否正确地了解了世界。
也不知自己是否正确地了解了自己。
但是，我今天仍在前行。

　　为了知晓无法知晓的明天。
　　为了解出未能解出的谜题。

一边期待着有你的未来——

第 1 章

绝不会输的赌博

我这是在哪儿？

这里是大陆还是小岛？

这里有没有人居住？

这里有没有野兽的威胁？

我，还什么都不知道。

——《鲁滨逊漂流记》

1.1 掷骰子

两个骰子

"我们来比赛吧，哥哥！"尤里叫我。

"好啊，今天比什么？"我回应道。

"我来出题，咱们认真地决一胜负吧！"

掷骰子比赛

爱丽丝和鲍勃各掷一次骰子，掷出点数更大的一方胜出。那么爱丽丝获胜的概率是多少呢？

正值四月，每天都是温暖惬意的日子。此刻我和尤里正在我的房间里。

表妹尤里住在我家附近，上初二 —— 啊不，从今年春天开始就上初三了。也许是从小就经常一起玩耍的原因，她都不叫我"表哥"，而是直接叫我"哥哥"。她扎着马尾辫，头发是栗色的，穿着薄毛衣和牛仔裤。

每逢休息日，尤里都会来我的房间玩。最近我们经常在一起思考数学，解数学题。

"呃……因为对称性 [①]，爱丽丝获胜的概率不就是 $\frac{1}{2}$ 嘛。"我回答说。

"错 —— 啦 ——"尤里露出十分开心的表情。

"啊，不对。两个人 ——"

"你漏掉了两个人平局的情况。"尤里接过我的话。

"是我大意了。"我说道，"爱丽丝的骰子的点数有 6 种，与之相对应，鲍勃的骰子的点数也有 6 种。也就是说总共有 $6 \times 6 = 36$ 种情况。这 36 种情况中每一种情况发生的概率都相同。"

$$所有情况数 = 爱丽丝的 6 种 \times 鲍勃的 6 种$$
$$= 36 种$$

我看着点头的尤里，继续解释。

"36 种情况中，爱丽丝和鲍勃的点数相等的情况有 6 种，此时结果为平局。所以能分出胜负的情况就是 $36 - 6 = 30$ 种。这 30 种情况中，一半，也就是 15 种情况下爱丽丝获胜，其余 15 种情况下鲍勃获胜。"

---

① 对称性是说爱丽丝和鲍勃在比赛中的地位相同，谁也不比谁占优势，所以获胜的概率相同。但此处主人公大意遗漏了平局的情况，因此得出了错误的结论。—— 译者注

$$爱丽丝获胜的情况数 = \frac{能分出胜负的情况数}{2}$$

$$= \frac{所有的情况数\,(36) - 平局的情况数\,(6)}{2}$$

$$= \frac{36 - 6}{2}$$

$$= \frac{30}{2}$$

$$= 15$$

"嗯嗯。"

"所以，爱丽丝获胜的概率就是这样的。"我接着说。

$$爱丽丝获胜的概率 = \frac{爱丽丝获胜的情况数\,(15)}{所有的情况数\,(36)}$$

$$= \frac{15}{36}$$

$$= \frac{5}{12}$$

"这次答对啦。爱丽丝获胜的概率是 $\frac{5}{12}$。哥哥，你漏掉了两个人平局的情况，没想到哥哥也会犯这种低级错误喵～"尤里用猫语说道。

"我也会有失手的时候呀。"

"遇到复杂的问题应该'用表格来想'，这可是哥哥你告诉我的。"

		鲍勃					
		1 ⚀	2 ⚁	3 ⚂	4 ⚃	5 ⚄	6 ⚅
爱丽丝	1 ⚀	平局	鲍勃胜	鲍勃胜	鲍勃胜	鲍勃胜	鲍勃胜
	2 ⚁	爱丽丝胜	平局	鲍勃胜	鲍勃胜	鲍勃胜	鲍勃胜
	3 ⚂	爱丽丝胜	爱丽丝胜	平局	鲍勃胜	鲍勃胜	鲍勃胜
	4 ⚃	爱丽丝胜	爱丽丝胜	爱丽丝胜	平局	鲍勃胜	鲍勃胜
	5 ⚄	爱丽丝胜	爱丽丝胜	爱丽丝胜	爱丽丝胜	平局	鲍勃胜
	6 ⚅	爱丽丝胜	爱丽丝胜	爱丽丝胜	爱丽丝胜	爱丽丝胜	平局

爱丽丝和鲍勃掷骰子比赛的结果

"确实是这样啊。"竟然因疏忽大意而犯了低级错误，我有些不甘心。

"用图来表示 $\frac{15}{36} = \frac{5}{12}$ 的话……看，就像这样。"

$$= \frac{15}{36} = \frac{5}{12}$$

"嗯……那该我出题了。"我的语气有点强势。

"真是的～你都高三了我才初三，别这么认真啊。"

1.2　抛硬币

1.2.1　两枚硬币

抛两枚硬币

　　爱丽丝抛出百元硬币和十元硬币①各一枚后说："两枚硬币中至少有一枚是正面的。"

　　此时，两枚硬币都是正面的概率是多少呢？

"这还不简单。"尤里不假思索地回答。

---

① 这里的百元硬币和十元硬币指的是日本货币。日本货币中的硬币有1日元、5日元、10日元、50日元、100日元、500日元六种面值。—— 译者注

"是吗？"

"我们已经知道至少有一枚硬币是正面的了，对吧？也就是说，两枚硬币是否都为正面，由另一枚硬币是否为正面决定。那么，概率不就是 $\frac{1}{2}$ 嘛。"

"然而错了。概率为 $\frac{1}{2}$ 是错的。"

"诶！？"尤里似乎打心眼里吃了一惊，"这不可能！"

"可能。"

"不可能！"

"分析概率问题时，要注意'观察整体'。"

"绝对是 $\frac{1}{2}$ 的嘛。"

"尤里，你在听吗？"

"听着呢，刚刚说要观察整体对吧？"

"对于这个问题，我们要解决的是百元硬币与十元硬币的正反面问题。"

	百元硬币	十元硬币
HH	正面	正面
HT	正面	反面
TH	反面	正面
TT	反面	反面

"这个 HH 是？"尤里问我。

"这个啊，H 表示正面，T 表示反面，它们分别对应英文 Head 和 Tail。Head 和 Tail 虽然是'头'和'尾'的意思，但是也能用来表示硬币的正面和反面。"

"哦哦，我才知道。"

H 正面 (Head)

T 反面 (Tail)

"抛出百元硬币和十元硬币时，发生 HH、HT、TH、TT 这四种情况的概率相同，对吧?"我问她。

"是的。但是 TT 这种情况是不可能的呀，不是已经知道有一枚硬币是正面了嘛。"尤里回答道。

"说得没错。因此，实际上只有 HH、HT、TH 这三种情况中的一种会发生。"

	百元硬币	十元硬币
HH	正面	正面
HT	正面	反面
TH	反面	正面
~~TT~~	~~反面~~	~~反面~~

"啊……"

"HH、HT、TH 这三种情况中每一种情况发生的概率都是 $\frac{1}{3}$。其中，两枚硬币都是正面的情况只有 HH 一种。综上所述，所求的概率是 $\frac{1}{3}$。"

"嗯嗯……"沉浸在思考中的尤里，栗色的头发闪耀着金色的光泽。

"正确答案是 $\frac{1}{3}$。明白了吗?"

"哥哥，爱丽丝说了什么来着?"

"爱丽丝说'两枚硬币中至少有一枚是正面的'。"

"我明白了!'至少有一枚'才是关键。爱丽丝口中那枚正面的硬币，可能是百元硬币，也可能是十元硬币，有两种情况。"

"嗯，说得对。至少有一枚硬币为正面的情况有三种。其中两枚硬币都为正面的情况，只有 HH 一种。但是只有一枚硬币为正面的情况却有 HT 和 TH 两种。"

"原来如此啊。"

"刚才我也说过了，分析概率问题时一定要注意'观察整体'。"

1.2.2 一枚硬币

"呜喵!"尤里猛地伸了个懒腰,"我玩腻了。我们抛真正的硬币来定胜负吧!借我一个百元硬币。"

尤里刚接过我递出的百元硬币,便用大拇指将其向上弹起。伴着清脆的声音,银色的硬币笔直地飞起又落下。尤里伸出左手背轻巧地接住硬币,随即用右手捂住。

"尤里,厉害呀。"

"要是正面就算我赢,反面的话哥哥就输了。"

"我明白了…… 嗯? 等一下!"

"切…… 被你发现了吗?"

"肯定会发现的吧。要是按照你的规则,尤里你岂不是百分百获胜!"

"不啊,你看,硬币要是立起来的话就是哥哥胜!"

"喂喂!"我们相视而笑。

"嘿嘿…… 这回来真的啊。正面、反面,猜一个?"

尤里把捂住硬币的手"唰"地伸到我面前。

"反面吧。"我有点犹豫。

话音刚落,尤里就松开了手。

"真可惜,是正面。"

"诶? 这可是反面呀。印有年号的那一面是反面 [①]。"

"诶诶诶？是这样吗？"

"所以说，是哥哥我赢了吧。"

"你耍赖。"尤里不服输地撅起嘴。

正面　　　　反面

"一点儿都没耍赖好吧？"

"我要给耍赖的哥哥出一个难题！"

这时，从厨房传来我妈妈的声音。

"孩子们，来吃点心啦。"

"来了 —— 哼，哥哥被拳击场的铃声救了呢。"

"哪有什么铃声……"

"这次先放你一马。"

尤里这样说着，轻快地跑出房间。

呼……

我四肢无力，拖着脚步跟随尤里走向餐厅。

1.2.3　彩票的记忆

桌子上摆放着刚做好的装在盘子里的饼干，还有盛在马克杯中的汤。

"这是什么呀……"我闻了闻汤的味道说。

"我用新的香料开发出的新作品呀，想听听你们的评价。"妈妈露出得意的神色。

"这味道好奇怪啊。"

"好香啊。"尤里这样说道。

"尤里真是个乖孩子。"

"呜,这个味道实在是……"我尝了一小口,嘟囔着。

"真没礼貌!"妈妈抱怨着,"我可是每天都做饭的人。哪像你,前几天让你做个奶油炖菜,面粉都没搅拌开,最后全都结成疙瘩了。就你这个样子,还想对我做出来的东西指指点点吗?"

"说是让我做饭,实际上是把我强行拽到厨房吧。"我反驳道,"还有,刚才明明是您让我们说感想的……"

"你连把所有材料搅拌均匀这点小事都做不好。"妈妈无视了我的反驳,"对了,还有元旦的时候也是,让你照看煮豆子的锅,结果煮得太久,锅都被烧糊了。"

"当时我读书读得入迷,不知不觉就忘了要关火这回事……"

"哥哥,你快点学会做家务吧。"尤里说道,"不然尤里也放心不下你呀。"

"说什么呢?"啊啊真是的,对话变得越来越复杂。

"这孩子刚才是在好好教你学习吗?"妈妈问尤里。"这孩子"指的是我。

"嗯,哥哥刚刚还给我讲了概率的问题。"尤里答道。

在这种时候,尤里总是显得聪明机灵,懂得对大人露出一张爽朗的笑脸。

"说到概率,车站前在卖'春天的彩票'呢,我看到那里贴了一张大海报。"妈妈说。

"是写着'本店诞生了一等奖!'的海报吧?"我说道。

春天的彩票
本店诞生了一等奖!

海报整体为手写风格,在"一等奖"三个字上面还加了"◎◎◎"这样的记号。

"那家店的中奖概率会不会比较高啊？"妈妈将信将疑。

"不，那是不可能的，妈。"我说，"可不要被'诞生了一等奖'这种话迷惑了呀。"

"是这样的吗？可既然是中过奖的店，中奖的概率应该会高一点吧？"

"数学上没有这种说法。"

"但是，这家店也可能是被彩票女神眷顾了呀！"

"哎呀，妈……彩票是没有记忆力的啊。之前哪家店中了奖哪家店没中，彩票是不知道的。别上那种海报的当。"

"但是……"妈妈好像还没有想通。

"哥哥。"刚喝完汤的尤里说，"海报上写的是'本店诞生了一等奖'，对吧？"

"是的。"

"从数学的角度来看，海报上的说法也没什么不对吧。"

"此话怎讲？"不仅妈妈，怎么连尤里也这么说……

"就是……'本店诞生了一等奖'这是事实吧，海报上也没写'在本店买彩票会更容易中奖'啊，对吧？"

"……没错。"我无法否定，"这样一来，反而是购买彩票的人的错喽？是他们误会了海报的意思，是他们自作主张？这真是太狡猾了。"

"说的是呢。"

"有许多概率问题都与我们的直觉相悖。如果不仔细计算，很容易被欺骗。"

"先别在意那个了，快把汤喝了吧。"妈妈对我说。

1.3 蒙提霍尔问题

1.3.1 3个信封

好不容易把汤都咽了下去，我才和尤里回到房间。

"说到概率，就不得不提到**蒙提霍尔问题**了。"我说。

蒙提霍尔问题

主持人在桌子上摆好 3 个信封。

主持人："这 3 个信封中，有 1 个信封里装有礼品券，其余 2 个信封是空的。那么，你选哪一个呢？"

你选择了 1 个信封并拿到手中。

正当你想要打开信封的时候，主持人示意你停下，然后这样说道。

主持人："我知道哪些信封是空的。作为提示，我将从桌子上剩下的 2 个信封当中选择 1 个打开。如果装有礼品券的信封还在桌子上，我就会打开另一个空的信封；如果桌子上的 2 个信封都是空的，我就会随机选取其中的 1 个打开。"

主持人从桌子上的 2 个信封中选取了 1 个打开。的确，那是个空信封。

主持人："现在你可以坚持你的选择，拿走最开始选取的信封，也可以和桌子上剩下的信封交换。你会怎样选择呢？"

你很想要礼品券。所以，是继续选择最开始拿到的信封好，还是和桌子上剩下的信封交换好呢？

"这是不可能遇到的场景喵。"尤里否定得毫不犹豫。

"不，这是在电视节目《一锤定音》[①] 中实际出现过的场景。只不过，据说节目中使用的道具不是礼品券和空信封，而是轿车和山羊。"

---

①《一锤定音》(*Let's Make a Deal*)，斯蒂芬·豪托什(Stefan Hatos)和蒙提·霍尔(Monty Hall)于1963年创办的美国电视游戏节目，蒙提·霍尔在随后多年(1963年至1986年，1991年)都主持了该节目。——译者注

"山羊！山羊好棒喔。我好想要啊～"

"呃，山羊是猜错的那一种啊。"

"问题叫什么来着，好像是蒙提霍尔问题？"

"蒙提·霍尔是节目主持人的名字。"

"哦哦。对了哥哥，即便主持人打开了空信封，也不会发生最开始选择的信封里礼品券消失，或者突然出现了礼品券这种情况，对吧？"

"是的。"

"这样的话，交换信封什么的不就完全没有意义了吗……我明白了，这是个陷阱问题！虽然问题问的是'你是继续选择最开始拿到的信封好，还是和桌子上剩下的信封交换好'，但是答案实际上是'无论选哪一个，结果都是一样的'—— 哥哥是想抖这样一个机灵喵！"

"你真是深度解读了呢……那么尤里的答案是？"

"人家的答案是，不论是否交换，中奖的概率都一样！"

"错 —— 啦 ——"我模仿着尤里的语气。

"诶？怎么会错呢？"

"正确答案是，与剩下的信封交换更好。"

"诶！交换会更好吗？"

"是这样的。"

"一定？"

"一定。只要列举出所有的情况就能明白啦。我们将 3 个信封分别命名为 A、B、C，用表格来想。猜中时用'○'表示，猜错时用'×'表示。"

概率		A	B	C	
1	$\frac{1}{3}$	○	×	×	A 为中奖信封的情况
	$\frac{1}{3}$	×	○	×	B 为中奖信封的情况
	$\frac{1}{3}$	×	×	○	C 为中奖信封的情况

"嗯，确实是这样。"尤里点了点头。

"这 3 种情况发生的概率相等，都是 $\frac{1}{3}$。"我接着说，"这 3 种情况各自对应的选择方法也有 3 种。我们重新列一个表吧，给我们选择的信封加上 '[ ]'。"

概率			A	B	C	
1	$\frac{1}{3}$	$\frac{1}{9}$	[○]	×	×	A 为中奖信封，且你选择 A 的情况
		$\frac{1}{9}$	○	[×]	×	A 为中奖信封，而你选择 B 的情况
		$\frac{1}{9}$	○	×	[×]	A 为中奖信封，而你选择 C 的情况
	$\frac{1}{3}$	$\frac{1}{9}$	[×]	○	×	B 为中奖信封，而你选择 A 的情况
		$\frac{1}{9}$	×	[○]	×	B 为中奖信封，且你选择 B 的情况
		$\frac{1}{9}$	×	○	[×]	B 为中奖信封，而你选择 C 的情况
	$\frac{1}{3}$	$\frac{1}{9}$	[×]	×	○	C 为中奖信封，而你选择 A 的情况
		$\frac{1}{9}$	×	[×]	○	C 为中奖信封，而你选择 B 的情况
		$\frac{1}{9}$	×	×	[○]	C 为中奖信封，且你选择 C 的情况

"原来如此喵～"

"一共有 $3 \times 3 = 9$ 种情况，每种情况发生的概率相等，都是 $\frac{1}{9}$。接下来，如果开始的时候你选到了中奖的信封，主持人会从剩余的 2 个空信封中选择 1 个打开，对应 2 种情况。此时，概率 $\frac{1}{9}$ 分为两份，每种情况各 $\frac{1}{18}$。"

"嗯嗯……"

"若是一开始你选到了空信封，主持人只能选择剩下的 1 个空信封打开，这只有 1 种情况，概率保持 $\frac{1}{9}$ 不变。因为有点难以理解，我们还是把它整理成表格。将一定会发生的概率 1，按 $1 \rightarrow \frac{1}{3} \rightarrow \frac{1}{9} \rightarrow \frac{1}{18}$ 这样分解。"

	概率		A	B	C	
1	$\frac{1}{3}$	$\frac{1}{9}$	$\frac{1}{18}$	[○]	✳	×	A为中奖信封，且你选择A，主持人打开B的情况
			$\frac{1}{18}$	[○]	×	✳	A为中奖信封，且你选择A，主持人打开C的情况
		$\frac{1}{9}$		○	[×]	✳	A为中奖信封，而你选择B，主持人打开C的情况
		$\frac{1}{9}$		○	✳	[×]	A为中奖信封，而你选择C，主持人打开B的情况
	$\frac{1}{3}$	$\frac{1}{9}$		[×]	○	✳	B为中奖信封，而你选择A，主持人打开C的情况
		$\frac{1}{9}$	$\frac{1}{18}$	✳	[○]	×	B为中奖信封，且你选择B，主持人打开A的情况
			$\frac{1}{18}$	×	[○]	✳	B为中奖信封，且你选择B，主持人打开C的情况
		$\frac{1}{9}$		✳	○	[×]	B为中奖信封，而你选择C，主持人打开A的情况
	$\frac{1}{3}$	$\frac{1}{9}$		[×]	✳	○	C为中奖信封，而你选择A，主持人打开B的情况
		$\frac{1}{9}$		✳	[×]	○	C为中奖信封，而你选择B，主持人打开A的情况
		$\frac{1}{9}$	$\frac{1}{18}$	✳	×	[○]	C为中奖信封，且你选择C，主持人打开A的情况
			$\frac{1}{18}$	×	✳	[○]	C为中奖信封，且你选择C，主持人打开B的情况

"实在是麻烦喵～"尤里嘴上这么说着，脸却凑到笔记本前，全神贯注地看着我新列出的表格。"然后呢?"

"然后呀，'[○]'表示当你一直持有最初的信封时中奖的情况。"

一直持有最初的信封时中奖的概率 = [○] 的概率之和

$$= \frac{1}{18} + \frac{1}{18} + \frac{1}{18} + \frac{1}{18} + \frac{1}{18} + \frac{1}{18}$$
$$= \frac{6}{18}$$
$$= \frac{1}{3}$$

"看，和人家说的一样，抽中的概率确实是 $\frac{1}{3}$ 吧。"

"同理，可以通过求所有 '[×]' 的概率之和，来求得交换信封后抽中的概率。"

选择交换信封后中奖的概率 = [×] 的概率之和

$$= \frac{1}{9} + \frac{1}{9} + \frac{1}{9} + \frac{1}{9} + \frac{1}{9} + \frac{1}{9}$$
$$= \frac{6}{9}$$
$$= \frac{2}{3}$$

"…… 原来如此。"

"于是结果为

$$一直持有最初的信封时中奖的概率 = \frac{1}{3}$$
$$选择交换信封后中奖的概率 = \frac{2}{3}$$

综上所述，交换信封是更好的选择，对吧？"

"嗯，道理是理解了…… 但是，总感觉理解得还不够透彻。"

尤里把两手叉在脑后，露出有些不满的表情。

"喔，也是啊。易于理解的讲法也有很多啦。比方说，我们假定信封的数目不是 3 个，而是 1 万个，装有礼品券的信封只是其中的 1 个。"

"说什么呢…… 哈哈哈哈哈。"没绷住脸的尤里一下子笑了出来。

"你从 1 万个信封中选择 1 个拿到手中，然后主持人在剩下的 9999 个信封中打开 9998 个空信封。此时，和剩下的信封交换更好，对吧？"

"那肯定是交换更好了。因为最开始选择的信封的中奖概率只有 $\frac{1}{10\,000}$。想猜对几乎是不可能的啊。"

"是的。"我示意尤里接着说下去。

"剩下 9999 个信封，其中包含装有礼品券的信封的概率是 $\frac{9999}{10\,000}$。接着，主持人一边注意装有礼品券的信封，一边将其余 9998 个信封接二连三地打开。猜错的概率是…… 人家也说不明白啦。"

"在不打开装有礼品券的信封的前提下，主持人打开了 9998 个信封。换句话说就是，将 9999 个信封中包含装有礼品券的信封的概率 $\frac{9999}{10\,000}$，浓缩进剩下的 1 个信封当中。"

"就像把豆子熬干那样？"尤里坏笑着说。

"…… 呃，就是那样。3 个信封时也可以用同样的方法思考。一开始选到中奖信封的概率为 $\frac{1}{3}$。反过来说，桌子上有中奖信封的概率是 $\frac{2}{3}$。主持人打开空信封，就相当于把桌子上有中奖信封的概率 $\frac{2}{3}$，熬干浓缩进剩下的 1 个信封里。"

"嗯～嗯～"尤里点着头，看来是理解了。

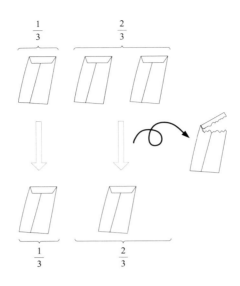

"因此，蒙提霍尔问题的本质是：

- 选择手上的中奖概率为 $\frac{1}{3}$ 的信封。或是，
- 选择桌子上的中奖概率被熬干浓缩至 $\frac{2}{3}$ 的信封。"

"你倒是最开始就这样讲啊。"

唉……

1.3.2   上帝视角

"话说回来，哥哥，'用表格来想'真是个好办法。"

"嗯，是啊。'用表格来想'也是为了'观察全体'而采用的诸多方法中的一种。可以说是'上帝视角'吧。"

"上帝视角？上帝什么都能看到吗？连未来也能？"

"不是说上帝是全知全能的嘛，应该能看到吧。"

"那么，尤里是否会解这道题、将来会跟谁结婚、什么时候会死，上帝也全都能看到喽？"

"也许吧，上帝连尤里在家有没有好好学习都会知道。"

"呜——"

"初三正是要中考的年级。"我指着尤里说道。

"啊，真是的，别让我想起不开心的事儿啊…… 看我反击！哥哥你作为高三学生，正处在要高考的年级。"尤里反过来指着我说。

"呜哇。"我夸张地叫了一声…… 实际上，也确实被戳到了痛处。

"中考倒是无所谓啦。"尤里说着，"遗憾的是，就要和米尔嘉大人还有哥哥分开了，你们要毕业了。"

"还有泰朵拉在呢。"

"说的也是。不过，那时泰朵拉也要上高三了。"

"能找到可以畅谈自己所思所想的伙伴是非常可贵的。"

"…… 嗯，可以畅谈自己所思所想的伙伴……"

尤里突然陷入了沉默。

嗯，确实是这样。

能找到可以畅谈自己所思所想的伙伴非常可贵。

因为与她们相遇，我的日常生活发生了翻天覆地的变化。

踏入高中之前，我从未想过会这样度过每一天。

对我来说，可以畅谈所思所想的伙伴，便是可以畅谈数学的伙伴吧。

与米尔嘉邂逅在高一的春天。

与泰朵拉相遇在高二的春天。

我不知道未来会怎样。

也不知道明天会发生什么。

"对了，哥哥……"

"嗯？"

"我有些事情想问你……"

尤里一边用手指绕着头发，一边吞吞吐吐地说。这情景实属罕见。

"怎么啦？突然这个样子。"

"mamome・momiimyan・myaa……"

"你念的是什么奇怪的咒语呀。"

"哥哥……"

"嗯？"

"你……被亲过吗？"

如果一个立方体的所有面都是完全相同的，

我们还怎么能说出哪一个面会朝上呢？

——《具体数学：计算机科学基础（第 2 版）》[8]

第 2 章

积跬步，致千里

我做的第一件事情，
是查看什么东西被糟蹋了，
什么东西没有被损坏。

——《鲁滨逊漂流记》

2.1 高中

2.1.1 泰朵拉

"学长！"

我回头望向这响亮又清脆的声音的源头。

这里是我就读的高中，现在已经放学，我走在墙面写有"肃静"的走廊的正中间。

"泰朵拉，声音太大了。"我提醒道。

泰朵拉上高二，是比我低一年级的学妹。她身材娇小、充满活力，非常可爱。就是有时候会活跃得过了头，显得冒冒失失的。

"啊，是哦，抱歉。"她不好意思地抓了抓自己的短发。和平时一样的交谈，和平时一样的泰朵拉，和平时一样的 —— 啊不对，在她的身后，站着一位素未谋面的红发少女。

红色的头发。

我的视线瞬间被她的头发吸引，它像火焰一样红，长度刚好及肩。发型简单利落没有过分修饰，给人一种野生动物的感觉。

"学长，这位是今年刚入学的理纱。"泰朵拉说道。

哦哦，原来是四月份①刚入学的新生呀。

那就比泰朵拉还低一级，是学妹的学妹。嗯……泰朵拉总给人一种"永远都是一年级"的印象，两人站在一起，有种说不出来的违和感。

面对泰朵拉的介绍，红发新生毫无反应，没有露出微笑，也没有点头。面孔虽然俊俏却毫无表情。她没有戴眼镜。我看着她心想：真是个奇怪的女生。

"请多关照。"我冲她打招呼，"你的名字是？"

红发少女依旧面无表情，用微微沙哑的声音回答道：

"双仓理纱。"

2.1.2　理纱

图书室。

理纱、泰朵拉，还有我，我们三人并排坐着。理纱面对着轻薄型的笔记本电脑，手指在键盘上敲打个不停。她的电脑有着鲜红的外壳，像是为了搭配自己的红发而特意挑选的。理纱自始至终一言不发，即便泰朵拉"嗨！"地上去搭话，她也只是朝这边看一眼，马上又把头转向屏幕，其间敲打键盘的手指也没有停歇。不看屏幕也可以继续打字，真厉害呀。

"话说回来，'双仓'是'双仓图书馆'的'双仓'吗？"我问理纱。

理纱默不作声地点了点头。

---

① 日本四月、九月开学，其中四月为升学季。——译者注

"就是那个'双仓'!"回答我的是泰朵拉,"理纱可是那个双仓图书馆的双仓博士家的大小姐呀。"

"是这样啊。"我说着又重新开始打量理纱,但理纱并没有理睬我们,只是继续着她和电脑的对话。话题依然没有展开,尴尬的沉默弥漫在空气中。

"…… 对了,上高二的心情是怎样的?"我问泰朵拉。

"嗯…… 想在新的学期,开始一个新的计划!"泰朵拉"唰"地握紧双拳。

"新的计划?"

"嗯,我决定开始学习**算法**了。"

"算法?"我向泰朵拉确认,"算法,好像是指计算机进行运算的步骤来着?"

"嗯,是的。算法指的是为了通过**输入**求得需要的**输出**而制定的**明确的步骤**。这个步骤在大多数情况下是由'计算机先生'通过程序运行的。"

泰朵拉兴致勃勃地继续解释。

"算法有以下几个特征:有输入、有输出、步骤明确。还有…… 还有…… 诶?抱歉,应该还有两个特征来着,我忘记了…… 总、总之,算法最重要的就是有明确的步骤。"

"这样啊。"我不是很了解算法,虽然读过几本与程序相关的书,但都不太对我的胃口,"所以,你要学习算法喽?"

"是的,其实之前就已经学习过一些程序相关的知识了,然后前几天村木老师问我要不要试着接触算法,他还给了我'顺序查找'的卡片呢。"

"顺序查找?"

我顺口一问,泰朵拉就调皮地笑了出来。

"原来我也有被学长请教的时候呀。顺序查找是……"

2.1.3 顺序查找

顺序查找是查找算法中的一种，可以按顺序查找数列中是否存在特定的数。呃……虽然能查找的东西并不局限于数，但为了说明方便，这里我们来进行数的查找。

嗯，现在我来举个例子，比如说有这样一个数列。

$$\{31, 41, 59, 26, 53\}$$

在这 5 个数中……就假设我们要查找 26 这个数吧。要是由人来查找，只要看一眼就能够找到 26。但是计算机先生只能一个一个地检查。顺序查找指的就是"从第一个开始按顺序来查找"这样一种算法。

遵循顺序查找算法来查找 26 的情形是这样的。

{ ㉛,	41,	59,	26,	53 }	第 1 个数是 31，不等于 26。
{ 31,	㊶,	59,	26,	53 }	第 2 个数是 41，不等于 26。
{ 31,	41,	㊾,	26,	53 }	第 3 个数是 59，不等于 26。
{ 31,	41,	59,	㉖,	53 }	第 4 个数是 26，等于 26。
					找到了！

◎   ◎   ◎

"但是，这不是一目了然的嘛。"我说。

"没错，我一开始也是这么认为的。但是——"说到这，泰朵拉噗嗤一声笑了出来，"我们要从理所当然的地方开始思考问题……对吧？"

"……说得对。"

> "我们要从理所当然的地方开始思考问题。"

这是我曾对泰朵拉说过的话，她记得真牢啊。

以前总是我给泰朵拉学妹讲课、回答数学疑问、协助解数学题。但是今天反了过来，我向泰朵拉请教，这让我有种新鲜的感觉。

"比如说，我们有 100 万个数。"泰朵拉像喷泉那样将双手"哗"地打开，"要是有那么多的数，即使是按顺序一个个检查这种简单的工作，人类也只能束手无策。但是，只要将算法转化为程序并输入到计算机中，计算机先生就能胜任这份工作。"

"诶……泰朵拉你学得好认真呐。说起来，泰朵拉你说过想从事计算机相关的工作呢 —— 不过，我对算法的印象还是很模糊呀。"我说。

"那我们把顺序查找算法好好地总结归纳一下……"

泰朵拉一边说着，一边拿出一张卡片。

顺序查找算法（输入与输出）

输入

- 数列 $A = \{A[1], A[2], A[3], \cdots, A[n]\}$
- 数列的大小 n
- 要查找的数 v

输出

在 A 中找到与 v 相同的数时，

     输出"能找到"。

在 A 中未找到与 v 相同的数时，

     输出"无法找到"。

"我们进行顺序查找时……"泰朵拉解释说，"只要提供 n 个数组成的数列 $A = \{A[1], A[2], A[3], \cdots, A[n]\}$ 以及数 v，便可以利用顺序查找算法从数列 A 中找出 v。也就是说，输入是 A、n 还有 v。"

"嗯嗯。"我点点头，紧接着问道，"$A[1]$，指的就是 A_1 吗？"

"是的，没错。在这里代替数学上

$$A_1, A_2, A_3, \cdots, A_n$$

的写法，改用

$$A[1], A[2], A[3], \cdots, A[n]$$

这样的写法。$A[1]$ 表示数列 A 中的第 1 个数。"

"嗯，我明白了。"我说。

"向顺序查找算法中输入数列 A、数列大小 n，以及要寻找的数 v。接下来……如果算法在 A 中发现了与 v 相等的数，则输出'能找到'，未能发现时则输出'无法找到'。也就是说，输出是'能找到'或者'无法找到'。"

"原来如此。输出是表示算法运算的结果呀。"

"嗯，是的。因此，顺序查找算法的流程 [1] 就可以像这样表示。"

泰朵拉又拿出一张卡片。

顺序查找算法（流程）

L1:　　**procedure** LINEAR-SEARCH(A, n, v)
L2:　　　　$k \leftarrow 1$
L3:　　　　**while** $k \leqslant n$ **do**
L4:　　　　　　**if** $A[k] = v$ **then**
L5:　　　　　　　　**return** "能找到"
L6:　　　　　　**end-if**
L7:　　　　　　$k \leftarrow k + 1$
L8:　　　　**end-while**
L9:　　　　**return** "无法找到"
L10:　　**end-procedure**

---

[1]　流程，在程序设计语言中也叫"过程""函数"或"方法"。——译者注

"这里使用**伪代码**表示算法的流程。"

"伪代码?"

"嗯。伪代码不是真正的代码,而是一种形似程序的语言,英文是 pseudocode。虽然计算机先生不能直接运行这种用伪代码表示的流程,但是用伪代码就可以以程序的形式表示算法了。"

"哦?"

"村木老师说'不同的书表示算法的方法千差万别,但无论哪一种表示方法,都必须能明确表示出从输入到输出的各个步骤。'"

"原来如此…… 那么,这就是顺序查找算法了吧。"

"是的。用一句话来表示顺序查找算法就是'按照 $A[1], A[2], A[3], \cdots, A[n]$ 的顺序判断是否有与 v 相等的元素'。"

"从行 L1 开始看这个流程对吧。"

"嗯嗯。"泰朵拉不住地微微点头,并接着说道,"老师是这样说的,'请运行行 L1 至行 L10 的各个步骤'。"

"运行……?"

泰朵拉重新看了看笔记本,慢慢地继续话题。

"嗯,按照村木老师的说法,先想象自己变成了计算机先生,然后再去运行代码会更好。

- 大喊'我是计算机'
- 想象自己被给予了算法与输入
- 然后,按照流程笨拙、踏实地一步一步运行

不得不说这很麻烦,但据说这样是理解算法最快的方法。"

"是吗……"

"我要试试老师说的,我特别喜欢这种毅力定胜负的比拼。接下来,人家要变成计算机了!"

　　"真是台干劲十足的计算机呀。"我说道。

　　"泰朵拉计算机，启动。"理纱轻轻说道。

2.1.4　逐行调试

　　从现在开始，我们要利用一个测试用例 —— 具体的输入 —— 来一步一步地运行顺序查找算法的流程，这叫作逐行调试该算法。逐行调试的英文为 walk through，也就是"一步一步运行"的意思。

　　测试用例如下，算法的输入为：

$$\begin{cases} A = \{31, 41, 59, 26, 53\} \\ n = 5 \\ v = 26 \end{cases}$$

也就是从

$$A[1] = 31, A[2] = 41, A[3] = 59, A[4] = 26, A[5] = 53$$

这 5 个数中通过顺序查找算法来查找 26 这个数。

　　从行 L1 开始运行顺序查找算法的流程。

① **L1: procedure LINEAR-SEARCH(A, n, v)**

　　这一行的意思是：名为 LINEAR-SEARCH 的**流程**即将开始。流程用英语表示为 procedure。此外，这一行还表示该流程被给予了输入 A、n 和 v。

　　接着运行下一行 L2。

② L2: $k \leftarrow 1$

　　在这一行，我们将变量 k **赋值**为 1。运行这一行后，变量 k 的值变为 1。

变量 k 表示我们正在注视数列中的第 k 个数。

接着运行下一行 L3。

③ <u>L3: while $k \leqslant n$ do</u>

在这一行，我们将判断**循环**的条件。关键字 **while** 表示，在满足条件期间，循环运行从 **while** 至 **end-while** 的各行。此处的条件为 "$k \leqslant n$"。

因为变量 n 表示数列的大小，所以条件 $k \leqslant n$ 表示 "将注视的位置限定在数列的范围内"。严格来说条件应该为 $1 \leqslant k \leqslant n$，但因为变量 k 从 1 开始增加，所以只要将 k 的上限设为 n 即可。

此时，因为 $k = 1, n = 5$，所以满足条件 $k \leqslant n$。
因为满足条件，接着运行下一行 L4。

④ <u>L4: if $A[k] = v$ then</u>

在这一行，我们将判断条件。关键字 **if** 表示，只有满足条件时，流程才会运行从 **if** 至 **end-if** 的各行。此处的条件为 $A[k] = v$。

条件 $A[k] = v$ 表示 "正在注视的数与要查找的数相等"。

因为此时 $k = 1$，根据输入的数列得出 $A[k] = A[1] = 31$，即 $A[k] = 31$，而 $v = 26$，不满足条件 $A[k] = v$。

数列的第 1 个数并不是我们想要查找的数。

因为不满足条件，所以直到 **end-if** 的所有行都要跳过。
这样，我们 "嗖" 地就跳到了行 L7。

⑤ L7: $k \leftarrow k + 1$

在这一行，我们将式子 $k + 1$ 赋值给变量 k。当前 $k = 1$，因此式子 $k + 1$ 的值为 2，变量 k 的值由 1 变为 2。

这样，我们注视的位置就向后移动了一位。

接着运行下一行 L8。

⑥ L8: **end-while**

这一行的 **end-while** 与行 L3 的 **while** 相对应。

现在返回至行 L3。

$\bigcirc$　　$\bigcirc$　　$\bigcirc$

"泰朵拉，你真是用心学习了啊。"我佩服地说。

"有、有吗……"泰朵拉支支吾吾，脸红红的。

"你穿插着解释了形式和含义，也就是程序字面上的意思和算法的思想，这样的讲解方式非常有趣。"

"啊……"面对突如其来的夸奖，泰朵拉好像不知道说什么好。

"但是，还是觉得好麻烦啊。"我一边说，一边看着泰朵拉的笔记本，上面详细记录着伪代码的说明。

"确实呢。不过只要下定决心，一边记录变量的值，一边按部就班地运行，也没有那么麻烦啦……"

"Continue。"理纱说。

$\bigcirc$　　$\bigcirc$　　$\bigcirc$

⑦ L3: **while** $k \leqslant n$ **do**

回到行 L3，重新判断循环条件。

现在，因为 $k = 2, n = 5$，所以满足条件 $k \leqslant n$。

接着运行下一行 L4。

⑧ L4: **if** $A[k] = v$ **then**

再一次判断条件，现在变量 k 的值等于 2，不满足条件 $A[k] = v$，因为此时 $A[2]$ 作为输入其值为 41，而 v 的值为 26。

数列的第 2 个数也不是我们想要查找的数。

因此，我们跳过行 L5 和行 L6，直接转到行 L7。

⑨ L7: $k \leftarrow k + 1$

变量 k 的值再次增加 1，现在变量 k 的值变为 3。

接着运行下一行 L8。

⑩ L8: **end-while**

再一次回到行 L3。

◎　　◎　　◎

"重复做同一件事情呢。"我说。

"嗯。"泰朵拉接着说，"但是 k 的值增加了吧。"

"Continue。"理纱的语气毫无起伏。

◎　　◎　　◎

⑪ L3: **while** $k \leqslant n$ **do**

现在，因为 $k = 3, n = 5$，所以满足条件 $k \leqslant n$。

接着运行下一行 L4。

⑫ L4: **if** $A[k] = v$ **then**

现在 $k = 3$，不满足条件 $A[k] = v$，因为此时 $A[3]$ 作为输入其值为 59，而 v 的值为 26。

跳转至行 L7。

⑬ L7: $k \leftarrow k + 1$

变量 k 的值变为 4。

接着运行下一行 L8。

⑭ L8: **end-while**

再一次回到行 L3。

◎　　◎　　◎

"还在重复做同一件事情呢。"我说。

"嗯。"泰朵拉接着说，"但是，k 的值在增加啊。"

"Continue。"理纱的语气依旧毫无起伏。

◎　　◎　　◎

⑮ L3: **while** $k \leqslant n$ **do**

现在 $k = 4$，满足条件 $k \leqslant n$。

接着运行下一行 L4。

⑯ L4: **if** $A[k] = v$ **then**

现在 $k = 4$，条件 $A[k] = v$ 成立！因为 $A[4]$ 的值与 26 相等，我们终于满足了 **if** 的条件。

向行 L5 前进。

⑰ L5: **return** "能找到"

return是表示本流程输出的关键字。我们将运行结果设置为"能找到",然后跳转至行 L10:**end-procedure**。

⑱ L10: **end-procedure**

至此,LINEAR-SEARCH 流程结束。

好,就像这样,经过从 ① 到 ⑱ 总共 18 个步骤,算法运行完成。由输入的值 $A = \{31, 41, 59, 26, 53\}$,$n = 5$,$v = 26$ 得到的输出为"能找到"。

◎　◎　◎

"真是辛苦啊。"我说。

"呼……是啊。"泰朵拉说,"仅仅是为了判断'在 $\{31, 41, 59, 26, 53\}$ 中是否存在 26',就要下这么一番工夫,变量 k 的值也在流程运行过程中改变了很多次,真是烦琐。"

"那么具体的动作是怎样的呢?"

"嗯,现在我们按逐行调试时的运行顺序给各行标上序号,就像这样。这便是旅行的足迹,对吧!"

```
L1:   procedure LINEAR-SEARCH(A, n, v)        ①
L2:       k ← 1                               ②
L3:       while k ⩽ n do                      ③  ⑦  ⑪  ⑮
L4:           if A[k] = v then                ④  ⑧  ⑫  ⑯
L5:               return "能找到"                          ⑰
L6:           end-if
L7:           k ← k + 1                       ⑤  ⑨  ⑬
L8:       end-while                           ⑥  ⑩  ⑭
L9:       return "无法找到"
L10:  end-procedure                                        ⑱
```

逐行调试顺序查找算法

(输入为 $A = \{31, 41, 59, 26, 53\}$,$n = 5$,$v = 26$)

"原来如此⋯⋯"

"计算机先生真厉害！无论重复多少遍相似的工作也不会厌倦。"

"呃，其实我觉得泰朵拉你的毅力也很值得钦佩。"我说。

"泰朵拉计算机。"理纱说。

2.1.5　顺序查找算法分析

"话说回来⋯⋯村木老师是不是想让你把这个当作研究课题呢？"

"啊！说得对呀！"泰朵拉迅速回应了我的疑问。

村木老师经常给我们卡片。卡片上有时会有"请求解 ○○"这样的问题，但大多数卡片上写的不是问题，而是数学相关的素材。老师的意思是让我们自由思考，去发现有趣的性质。这和课堂作业里出现的试题完全不同，我们在卡片的引导下自己出题，自己解题。

我从高一开始就一直和村木老师进行着这样的交流，久而久之养成了自己动手动脑解决问题的习惯 —— 不只是解决现有问题，还会尝试自己出题。

但是泰朵拉这次给我讲解的卡片与以往都不同，我完全找不到数学素材，只能找到像 $k \leqslant n$ 和 $A[k] = v$ 这种简单的数学公式而已。

"那个⋯⋯"我问泰朵拉，"我已经明白了顺序查找算法，可接下来要做什么呢？这张卡片能让我们提出怎样的问题呢？"

我无意识地望向理纱那边。在我和泰朵拉谈话的过程中，她的手一直没有离开键盘，灵巧的手指在键盘上飞舞。

"嗯⋯⋯"泰朵拉眨着水灵的眼睛，"我们试着提高算法的运行速度怎么样？算法的目的是得到输出，速度当然是越快越好。"

"原来如此。"我点着头，"但是泰朵拉⋯⋯顺序查找算法就是从数列的第 1 个数开始按顺序比较的方法，我们真的能让它运行得更快吗？而且怎样才能测出写在纸上的步骤的运行速度呢？"

"啊，说的也是呢⋯⋯"泰朵拉小声嘟囔着。

"运行次数。"理纱说。

我和泰朵拉看向理纱，而理纱转过脸，没有表情地看着我们，敲键盘的手指依然没有停歇。

"运行次数……是什么？"我问理纱。

"按行计算。"

红发少女继续敲打着键盘。理纱的言语细微处混杂着些沙哑的音色，但不会让人觉得不舒服，反而有一种富有质感的魅力。她略带沙哑的嗓音，让我对她所说的一字一句都感到印象深刻。

"是指可以按行计算出运行次数么？"泰朵拉说，"嗯……因为刚才 **end-procedure** 的标号是 ⑱，一共运行了 18 步，**运行步数**为 18。"

"但是，18 这个结果仅局限于刚才的测试用例，对吧。"

"什么意思？"

"看，根据输入的不同，在数列 A 中存在可以查找到 v 的情况，也存在查找不到 v 的情况。可以查找到的情况又分为：在数列前端找到，在数列末端找到。这么多的情况，我们没有办法明确分出来呀。"

"啊……"

"而且，输入中的 n 也是一样。就像泰朵拉刚才说的那样，n 可能等于好几百万，再加上数列中未必存在 v，这么多情况下的运行步数我们怎么数得过来呢。"

"说、说的也是……"

2.1.6　顺序查找算法分析（能找到 v 的情况）

理纱默不作声地将电脑转向我们，屏幕上显示着如下所示的伪代码，每一行都标着用 1 或 M 表示的运行次数。

	运行次数	顺序查找算法
L1:	1	procedure LINEAR-SEARCH(A, n, v)
L2:	1	$k \leftarrow 1$
L3:	M	while $k \leqslant n$ do
L4:	M	if $A[k] = v$ then
L5:	1	return "能找到"
L6:	0	end-if
L7:	$M - 1$	$k \leftarrow k + 1$
L8:	$M - 1$	end-while
L9:	0	return "无法找到"
L10:	1	end-procedure

能找到 v 时顺序查找算法的运行次数

"M 是什么？"泰朵拉问理纱。

"v 的位置。"理纱简洁地回答。

"原来如此。"我看着整理好的算法说道，"原来是标注了从 L1 到 L10 每一行各自运行的次数啊……"

是啊！

在数学上经常应用这个方法啊。如果存在多种情况无法确定循环次数，用变量来表示就好了呀。导入变量 M 也就是

通过导入变量进行一般化。

"但是接下来该怎么做呢？"泰朵拉问。

"只要将各行的运行次数求和，不就可以求得整体的运行步数了嘛！"我说，"这个式子应该含有变量 M。"

能找到 v 时顺序查找算法的运行步数
$$= L1 + L2 + L3 + L4 + L5 + L6 + L7 + L8 + L9 + L10$$
$$= 1 + 1 + M + M + 1 + 0 + (M - 1) + (M - 1) + 0 + 1$$

$$= M + M + M + M + 1 + 1 + 1 + 1 - 1 - 1$$
$$= 4M + 2$$

"也就是说，在能找到 v 的情况下，只要运行 $4M + 2$ 步就可以得到输出！"泰朵拉说。

"没错。比如说，泰朵拉提到的测试用例要查找 26，这时……"

"我来我来！我来算！"泰朵拉一下子提高了音量，"**验算**，对吧！"

"嗯，没错。"我和泰朵拉都清楚，推导出普遍公式后应该做的事情 —— 用具体的例子验算。

"在刚才的测试用例 {31, 41, 59, 26, 53} 中，我们已经验证了能找到 26 这个数。26 为数列中第 4 个数，所以 $M = 4$。"

测试用例的运行步数
$$=4M + 2 \qquad \text{将 } M = 4 \text{ 代入}$$
$$=4 \times 4 + 2 \qquad \text{计算结果}$$
$$=18$$

"哦哦。"

"不出所料，结果为运行 $4M + 2 = 18$ 步后流程结束吧。"

"嗯，这样就求出了：在能找到 v 的情况下流程的运行步数为 $4M + 2$。那么下一个问题自然是，在数列中 ——"

"无法找到 v 的情况下，流程的运行步数是多少？"

泰朵拉接着我的话说道。

问题 2-1（顺序查找算法的运行步数）

在数列 $A = \{A[1], A[2], A[3], \cdots, A[n]\}$ 中无法找到 v 时，顺序查找算法的运行步数是多少呢？

2.1.7　顺序查找算法分析（无法找到 v 的情况）

理纱再一次将电脑屏幕转向我们。

	运行次数	顺序查找算法
L1:	1	procedure LINEAR-SEARCH(A, n, v)
L2:	1	$k \leftarrow 1$
L3:	$n + 1$	while $k \leqslant n$ do
L4:	n	if $A[k] = v$ then
L5:	0	return "能找到"
L6:	0	end-if
L7:	n	$k \leftarrow k + 1$
L8:	n	end-while
L9:	1	return "无法找到"
L10:	1	end-procedure

无法找到 v 时顺序查找算法的运行次数

"啊，这次没出现 M 呢。"泰朵拉说。

"这个⋯⋯各行的运行次数正确吗？"

我思考着。

显而易见，行 L1 与行 L2 的运行次数是一次。

但是，行 L3 的运行次数真的是 $n + 1$ 次吗？不应该是 n 次吗？——不不，确实是 $n + 1$ 次。因为首先在 $k \leqslant n$ 成立的情况下，k 能取到 $1, 2, 3, \cdots, n$，一共要运行 n 次。接着，在 $k \leqslant n$ 不成立的情况下还有 $k = n + 1$ 时的 1 次。相加得 $n + 1$ 次，这就是行 L3 的运行次数 —— 理纱脑筋转得真快啊。

"L3 = L2 + L8。"理纱说。

这是什么意思⋯⋯算了，接着往下看吧。

行 L4 呢？在找不到 v 的情况下，必须比较从 $A[1]$ 到 $A[n]$ 的 n 个数。因为比较操作要在行 L4 进行，所以这一行的运行次数为 n 次，的确合情合理。

行 L5 的话…… 嗯，因为没有输出"能找到"，所以行 L5 和行 L6 的运行次数都是 0 次。

行 L7 和行 L8 的运行次数与行 L4 的运行次数相等，都是 n 次。

行 L9 则一目了然。因为输出"无法找到"后流程结束，所以行 L9 和行 L10 的运行次数都是 1 次。

嗯，全部正确。

泰朵拉开始在纸上计算。

> 无法找到 v 时顺序查找算法的运行步数
> $$= L1 + L2 + L3 + L4 + L5 + L6 + L7 + L8 + L9 + L10$$
> $$= 1 + 1 + (n + 1) + n + 0 + 0 + n + n + 1 + 1$$
> $$= n + n + n + n + 1 + 1 + 1 + 1 + 1$$
> $$= 4n + 5$$

"这样就完成了分情况讨论，对吧？"泰朵拉总结道。

$$顺序查找算法的运行步数 = \begin{cases} 4M + 2 & （能找到 \ v \ 的情况） \\ 4n + 5 & （无法找到 \ v \ 的情况） \end{cases}$$

原来如此。用数学公式表示会让人心里踏实呢…… 是啊，只要能像这样用数学公式来表示运行步数，就可以利用思考数学问题的方法去思考计算机问题了。我曾一度认为计算机和程序与数学毫不相关，现在看来未必是那样的。

解答 2-1（顺序查找算法的运行步数）

在数列 $A = \{A[1], A[2], A[3], \cdots, A[n]\}$ 中无法找到 v 时，顺序查找算法的运行步数是 $4n + 5$。

2.2　算法分析

2.2.1　米尔嘉

"呀！"

一直保持高冷，不停敲打键盘的理纱突然像小狗一样发出了可爱的叫声。

紧接着传来干净清澈的声音。

"理纱，好久不见。"

少女的长发乌黑亮丽。

身材高挑修长。

脸上架着金属框眼镜。

指尖像指挥家一样挥动着。

那是聪明机敏又健谈的数学少女 —— 米尔嘉。

米尔嘉是我的同班同学。自高中入学时那个"樱花树下的邂逅"[①]以来，我们便一同学习。话虽如此，我完全琢磨不透她的数学功底到底有多深厚。

她懂得很多，是一位靠得住的队长，领导我们在名为数学的旅途上前进。但她的魅力远不止于此。

我……

我看着米尔嘉，心里有些难受。

无论是我，还是她，都已经高三了。这是我们在高中的最后一年。

米尔嘉毕业后……算了，还是别去想了。

---

① 见《数学女孩》1.1节。——译者注

"快停下啦。"理纱说。

米尔嘉站在那里，用手来回揉理纱的头发，理纱的头发已经变得乱蓬蓬的。

"快停下，米尔嘉学姐。"理纱拨开米尔嘉的手，稍微清了下嗓子。

"啊，米尔嘉，这位是小理纱。"泰朵拉说。

"不要加'小'。"理纱又摆回一张扑克脸。

"我知道的。"米尔嘉说，"理纱是双仓博士的女儿。"

2.2.2 算法分析

"嗯……算法分析吗？"

米尔嘉从理纱身后探出头来，看着屏幕。

理纱无声地点头。

"求解算法的运行步数……"米尔嘉一边环视着我们一边说，"它的确是算法分析的第一步。但是……"

理纱抬起头。

米尔嘉顿了顿，继续说道。

"但是，用它来求解算法的运行时间，必须要明确前提条件。为了能根据运行步数来判断算法的速度，前提条件中必须给出运行每一步要花费的时间。否则怎么谈论速度快慢都没有意义。"

原来如此，的确是这样。

"这是为了确定计算模型。"米尔嘉继续说明，"在理纱使用的计算模型中，运行各行所消耗的时间都相等。也就是说，前提条件为：无论是'$k \leftarrow 1$'还是'$\mathbf{if}\ A[k] = v\ \mathbf{then}$'，其所花费的时间都相等。这个计算模型虽然简单，但却很实用。"

"计算模型……"我小声嘀咕。

"米尔嘉学姐！"泰朵拉提了提音量，"话说回来，您清楚算法的特征吗？有输入、有输出、步骤明确，还有两个是……"

"输入、输出、确定性、可行性、有穷性。"米尔嘉立刻回答道，"不过，也存在没有输入的情况。"

"确定性指的是步骤有明确定义是吧。可行性指的是？"

"可行性指的是该算法的操作①可以实际运行。"

"哦哦……那么有穷性是？"

"有穷性指的是算法的运行时间是有限的。"

"原来如此。输入、输出、确定性、可行性、有穷性……"泰朵拉记在了笔记本上。

2.2.3 不同情况的归纳

米尔嘉重新检查泰朵拉的笔记本。

$$顺序查找算法的运行步数 = \begin{cases} 4M + 2 & （能找到 v 的情况） \\ 4n + 5 & （无法找到 v 的情况） \end{cases}$$

"嗯……"

"我们通过分情况讨论求得了运行步数！"泰朵拉说。

听了泰朵拉的说明，米尔嘉轻轻合上眼睛。这时大家也都安静下来，连容易冒冒失失的泰朵拉也不出声地看着米尔嘉，而理纱——从一开始就很安静。过了一会儿，米尔嘉左右摆动着食指睁开眼睛。

"在这里——"不知为什么，米尔嘉好像很开心，"在这里，你们分情况分析了顺序查找算法。将情况分为在数列 A 中能找到 v 的情况，以及在数列 A 中无法找到 v 的情况。这没有问题。但是，我们可以将这两

---

① 直译是"步骤"，此处按照计算机教材的用法写作"操作"。——译者注

种情况归纳为一种情况。"

"将两种情况……归纳？"我有些疑惑。

泰朵拉见缝插针地举手。即便对方就在眼前，她也会举手提问。

"请、请问，归纳指的是归纳能找到 v 的情况与无法找到 v 的情况吗？"

"对。"米尔嘉说。

"但是，这两种情况下的输出也不一样，即便说要归纳也……"泰朵拉一边看着笔记本一边说。

"正因为无法归纳，才要分情况讨论的啊。"我补充道。

米尔嘉走到理纱旁边，悄声耳语几句。理纱露出一副嫌麻烦的表情，过了一会儿才在键盘上敲打起来。

"这并不是什么难以理解的问题，是这么一回事。"配合着米尔嘉的话，理纱把红色笔记本电脑的屏幕转向我们。

	运行次数	顺序查找算法
L1:	1	**procedure** LINEAR-SEARCH(A, n, v)
L2:	1	$k \leftarrow 1$
L3:	$M + 1 - S$	**while** $k \leqslant n$ **do**
L4:	M	**if** $A[k] = v$ **then**
L5:	S	**return** "能找到"
L6:	0	**end-if**
L7:	$M - S$	$k \leftarrow k + 1$
L8:	$M - S$	**end-while**
L9:	$1 - S$	**return** "无法找到"
L10:	1	**end-procedure**

归纳能找到 v 与无法找到 v 两种情况后顺序查找算法的运行步数

"出现了新的变量 S 呢。"泰朵拉谨慎地说道。

"这是'通过导入变量进行一般化'。"米尔嘉说，"一般化指的是将多种特殊情况归纳为一种情况。我们在这里导入变量 S，根据两种情况，取不同的值定义该变量。"

- $S = 1$，表示能找到 v 的情况。

  此时 M 等于 v 在数列中的位置。
- $S = 0$，表示无法找到 v 的情况。

  此时 M 等于 n。

"为什么用 S 这个字母来表示呢？"泰朵拉问。

"变量取任何名字都没问题，不过这里的 S 是'Successful'的'S'，表示成功找到了 v。对应于'在数列 A 中能找到 v'这一命题的真与伪，变量 S 的取值分别为 1 比特的 1 与 0。"

$$\text{"在数列 } A \text{ 中能找到 } v \text{"} \iff S = 1$$
$$\text{"在数列 } A \text{ 中无法找到 } v \text{"} \iff S = 0$$

"原来如此……变量 S 的值为 1 时表示'能找到 v'，S 的值为 0 时表示'无法找到 v'。"我说。

"通过增加一个变量，可以归纳多种情况。"米尔嘉说。

"我们归纳了多种情况……换句话说，我们就能用一个式子来表示顺序查找算法的运行步数了！"我说。

泰朵拉立刻开始计算。

顺序查找算法的运行步数
$$= \text{L1} + \text{L2} + \text{L3} + \text{L4} + \text{L5} + \text{L6} + \text{L7} + \text{L8} + \text{L9} + \text{L10}$$
$$= 1 + 1 + (M + 1 - S) + M + S + 0 + (M - S) + (M - S) + (1 - S) + 1$$
$$= 4M - 3S + 5$$

2.2.4 思考意义

泰朵拉认真地在笔记本上计算，过了一会儿，抬起头说："$4M - 3S + 5$ 的验算也没问题。"接着又说："嗯…… 我还有个可能有些奇怪的问题，像 S 这种变量，是可以随意决定的吗？总感觉有点…… 机会主义的味道。"

"可以。"米尔嘉立即回答。

"变量的意义并非含糊不清，也没有产生什么矛盾。"我对泰朵拉说，"我们只是将其定义为一个表示特定值的变量。"

"与其介意增加了一个变量，不如来讨论变量的'意义'，后者有趣得多。"米尔嘉说。

"变量的…… 意义？"泰朵拉露出惊讶的表情。

"你去那边。"米尔嘉指着对面的座位，示意我把泰朵拉旁边的位置空出来。

"好的。"我立刻给米尔嘉大人让出座位。

"请听题。$S = 1$ 时 M 的值代表什么？"米尔嘉提问。

"我来答。M 是要查找的数 v 的位置。"泰朵拉回答。

"不够严谨。"米尔嘉说。

"诶!"泰朵拉吃了一惊。

"诶!"我也吃了一惊

"……"理纱毫无反应。

"比如说，要是在 $\{31, \underline{26}, 59, \underline{26}, 53\}$ 这样一个数列中查找 $v = 26$ 呢？"

"哦哦…… 原来要查找的数 v 未必只在一个地方出现。"泰朵拉恍然大悟地点点头。

"没错。如果断言 M 是 v 的位置，就等于先入为主地假定 v 只会在数列中出现一次。正确的说法是，M 为 'v 的位置中<u>最小的一个</u>'。"

"但是，反复强调'最小的一个'很麻烦呀。"我说。

"的确。"米尔嘉承认，"重要的是，我们绝对不能忘记'实际上有存在多个 v 的可能性'。"

"嗯。"泰朵拉说。

"下一题。S 的意义是什么？"米尔嘉向泰朵拉问道。

"我知道！这刚刚说过。S 是表示'能否在数列中找到 v'的变量。"

"答成这样就可以了。我们一般把用'1 或 0'来表示'某命题是否成立'的变量或式子称为**指示器**。变量 S 就是指示器。"

"是 indicator 吗？"

"是的，也可以说 indicator variable。"

"'indicate 的东西'……也就是'指示的东西'，它究竟指示什么呢？"泰朵拉来回晃着食指问道。

"S 指示'能找到 v'这个命题。"

"……"泰朵拉陷入了思考。

"下一题。$1 - S$ 的意义是什么？"

"$1 - S$ 吗？呃……对了，它是表示'能找到 v 时为 0，无法找到 v 时为 1'的式子，对吧？你看，$1 - S$ 这个式子在 $S = 0$ 时为 1，在 $S = 1$ 时为 0。1 与 0 正好颠倒过来，就像这样。"泰朵拉将手掌来回翻转。

"很好。$1 - S$ 是'无法找到 v'的指示器。"

"啊！"泰朵拉恍然大悟，"这也是指示器！"

"下一题。$M + 1 - S$ 的意义是什么？"

"$M + 1 - S$ 吗？"

泰朵拉麻利地在笔记本上写下来，然后开始思考。

我也开始思考。

- $S = 1$ 时，$M + 1 - S$ 等于 M。

  也就是等于 v 的位置 —— 严格来说，是 v 的位置中最小的一个。

- $S = 0$ 时，$M + 1 - S$ 等于 $M + 1$。

  指的是……

指的是…… 嗯，究竟该怎么说比较好呢？

"$S = 1$ 时，$M + 1 - S$ 表示 v 的位置。"米尔嘉说，"但是在 $S = 0$ 的情况下呢？"

"v 后面的位置吧。"我说。

"学长……"泰朵拉说，"'v 后面的位置'这种说法不合理吧，因为在 $S = 0$ 的情况下根本找不到 v 呀。"

"啊，是哦。"被泰朵拉指出疏忽了条件一事，是我大意了。

"$S = 0$ 时，$M + 1 - S$ 表示什么？"泰朵拉反复念叨。

"$n + 1$。"理纱小声说。

"没错。"米尔嘉对理纱说，"$S = 0$ 时，M 等于 n。因此，$M + 1 - S$ 等于 $n + 1$。"

"抱歉！你们现在在做什么呢…… 我有点被绕晕了。"泰朵拉说。

"呼……"

米尔嘉站起身来，慢慢走过我们的座位。春天温暖轻柔的风吹过，数学少女的长发摇曳不停，柑橘系的芳香沁人心脾。

"$M + 1 - S$ 这个式子很有趣。"米尔嘉一边走一边说，"$M + 1 - S$，在 $S = 1$ 时与 v 的位置相等，在 $S = 0$ 时等于 $n + 1$。那么，能否将这两种情况归纳为一种呢。也就是说，能否认为式子 $M + 1 - S$ 在任何情况下都等于 v 的位置呢？"

"但是米尔嘉，在 $S = 0$ 时，v ——"我提醒着。

"没错，在 $S = 0$ 时，v 不存在于 $A[1], A[2], A[3], \cdots, A[n]$ 中。既然这样，我们强行让 v 存在于 $A[n+1]$ 就好了。"

"强行……让 v 存在?"我搞不明白。

"这样一来，$M + 1 - S$ 便总是与 v 的位置相等。"

米尔嘉接着淡淡地解释，我依旧一头雾水。

"其实 $M + 1 - S$ 的两种形态可以表示为一个事物。"

"一个事物啊……"泰朵拉说。

我的记忆被勾了起来……那到底是什么时候的事情啊。

> 当我们注意到两种不同的表现在本质上是一个事物时，
> 便会有绝妙的事情发生。

"哨兵。"理纱的发言打断了我的回忆。

"是的，如理纱所说，就是哨兵。理纱快，来这边。"米尔嘉向理纱招手示意。

"不。"理纱简洁地拒绝。

"呃……哨兵，到底指的是什么呀。"泰朵拉还是一头雾水。

2.2.5   带有哨兵的顺序查找算法

米尔嘉对理纱耳语几句，理纱随即开始敲击键盘。说起来理纱打字真是快啊，而且打字的时候基本没有什么声音 —— 无声地输入。

过了一会儿，完成输入的理纱给我们展示"带有哨兵的顺序查找算法"。

带有哨兵的顺序查找算法（流程）

```
S1:     procedure SENTINEL-LINEAR-SEARCH(A, n, v)
S2:         A[n + 1] ← v
S3:         k ← 1
S4:         while A[k] ≠ v do
S5:             k ← k + 1
S6:         end-while
S7:         if k ⩽ n then
S8:             return "能找到"
S9:         end-if
S10:        return "无法找到"
S11:    end-procedure
```

我们全都盯着笔记本电脑屏幕，苦苦思索着。

看了好一会儿，泰朵拉叫道："不动笔的话怎么也弄不明白！"接着就在笔记本上写了起来。看来泰朵拉计算机启动了。

"通过测试用例来具体算一下吧。"米尔嘉说。

S1:	procedure SENTINEL-LINEAR-SEARCH(A, n, v)	①
S2:	$A[n + 1] \leftarrow v$	②
S3:	$k \leftarrow 1$	③
S4:	while $A[k] \neq v$ do	④ ⑦ ⑩ ⑬
S5:	$k \leftarrow k + 1$	⑤ ⑧ ⑪
S6:	end-while	⑥ ⑨ ⑫
S7:	if $k \leqslant n$ then	⑭
S8:	return "能找到"	⑮
S9:	end-if	
S10:	return "无法找到"	
S11:	end-procedure	⑯

逐行调试带有哨兵的顺序查找算法

（输入为 $A = \{31, 41, 59, 26, 53\}, n = 5, v = 26$）

"通过逐行调试发现，S4 → S5 → S6 这三行在不断地循环。"泰朵拉说，"感觉带有哨兵的顺序查找算法在判断条件时比普通的顺序查找算法简单很多啊……对了，哨兵到底指什么？"

"指的是在 S2 行放在 $A[n+1]$ 中的数。"米尔嘉回答，"只要把 v 放在 $A[n+1]$ 中，当 $k = n + 1$ 时就一定能找到 v，因此，查找就不可能越过这里继续进行。为了防止不小心运行过头而设置的数，这就是哨兵，英文为 sentinel。有哨兵存在的话，在 S4 的 **while** 处便不再需要确认 k 的范围。"

"之前的 LINEAR-SEARCH 算法的运行步数是 18，这次的 SENTINEL-LINEAR-SEARCH 算法的运行步数是 16。可以说是稍微……变快了点吧，但是仅仅节约了两步呀……"

"这只是个示例。我们需要将行 S4 的运行次数设为 M，将 S 设为'能找到 v'的指示器，一般化地求带有哨兵的顺序查找算法的运行步数。"

	运行次数	带有哨兵的顺序查找算法
S1:	1	procedure SENTINEL-LINEAR-SEARCH(A, n, v)
S2:	1	$A[n+1] \leftarrow v$
S3:	1	$k \leftarrow 1$
S4:	$M + 1 - S$	while $A[k] \neq v$ do
S5:	$M - S$	$k \leftarrow k + 1$
S6:	$M - S$	end-while
S7:	1	if $k \leqslant n$ then
S8:	S	return "能找到"
S9:	0	end-if
S10:	$1 - S$	return "无法找到"
S11:	1	end-procedure

带有哨兵的顺序查找算法的运行步数

- $S = 1$，表示能找到 v 的情况。

  此时 M 等于 v 在数列中的位置

- $S = 0$，表示无法找到 v 的情况。

  此时 M 等于 n

带有哨兵的顺序查找算法的运行步数

$= S1 + S2 + S3 + S4 + S5 + S6 + S7 + S8 + S9 + S10 + S11$

$= 1 + 1 + 1 + (M + 1 - S) + (M - S) + (M - S) + 1 + S + 0 + (1 - S) + 1$

$= 3M - 3S + 7$

"普通的顺序查找算法的运行步数是 $4M - 3S + 5$。"泰朵拉一边看着笔记本一边说，"而带有哨兵的顺序查找算法的运行步数是 $3M - 3S + 7$！"

算法	运行步数
LINEAR-SEARCH	$4M - 3S + 5$
SENTINEL-LINEAR-SEARCH	$3M - 3S + 7$

"原来如此！"我喊出声来，"只要用数学公式来表示运行步数，就能比较算法的速度了。"

"要比较对吧！我来写不等式！"泰朵拉说。

顺序查找算法的运行步数 > 带有哨兵的顺序查找算法的运行步数

$$4M - 3S + 5 > 3M - 3S + 7$$

"用不等式直接比较二者的大小当然没有问题。"我说，"不过还可以采用一种常规方法：计算'左边 − 右边'这个式子，判断它的结果是否大于 0。"

顺序查找算法的运行步数 − 带有哨兵的顺序查找算法的运行步数

$$= (4M - 3S + 5) - (3M - 3S + 7)$$
$$= 4M - 3S + 5 - 3M + 3S - 7$$
$$= M - 2$$

"哦哦……"泰朵拉说。

"因此，只要 $M - 2 > 0$，我们就能认为带有哨兵的顺序查找算法更快。"我说。用数学公式表达思路，真是让人放心啊。

"$M - 2 > 0$ 等价于 $M > 2$。如果 v 在数列 A 中第一次出现的位置在 3 之后，带有哨兵的顺序查找算法就会更快。"

"原来用数学公式表达后还能有这样的发现呀！"泰朵拉豁然开朗。

"'无法找到 v'的情况是最耗时间的，顺序查找算法的运行步数是 $4M - 3S + 5 = 4n + 5$，带有哨兵的顺序查找算法的运行步数是 $3M - 3S + 7 = 3n + 7$。这就是各个算法的最大运行步数吧。"我说。

2.2.6 创造历史

米尔嘉一边转着我的自动铅笔一边说：

"顺序查找算法的运行步数是 $4M - 3S + 5$，带有哨兵的顺序查找算法的运行步数是 $3M - 3S + 7$。也就是说，加上哨兵后，运行步数变为原来的 $\frac{3}{4}$ 左右。"

"$\frac{3}{4}$ 是怎么得出的呢？"

"M 的系数的比值。"米尔嘉说，"当 M 变得很大时，可以将 $4M - 3S + 5$ 看作 $4M$，将 $3M - 3S + 7$ 看作 $3M$。"

"快了大约 25%。"理纱补充道。

米尔嘉接着说：

"先明确**前提条件**，再求算法的运行步数，这样我们就能够**定量评估**

算法的速度。如果能定量评估，便能得出像'快了大约 25%'这样的具体数值，而不是仅仅停留在'很快'的层面上。通过定量评估，我们就能够有理有据地区分算法的优劣。"

"原来如此。"我说。

"明确了前提条件的定量评估，不仅能被某一个人利用，还能被其他人利用、验证、改良，甚至可以用于其他算法的分析。"米尔嘉说。

"'明确了前提条件的定量评估'…… 这、这就像创造历史一样啊。"泰朵拉想入非非，"即便评估的人不在了，其他人…… 未来的人也可以使用。自己的思想，超越自己留存下去 —— 这是对人类的贡献啊！"

"泰朵拉，真了不起啊。"我不由得感叹泰朵拉思想的广度。

"只是，有一点需要注意。"米尔嘉竖起食指说，"要是像用显微镜那样将注意力全部放在算法的细微差异上，就会忽视大的共同点。要妥善处理这个问题，可以使用**渐近分析**的方法。分析复杂问题的时候，我们要 ——"

"顺序查找算法是 $O(n)$[①] 的。"理纱打断了米尔嘉。

"你是理解了 $O(n)$ 的意思才这么说的吗？"米尔嘉紧接着问道。

理纱沉默了一会儿，小声回答：

"…… 不是。"

米尔嘉面前的理纱像小狗一样。

"不过是说出了一知半解的单词啊。"

噢哟，这挑衅的话语。

理纱紧紧地瞪着米尔嘉。

米尔嘉用冰冷的眼神回应。

[①] $O(n)$ 的读法有：欧·恩、大欧·恩、big o en、order en，等等。

"那、那个……"泰朵拉不知所措。

无声地对视了好一会儿，理纱咂了咂舌，错开了视线。

几乎没人能瞪得过米尔嘉。

"放学时间到了。"

噢，拳击场的铃声响了……啊不，是图书管理员瑞谷老师的提醒。瑞谷女史 ① 总是在放学时间准时通知学生回家。通知完后，女史朝我们这边瞄了一眼，回到了管理员办公室。

2.3　自己家

笨拙的一步

夜晚，我在家里独自思考。

今天，我觉得自己稍稍抓住了算法的诀窍。能通过明确可运行的操作在有限的步数内根据输入求得输出，这就是算法。

非常有毅力的泰朵拉仔细地帮我逐行调试了顺序查找算法。踏踏实实地一步一步运行算法虽然笨拙，但对于理解算法是非常有帮助的。今天还学到了通过利用数学公式表示运行步数来分析算法。

米尔嘉教会了我"明确了前提条件的定量评估"和"通过导入变量归纳多种情况"。即便是结果一目了然的算法，仔细研究还是会有新的发现啊。

话说回来，数学公式的力量真是强大。数学公式支撑着定量评估，只要能落实到数学公式上，无论是评估、比较还是判断都能迎刃而解。

---

① 女史，我国古代记录皇后礼仪、后宫事务的女官，日本古时从事文书工作的女官。日本今天还在使用这个词，是对知识女性的尊称。——译者注

还有，红发少女理纱 —— 双仓博士的女儿，擅长无声快速打字。她今天用"哨兵"回答了米尔嘉的问题。理纱之前就知道哨兵这回事，想必一定是自学了很多东西吧。

啊啊，学校教给我们的还是太少了，必须自己学习才行，必须自己主动去吸收知识。

泰朵拉、米尔嘉，还有理纱。

她们都各有各的长处。

和她们相比，我 —— 自惭形秽。

不！不行！我不能这样胡思乱想！

快想起和米尔嘉的约定！

我……摘下眼镜，左手轻轻扶住脸颊。

我现在上高三，准备读大学。

我想学一些真真正正的知识。

我想踏踏实实地做一番事情。

我笨拙的努力将被名为"高考"的测试用例定量评估，合格为 1，不合格为 0。这个指示器是多么沉重的 1 比特啊。

我一边想着，一边重新戴上眼镜，展开笔记本。

那么，今晚也 ——

踏出笨拙的一步吧。

有幸为自己的毕生事业起名的人屈指可数。

但是，在20世纪60年代，

我认为有必要创造"算法分析"这一名字，

因为现存的任何用语都无法贴切表达我想做的事情。

——高德纳[1]

---

[1] 出自 *Selected Papers on Analysis of Algorithms* 第 ix 页。

No.

Date   .   .

泰朵拉的笔记（伪代码）

定义流程

> **procedure**〈流程名〉(〈参数列表〉)
>   〈语句〉
>   ⋮
>   〈语句〉
> **end-procedure**

用〈流程名〉定义以〈参数列表〉为输入的流程。

赋值语句

> 〈变量〉←〈表达式〉

将〈表达式〉的值赋值给〈变量〉。

赋值语句（交换值）

> 〈变量1〉↔〈变量2〉

交换〈变量1〉与〈变量2〉的值。

No.

Date   .   .   .

if语句（1）

> **if**〈条件〉**then**
>   〈操作〉
> **end-if**

1.判断〈条件〉是否成立。

2.〈条件〉成立时，运行〈操作〉，前进至 **end-if** 行。

3.〈条件〉不成立时，直接跳转到 **end-if** 的下一行。

if语句（2）

> **if**〈条件〉**then**
>   〈操作1〉
> **else**
>   〈操作2〉
> **end-if**

1.判断〈条件〉是否成立。

2.〈条件〉成立时，运行〈操作1〉，跳转到 **end-if** 行。

3.〈条件〉不成立时，运行〈操作2〉，前进至 **end-if** 行。

换言之，〈操作1〉和〈操作2〉中必有且只有一个被运行。

No.

Date   .   .

if语句（3）

> **if**〈条件 A〉**then**
>> 〈操作 1〉
> **else-if**〈条件 B〉**then**
>> 〈操作 2〉
> **else**
>> 〈操作 3〉
> **end-if**

1. 判断〈条件 A〉是否成立。

2. 〈条件 A〉成立时，运行〈操作 1〉，跳转到 **end-if** 行。

3. 〈条件 A〉不成立时，判断〈条件 B〉是否成立。

4. 〈条件 B〉成立时，运行〈操作 2〉，跳转到 **end-if** 行。

5. 当〈条件 A〉和〈条件 B〉都不成立时，运行〈操作 3〉，前进至
   end-if 行。

换言之，〈操作 1〉〈操作 2〉〈操作 3〉中必有且只有一个被运行。

No.

Date . . .

while 语句

> **while** ⟨条件⟩ **do**
>   ⟨操作⟩
> **end-while**

1. 判断⟨条件⟩是否成立。
2. ⟨条件⟩成立时，运行⟨操作⟩，前进至 **end-while** 行，然后回到 **while** ⟨条件⟩ **do** 行。
3. ⟨条件⟩不成立时，直接跳转到 **end-while** 的下一行。

return 语句（运行结果）

> **return** ⟨表达式⟩

1. 求⟨表达式⟩的值，将其作为流程的运行结果（输出）。
2. 跳转到 **end-procedure** 行，结束流程的运行。

第 3 章

171 亿 7986 万 9184 份孤独

小时候，我喜欢在小镇杂货店前，

看编筐的手艺人工作。

如今看来，那份经验，

对现在的我是莫大的帮助。

——《鲁滨逊漂流记》

3.1 排列

3.1.1 书店

"猜猜我是谁！"

随着双眼被遮住，身后传来清脆的声音。

"除了尤里还会有谁啊。"我掀开捂住眼睛的手。

"喊，真不配合喵～"表妹尤里站在身后。她戴着棒球帽，栗色的辫子垂在棒球帽后面像小马的尾巴。

今天是周六，这里是车站附近刚开业的大型书店。店里放置着很多方便顾客坐着阅读的椅子，能在买书前仔细看上一会儿，真的很不错。

"你来买书吗？"我问尤里。

"当然喽。我们去楼顶聊天吧。"

"楼顶？我正选书呢……"

不过我知道，最终自己还是会和尤里去屋顶的。

3.1.2　豁然开朗

"噢 —— 下面好多行人呀！"

楼顶。尤里透过金属防护网看着楼下的行人，兴奋地叫出声。我将刚从自动售货机买来的果汁递给她。

"给你。"

"Thank you～"

说起来，上周尤里为什么会问那个问题呢？

　　"你……被亲过吗？"

虽然问完之后，尤里就自己岔开话题糊弄过去了，不过……现在，她正两手抱着易拉罐喝果汁。

"尤里，你以前总是说不好'鲫鱼与绿鲤鱼'这个绕口令，对吧。"

"说什么呢，那都是小时候的事儿了。"

"那你现在会说了吗？"我问道。

"很简单呀。鲫鱼与绿鲤鱼、鲫鱼与绿鲤鱼、鲫鱼绿与……"

"嗯？"

"鲫鱼与鲤绿……鲫鱼绿与鲤……啊，不管了！哥哥你欺负人。"

"抱歉抱歉。"看着撅嘴的尤里，我也放下心来。

"真是的……说起来，哥哥你了解排列吗？"

"还好吧。"不知尤里怎么突然问起这个。

"嗯……我有些地方不明白。"

"初中学习的'排列'应该没多难吧，就像将4张卡片排成一列那种。"

> **问题 3-1（排列）**
>
> 将 4 张卡片
>
> $$\boxed{A}, \boxed{B}, \boxed{C}, \boxed{D}$$
>
> 排成一列，总共有几种排法呢？

"我很快就能求出答案。"尤里说，"但是，我不是很理解老师的解释。课堂上我们很快就进入计算练习了，比如说排列 4 个数啦，安排 4 个人啦，安置 4 只山羊啦。"

"怎么还会有山羊。"

"像这样的题，无论排列什么物品，计算方式不也是一样的嘛。比起这个，人家想多听听计算的原理。"

"原来如此。我大概明白了，尤里你不是想知道怎么套公式，而是想详细了解公式是如何得出的，想要充分理解公式背后的原理，对吧？"

"嗯……差不多。"说着，她喝了一口果汁，"没有充分理解就去计算实在是太枯燥了啊。"

"尤里就是这样呢，没有理解就不愿意行动。"

"还有呀，要是不能给'那家伙'解释明白的话，一定会被笑话的。不解释明白，我不甘心呀……"

（那家伙？）

"排列呢……"我开始讲解，"就是要对应每一种情况来思考。"

"哦哦，这就是必杀技吗？"

3.1.3　具体示例

我们坐在楼顶的长椅上，继续学习排列。清爽的风令人心情舒畅。确实，比起在楼里闷着，这个季节待在外边更舒服。

我从口袋中取出笔记本。

"那我们重新思考吧。现在我们来研究'将4张卡片 $\boxed{A}$, $\boxed{B}$, $\boxed{C}$, $\boxed{D}$ 排成一列，一共有几种排法'这个问题。"

"嗯。"

"首先来看'排成一列'这个表达，它强调要注意摆放的顺序。比如，

$$\boxed{A}\ \boxed{B}\ \boxed{C}\ \boxed{D}$$

这样的摆放方式，与

$$\boxed{B}\ \boxed{A}\ \boxed{C}\ \boxed{D}$$

这样的摆放方式是要区分的。"

"嗯嗯。注意顺序，对吧。"

"注意顺序的摆放方式，就称为**排列**。也就是'注意顺序排成一列'的意思。"

"排列，注意顺序排成一列。哦哦，原来如此呀。"

尤里的眼睛闪着光，正在用心地听我讲解。她在不想听的时候一定会立刻说"好无聊"，让人立刻就知道她在想什么。这么看来，尤里和泰朵拉还真是有相似的地方，她们都不会"不懂装懂"。

"另外'不遗漏、不重复'的计数态度也是很重要的。"

"不遗漏、不重复？"

"如果计数时漏数了，结果就会比真正的情况数少；要是重复计数了，结果就会比真正的情况数多。所以做到'不遗漏、不重复'地准确计数是非常重要的。"

"啊，我喜欢这种方法。只要'不遗漏、不重复'地计数就可以了吧？"

"'不遗漏、不重复'地计数可是非常不容易的哦。"

"在掷骰子比赛那个谜题中忘记数平局的情况，这就是漏数了喵？"

"······ 是的。人很容易计错数。因此，有特别的战术。"

"特别的战术？"

3.1.4 找规律

"计数的战术就是，先找规律再计数。"

"没听明白。"

"就是有规律地计数。比如，我们试着画一个**树形图**。"

"树形图？"

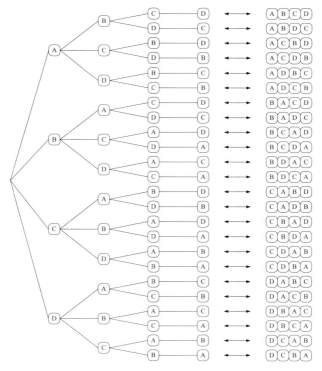

树形图与排列

"就是这么一种图。"我在笔记本上画下树形图,"因为形状像树,所以叫树形图。为了让你看清树形图与排列的关系,我特地画成这样。树形图能帮助我们发现规律。"

"哦哦,我知道了。"

第 1 段的分权

"我们来仔细观察树形图吧。先从左边开始看,开始树枝分权成 4 根,它表示'第 1 张卡片可以从 $\boxed{A}$, $\boxed{B}$, $\boxed{C}$, $\boxed{D}$ 四种情况中选择'。"

"分权指的是?"

"是指树枝分权。从左边分权出 4 根树枝对吧?"

"啊,确实是。"

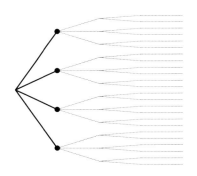

第1段的分权:产生4个分权

第 2 段的分权

"接着看第 2 段。第 2 段有 4 根树枝,对应每一根树枝,各自产生分权。"

"嗯,这里我明白。"

"尤里,你注意到'对应每一根树枝'这句话了吗?"

"诶? 啊……现在注意到了,哥哥。"

"在第 2 段，每一根树枝都产生 3 个分权，这表示'第 2 张卡片可以从 3 种情况中选择'。"

"嗯，我知道。因为已经有 1 张卡片不能使用了。"

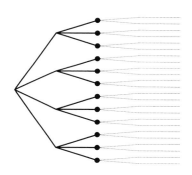

第 2 段的分权：4 根树枝，对应每一根树枝，各自产生 3 个分权

"4 根树枝，对应每一根树枝，各自产生 3 个分权。因为提到了'对应每一根树枝'，所以此处用乘法来计算，第 2 段的树枝数为 $4 \times 3 = 12$ 根。"

"哦哦，原来如此。的确是呢。"

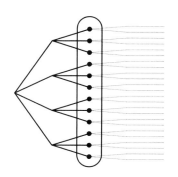

第 2 段的树枝数为 $4 \times 3 = 12$ 根

第 3 段的分权

"那么接下来看第 3 段。如果充分理解了刚才讲的知识，接下来就会很简单，都只是重复性的操作。"

"原来如此。在第 3 段，12 根树枝产生 2 个分权。"

"说得没错，但要好好利用武器。"我说。

"武器？"

"'对应每一根树枝'这个表达方式。"

"啊，你说这个呀。12 根树枝，对应每一根树枝，各自产生 2 个分权。这里又要用到乘法，对吧？"

"对对。$12 \times 2 = 24$ 根。"

"我明白了。"

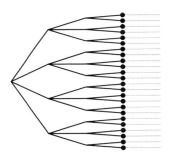

第 3 段的分权：4×3 根树枝，对应每一根树枝，各自产生 2 个分权

第 4 段的分权

"那么我们来看看第 4 段吧。因为第 3 段有 24 根树枝……"

"不行不行！人家来说！"尤里打断我的话，"24 根树枝，对应每一根树枝，各自产生 1 个分权 —— 诶诶诶？"

"怎么了？"

"只有 1 个的时候还要说分权也太奇怪了吧，明明没分权呀。"

"说得对，我们一般不说产生 1 个分权。但是现在这么思考更便于理解，因为这样思考具有连贯性，有连贯性的地方就有规律性。"

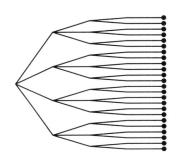

第 4 段的分权：$4 \times 3 \times 2$ 根树枝，对应每一根树枝，各自产生 1 个分权

"嗯……好吧，24 根树枝，对应每一根树枝，各自产生 1 个分权。我们还是用乘法，$24 \times 1 = 24$，得出第 4 段的树枝有 24 根。"

"尤里你说得对。这就与排列 4 张卡片 Ⓐ，Ⓑ，Ⓒ，Ⓓ 相对应，共有 24 种情况。"

"我明白啦。"

"那么，我们来总结一下吧。从第 1 段到第 4 段，分权数按 $4 \to 3 \to 2 \to 1$ 逐步减少，并且每逢'对应每一根树枝'时都要进行乘法运算。"

$$
\begin{aligned}
&\text{最初的树枝有 4 个分权} &\longleftrightarrow\quad & 4 \\
&\text{每一根树枝产生 3 个分权} &\longleftrightarrow\quad & \times\ 3 \\
&\text{每一根树枝产生 2 个分权} &\longleftrightarrow\quad & \times\ 2 \\
&\text{每一根树枝产生 1 个分权} &\longleftrightarrow\quad & \times\ 1
\end{aligned}
$$

"原来如此。所以我们才有

$$
\text{排列 4 张卡片的方法数} = 4 \times 3 \times 2 \times 1
$$

哥哥现在给我讲的是一种……规定？"

"是规律。"

"喔，有规律地计数很容易理解呢。"

"是的，通过画树形图找到规律会更容易，也方便'不遗漏、不重复'地计数，也能在'对应每一根树枝'的地方用乘法计算。到这里你都明白吧？"

"嗯，我都明白了。原来如此，不愧是哥哥，真厉害呀！"

"能觉得这些内容厉害的尤里也很厉害啊。"

"咳咳，你别这么夸我呀。"

答案3-1（排列）

将4张卡片

$$\boxed{A}, \boxed{B}, \boxed{C}, \boxed{D}$$

排成一列的方法，总共有24种。

"既然已经通过具体的示例发现了规律，那么进行下一步吧。"

"下一步指的是？"

3.1.5 一般化

"下一步是一般化。"

"一般化？"

"摆放4张卡片的排列方法共有24种，但这是局限于4张卡片的情况。一般化指的是求解有5张、6张、7张……任意张卡片时都能使用的方法。"

问题3-2（排列）

将 n 张卡片排成一列，总共有几种排法呢？

"n 张啊……"

"一般化时经常会导入像 n 这样的变量，这就是所谓的

'通过导入变量进行一般化'

刚才的卡片 $\boxed{A}$,$\boxed{B}$,$\boxed{C}$,$\boxed{D}$ 有24种摆放方式，是因为有4张卡片。当我们得知 n 张卡片的摆放方式，也就是将排列的个数用 n 表示出来，就可以发现它归纳了在 n 等于5、n 等于6、n 等于7……所有情况下排列的个数。"

"嗯嗯。"

"算术与数学最大的差异就在这里。尤里，你还记得刚接触中学数学时使用的代数式吧？"

"记得、记得，含有 a 啦 b 啦 x 啦 y 啦什么的。"

"练习那些代数式是为了让我们能够一般化地处理数。如此一来，处理对象便不局限于像 4 这样具体的数了。"

"嗯……所以呢？将卡片摆放成一列，总共有几种排法呢？"

"我们只要用 n 来取代 4 就可以了。从 n 开始求'每次减少 1 的数的乘积'。"

最初的树枝有 n 个分杈	←----→	n
每一根树枝产生 $n-1$ 个分杈	←----→	$\times\ (n-1)$
每一根树枝产生 $n-2$ 个分杈	←----→	$\times\ (n-2)$
$\vdots$	$\vdots$	$\vdots$ $\vdots$
每一根树枝产生 2 个分杈	←----→	$\times\ 2$
每一根树枝产生 1 个分杈	←----→	$\times\ 1$

"啊，这我知道！这是 n 的阶乘，写作 $n!$ 对吧？"

---

n的阶乘

$$n! = n \times (n-1) \times (n-2) \times \cdots \times 2 \times 1$$

"懂得真多呀，尤里。"

"那当然！"

"因此，摆放 n 件物品的排列数为 $n!$。"

"原来如此。嗯，只要想象树形图就能理解了。"

解答 3-2（排列）

将 n 张卡片排成一列的排法总共有 $n!$ 种。

3.1.6　铺就道路

"尤里，我们刚才推导出的结果并不是很难，只不过是'将 n 张卡片排成一列的排法总共有 $n!$ 种'，只要背下来就能应用。但是，一定要用心思考我们求解结果的过程。"

"嗯，哥哥你怎么了？突然一副严肃的样子。"

"我准备说重点了哦。在思考数学问题时，要从**具体的示例**入手，就像思考 4 张卡片的摆放方式那样。"

"嗯，我明白了。"

"但是，不能只是弄懂具体的示例就万事大吉。通过具体的示例**找出规律**也是非常重要的。"

"找出规律……"

"米尔嘉也说过类似的话哦。"

.

“能够看透结构的眼力，这是很重要的。”①

“米尔嘉大人！”尤里尖叫道。尤里非常仰慕米尔嘉……因此用米尔嘉大人称呼她。

“树形图能帮助我们找出规律，'用表格来想'也不错。我们如果找到了规律，就要将其**一般化**，大多数情况下可以用数学公式来表示。”

“具体示例，找规律，一般化……”尤里认真地复述，“话我是明白了，但为什么要那么做喵？”

“问得好……尤里，'通过具体示例找出规律并进行一般化'也就是将

'尝试做一下就能知道'

这种状态，变成

'不需要尝试就能知道'

这种状态，这可是非常厉害的呀。”

“不需要尝试就能知道？”尤里皱了皱眉。

“也就是说，我们不用一步一步地画树形图，用 $n!$ 来计算就可以了。不需要实际尝试，而是使用一般化的数学式……啊，在这里是公式，只要能套用公式就可以了，这就是应用公式的方便之处。从另一个角度来看，如果没有自己动手的经验，也就不会知道有可以直接利用的公式是多么幸福的事情。我们不要去死记硬背，而是要用心体会公式的内在含义。这样，使用公式的时候自然也就会得心应手、游刃有余了。”

“哥哥……”

---

① 见《数学女孩》3.2 节末尾。——编者注

"总之，思考具体示例是很重要的，不能在这里偷懒。而在具体问题中找出规律，将其一般化……这是更重要的。不论是面对怎样微小的问题，都不要忘记铺就'具体示例 → 找规律 → 一般化'这样的道路。"

$$具体示例 \rightarrow 找规律 \rightarrow 一般化$$

"铺就道路……"

"在此之后我们要在数学的道路上做的工作，就是验证自己找到的规律是否正确。"

"验证……"

"总之，先自己动手动脑推导 $n!$，这样就能自然而然地记住排列方式的总数是 $n!$ 了，比起死记硬背强得多。"

"啊，可是老师要求我们记下 10 以内的阶乘值。"

"嗯，记下较小的阶乘值会很方便，哥哥我也能背诵哦。如此一来，每当看到像 3 628 800 这样的数值时，就能意识到'这可能是 10! 这个阶乘值'。"

n	1	2	3	4	5	6	7	8	9	10
$n!$	1	2	6	24	120	720	5040	40 320	362 880	3 628 800

"这就是举 1! 反 10! 了吧？"尤里说。

"要是这么算，不就变成是举 1 反 3 628 800 了嘛。"我说。

3.1.7　那家伙

"哥哥的讲解简明易懂，听着真开心。"

尤里将空的果汁易拉罐扔进垃圾箱，重新戴了戴棒球帽。一缕香皂的清新气息扑面而来。

我想到一个问题。

"尤里,将'鲫鱼与绿鲤鱼'这 6 个字排成一列的排法总共有几种,你知道吗?"

"简单。6!,720 种,对吧?刚刚背下来啦。"

"非常遗憾。"

"诶?不对吗?为什么?"

"'鲫鱼与绿鲤鱼'这 6 个字中有 2 个'鱼'字,因此不是 6! 种哦。"

"啊!'鲫鱼绿与鲤鱼'中竟然有 2 个'鱼'字,真狡猾!"

尤里说道。

"不是'鲫鱼绿与鲤鱼',是'鲫鱼与绿鲤鱼'。"

"鲫鱼绿与鲤…… 唉,你真烦人!"

尤里轻戳我的肋下。

"呜!"我呻吟道。

"是'呜'的阶乘哦。"尤里说。

"尤里,好疼啊……"

"怎么会呢,这可是疼爱的表现。"

"疼爱啊…… 说起来,你怎么突然想起'排列'的话题?"

"嗯 —— 班里有个数学非常厉害的家伙,他会出各种数学谜题,非常烦人。"

"……"

"有一天他来问我'你能解释清楚排列吗?',他当时的表情怎么说呢,狂妄得不行!让人生气!"

"那么,尤里现在是不是就不会输给'那家伙'了呢?"我说。

"嗯,那当然!下次就在学校决一胜…… 啊,可是我听说那家伙因为家里的事情要请假一段时间。"

问题3-3（含有相同文字的排列）

将"鲥鱼与绿鲤鱼"这6个字排成一列，总共有几种排法呢？

3.2 组合

3.2.1 图书室

"哎呀呀呀呀！"

尖叫声打破了寂静。不用看就知道，这声音一定来自泰朵拉。

她正竭力避免摔倒，手中的卡片已然撒在半空中。

这里是高中的图书室，现在已经放学了。

时间如白驹过隙，2^{2^2} 的 16 岁转瞬即逝，我的年龄已经变成了质数 17 岁。

虽然已经步入高三，但我每天的生活并没有太大变化。按部就班地上课，放学后就在图书室自习，生活节奏与往常一样。

只是有一点变化，在数学之外的科目上投入了更多精力。我变得比以前更忙了。

"好疼啊……"

泰朵拉一边呻吟着，一边捡起落到地上的卡片。

我也离开座位帮泰朵拉收拾卡片。

"泰朵拉，你没事吧？"我关切地问道。

这些是村木老师给的卡片。

3.2.2 排列

"是排列呢。"我将收拾好的卡片还给泰朵拉,"正好我最近也和尤里聊了排列的话题。"

"是这样啊。"

有顺序地从 n 个元素中取出 k 个元素的情况数(排列数的定义)

$$P_n^k = A_n^k = \frac{n!}{(n-k)!}$$

"但是,我给尤里讲的并不是从 n 个中选取 k 个这种一般情况,而是排列 n 个元素的特殊情况。"

"嗯……也就是 P_n^n(或 A_n^n),对吧?"

"没错。"

$$
\begin{aligned}
P_n^n = A_n^n &= \frac{n!}{(n-n)!} && \text{根据 } P_n^k \text{ 的定义,其中 } k = n \\
&= \frac{n!}{0!} && \text{因为 } n - n = 0 \\
&= \frac{n!}{1} && \text{因为 } 0! = 1 \\
&= n!
\end{aligned}
$$

"嗯,说到 P_n^k ……"泰朵拉说。

$$P_n^k = A_n^k = \frac{n!}{(n-k)!}$$

"嗯?"

"为什么排列的情况数一定是个整数,但排列数的定义却是像 $\frac{n!}{(n-k)!}$ 这样,是分数的形式呢?感觉很奇怪……"

"你是不明白为什么排列数在形式上是分数，最终却能约分成整数是吧？"

"是啊，难以想象这个分数最终一定会约分成整数。"

"为了方便理解，我们用具体示例来思考吧。"

"具体示例啊。"

"比如说，我们从 5 个物品中取出 2 个来摆放。

• 第 1 个物品的选取方法有 5 种

• 对应上述每 1 种选取方法，第 2 个物品都有 4 种选取方法

也就是说，排列数 P_5^2 可以转化为 5×4 这种形式。"

$$P_5^2 = 从\,5\,个物品中取出\,2\,个的排列数 = 5 \times 4$$

"啊，确实是这样，5 与比它小 1 的数相乘。"

"像这样每次减小 1 的数的乘积可以用阶乘 $(n!)$ 来表示。"

"呃！可是 5 的阶乘与 P_5^2 不一样，5 的阶乘多了条尾巴啊。"

泰朵拉做了一个寻找自己尾巴的手势······不过，泰朵拉也没尾巴呀。

$$5! = \underbrace{5 \times 4}_{P_5^2} \times \underbrace{3 \times 2 \times 1}_{尾巴}$$

"P_5^2 占用的仅仅是 $5 \times 4 \times 3 \times 2 \times 1$ 中开头的 5×4 的部分对吧。"我说，"尾巴 $3 \times 2 \times 1$ 是多余的，因此我们要去掉 $3 \times 2 \times 1$，也就是切掉尾巴。而且，我们发现 $3 \times 2 \times 1$ 是 3 的阶乘，所以 P_5^2 就可以只用阶乘来表示。"

$$P_5^2 = 5 \times 4$$

$$= \frac{5 \times 4 \times \overbrace{3 \times 2 \times 1}^{\text{尾巴}}}{\underbrace{3 \times 2 \times 1}_{\text{尾巴}}}$$

$$= \frac{5!}{3!}$$

"的确！这样就切下了尾巴呢。"泰朵拉点了点头。

"刚才我们用来推导的是 5 和 2 这样具体的数。"我继续讲解，"如果用 n 和 k 这样的变量来推导，我们就能推导出排列数 P_n^k 的公式。"

$$P_n^k = n \times (n-1) \times (n-2) \times \cdots \times (n-k+1)$$

$$= \frac{n \times (n-1) \times (n-2) \times \cdots \times (n-k+1) \times \overbrace{(n-k) \times \cdots \times 2 \times 1}^{\text{尾巴}}}{\underbrace{(n-k) \times \cdots \times 2 \times 1}_{\text{尾巴}}}$$

$$= \frac{n!}{(n-k)!}$$

"式子 $\frac{n!}{(n-k)!}$ 的分母 $(n-k)!$ 就是'尾巴'啊！"

"嗯，就是那样。"

3.2.3　组合

"学长，有顺序地取出是排列，无顺序地取出就是组合了吧？"

"嗯，没错。组合数写作 C_n^k 或 $\binom{n}{k}$ 。"

排列数　P_n^k 或 A_n^k　　从 n 个元素中有顺序地取出 k 个元素的情况数
组合数　C_n^k 或 $\binom{n}{k}$　　从 n 个元素中无顺序地取出 k 个元素的情况数

"嗯。"

"我们来举一个例子，从 5 张卡片 A , B , C , D , E 中取出 2 张卡片。先看有顺序地取出 2 张卡片的排列数，一共有 $P_5^2 = 5 \times 4 = 20$ 种。"

$$\boxed{A}\boxed{B}\quad \boxed{A}\boxed{C}\quad \boxed{A}\boxed{D}\quad \boxed{A}\boxed{E}\quad \boxed{B}\boxed{C}$$
$$\boxed{B}\boxed{D}\quad \boxed{B}\boxed{E}\quad \boxed{C}\boxed{D}\quad \boxed{C}\boxed{E}\quad \boxed{D}\boxed{E}$$
$$\boxed{B}\boxed{A}\quad \boxed{C}\boxed{A}\quad \boxed{D}\boxed{A}\quad \boxed{E}\boxed{A}\quad \boxed{C}\boxed{B}$$
$$\boxed{D}\boxed{B}\quad \boxed{E}\boxed{B}\quad \boxed{D}\boxed{C}\quad \boxed{E}\boxed{C}\quad \boxed{E}\boxed{D}$$

从 5 张卡片中有顺序地取出 2 张卡片的排列

"嗯，确实。"

"与之相对应，从 5 张卡片中无顺序地取出 2 张卡片的组合数如下所示，有 10 种。"

$$\boxed{A}\boxed{B}\quad \boxed{A}\boxed{C}\quad \boxed{A}\boxed{D}\quad \boxed{A}\boxed{E}\quad \boxed{B}\boxed{C}$$
$$\boxed{B}\boxed{D}\quad \boxed{B}\boxed{E}\quad \boxed{C}\boxed{D}\quad \boxed{C}\boxed{E}\quad \boxed{D}\boxed{E}$$

从 5 张卡片中无顺序地取出 2 张卡片的组合

"我们用 C_5^2 或 $\binom{5}{2}$ 表示从 5 张卡片中无顺序地取出 2 张卡片的组合数。"

$$C_5^2 = \binom{5}{2} = \frac{5!}{2!3!} = 10$$

"嗯……接着呢？"

"接着来比较'排列'与'组合'，比如 $\boxed{A}\boxed{B}$ 与 $\boxed{B}\boxed{A}$，从'排列'的角度来看是按不同的情况计数，但是从'组合'的角度来看它们是一样的，因此都用 $\boxed{A}\boxed{B}$ 来表示。"

"嗯，我明白，归纳重复的部分。"

"那么'排列'比起'组合'，有多少种情况重复了呢"

"呃，只重复了 2 倍对吧……"

"没错。进一步思考后不难发现，对应组合的每一种情况，排列比组合重复的情况数都等于取出的元素的排列数。比如说，取出 2 张卡片的话，Ⓐ Ⓑ 与 Ⓑ Ⓐ 是重复的，这是取出的 2 张卡片的排列数，就是说重复的情况数为 $P_2^2 = 2!$。"

"哦哦……"

"首先，我们有顺序地取出元素，但此时会出现重复的情况。因此，用'重复的情况数'去除[1]'有顺序地取出的情况数'，就能得到'组合的情况数'。"

从 5 张卡片中无顺序地取出 2 张卡片的情况数

$$= \frac{\text{从 5 张卡片中有顺序地取出 2 张卡片的情况数}}{\text{有顺序地摆放 2 张卡片的情况数}}$$

$$= \frac{P_5^2}{P_2^2}$$

$$= \frac{5 \times 4}{2 \times 1}$$

$$= 10$$

"先有顺序地取出元素……再用重复的情况数去除，对吧？"

"没错。如果弄明白了这些，一般化就很轻松了。"

从 n 个元素中无顺序地取出 k 个元素的情况数

$$= \frac{\text{从 } n \text{ 个元素中有顺序地取出 } k \text{ 个元素的情况数}}{\text{有顺序地摆放 } k \text{ 个元素的情况数}}$$

$$= \frac{P_n^k}{P_k^k}$$

$$= \frac{\frac{n!}{(n-k)!}}{k!}$$

$$= \frac{n!}{k!(n-k)!}$$

---

[1] 此处及后文的"去除"指的是算术运算，"用 a 去除 b"（也可以说"用 a 除 b"）等价于"b 除以 a"，即"$b \div a$"或"b/a"。——译者注

"原来如此。"

"虽然这里出现了像 $\frac{n!}{k!(n-k)!}$ 这种形式的分数，但因为是用重复的情况数去除的，所以结果一定是整数。"

"现在我完全明白 $\frac{n!}{k!(n-k)!}$ 这个分数形式的公式中 $n!$、$k!$ 和 $(n-k)!$ 的意义了，感觉豁然开朗。"

从 n 个元素中无顺序地取出 k 个元素的情况数（组合数的定义）

$$C_n^k = \binom{n}{k} = \frac{n!}{k!(n-k)!}$$

3.2.4　鲫鱼与绿鲤鱼

泰朵拉收拾好散在图书室桌子上的卡片后，开始将刚才的谈话整理成笔记。她虽然冒冒失失，却有认真记笔记的习惯。泰朵拉还真是喜欢记录呢……啊，对了。

"泰朵拉。"

"嗯？"泰朵拉抬起埋在笔记本里的脑袋。

"将'鲫鱼与绿鲤鱼'这 6 个字排成一列，总共有几种排法，你知道吗？"

"嗯，有顺序地排列对吧？所以 6 的阶乘是……啊，不对不对不对，'鱼'字重复了，所以，让我想想。总共有 6 个字……

$$6 个字的排列数 = 6!$$

但是其中包含重复的情况，2 个'鱼'字是一样的，因此必须用 2 个字的排列数去除它。

$$2 个字的排列数 = 2!$$

所以结果是这样的。"

$$\text{“鲫鱼与绿鲤鱼”的排列方法数} = \frac{6\text{ 个字的排列数}}{2\text{ 个字的排列数}}$$
$$= \frac{6!}{2!}$$
$$= 6 \times 5 \times 4 \times 3$$
$$= 360$$

"没错，就是这样，泰朵拉。我们也可以将 2 个'鱼'字区分开来思考，不过道理都是一样的。"

$$\text{“鲫鱼与绿鲤鱼”的排列方法数} = \frac{\text{“鲫·鱼}^1\text{·与·绿·鲤·鱼}^2\text{”的排列数}}{\text{“鱼}^1\text{·鱼}^2\text{”的排列数}}$$
$$= \frac{6!}{2!}$$
$$= 6 \times 5 \times 4 \times 3$$
$$= 360$$

"总共有 360 种这么多呢！鲫鱼与绿鲤鱼、鲫鱼与绿鱼鲤、鲫鱼与鲤绿鱼、鲫鱼与鲤鱼绿……"

"喂，泰朵拉……你是想把 360 种都说一遍吗？"

解答 3-3（含有相同文字的排列）

　　将"鲫鱼与绿鲤鱼"这 6 个字排成一列，总共有 360 种排法。

3.2.5 二项式定理

　　我从一叠卡片中抽出一张说：

　　"这是**二项式定理**，是与组合数 $\binom{n}{k}$ 相关的最著名的定理。"

二项式定理

$$(a + b)^n = \sum_{k=0}^{n} \binom{n}{k} a^{n-k} b^k$$

"二项式定理……"泰朵拉好像想起了什么，"你以前也教过我……但是变量太多让人头痛。"

"遇到像二项式定理这样有很多变量的式子时，应该着重练习具体化。"

"练习具体化……这是什么意思？"

"式子中出现许多字母(也就是变量)，说明这个式子具有相当强的一般性，也可以认为这是某人'通过导入变量进行一般化'的结果。遇到这种情况，不妨试着向式子中代入具体数值，这样你就能实际体会到'是啊，这确实成立呀'的感觉。"

"意思是做与'通过导入变量进行一般化'相反的事吗？"

"没错，这也可以说是'通过赋值进行特殊化'。比如说，我们来看看当 $n = 1$ 时的二项式定理……"

$$
\begin{aligned}
(a+b)^1 &= \sum_{k=0}^{1} \binom{1}{k} a^{1-k} b^k &&\text{令二项式定理中的 } n = 1 \\
&= \underbrace{\binom{1}{0} a^{1-0} b^0}_{k=0 \text{ 的情况}} + \underbrace{\binom{1}{1} a^{1-1} b^1}_{k=1 \text{ 的情况}} &&\text{展开} \sum \\
&= 1a^{1-0}b^0 + 1a^{1-1}b^1 &&\text{因为 } \binom{1}{0} = 1, \binom{1}{1} = 1 \\
&= 1a^1 b^0 + 1a^0 b^1 \\
&= a^1 + b^1 \\
&= a + b
\end{aligned}
$$

"的确，$(a+b)^1 = a+b$。"

"嗯，同样地，令二项式定理中的 $n=2$ 时……"

$$(a+b)^2 = \sum_{k=0}^{2} \binom{2}{k} a^{2-k} b^k$$

$$= \underbrace{\binom{2}{0} a^{2-0} b^0}_{k=0 \text{ 的情况}} + \underbrace{\binom{2}{1} a^{2-1} b^1}_{k=1 \text{ 的情况}} + \underbrace{\binom{2}{2} a^{2-2} b^2}_{k=2 \text{ 的情况}}$$

$$= 1a^{2-0} b^0 + 2a^{2-1} b^1 + 1a^{2-2} b^2$$

$$= 1a^2 b^0 + 2a^1 b^1 + 1a^0 b^2$$

$$= a^2 + 2ab + b^2$$

"啊，学长，这个……？"

"顺便写一下 $n=3$ 的情况吧。"

$$(a+b)^3 = \sum_{k=0}^{3} \binom{3}{k} a^{3-k} b^k$$

$$= \underbrace{\binom{3}{0} a^{3-0} b^0}_{k=0 \text{ 的情况}} + \underbrace{\binom{3}{1} a^{3-1} b^1}_{k=1 \text{ 的情况}} + \underbrace{\binom{3}{2} a^{3-2} b^2}_{k=2 \text{ 的情况}} + \underbrace{\binom{3}{3} a^{3-3} b^3}_{k=3 \text{ 的情况}}$$

$$= 1a^{3-0} b^0 + 3a^{3-1} b^1 + 3a^{3-2} b^2 + 1a^{3-3} b^3$$

$$= 1a^3 b^0 + 3a^2 b^1 + 3a^1 b^2 + 1a^0 b^3$$

$$= a^3 + 3a^2 b + 3ab^2 + b^3$$

"学长！二项式定理就是 $(a+b)^2$ 和 $(a+b)^3$ 这类公式的一般化呀！诶诶诶……我真是迟钝呀，现在才注意到。"

"没那回事，泰朵拉。"我以微笑回应，"即使你没能通过字母形式的代数公式发现也没关系，只要在代入具体的数值后能理解，这就足够了。"

"好的，我明白了。"泰朵拉点着头，非常乖巧。

"我们在初中就学过 $(a+b)^2 = a^2 + 2ab + b^2$ 这个完全平方公式，对吧？将积的形式转化为和的形式……对，这就是**二项展开式**。我们需要记住常用的二项展开式，但也可以使用二项式定理去掌握这些公式。"

"好的！"

"话说回来，你知道为什么二项式定理的各项会出现 $\binom{n}{k}$ 这样的组合数吗？"我问泰朵拉。

"知道，学长之前教过我的。"泰朵拉说，"比如说……"

◎　　◎　　◎

比如说我们来看 $(a+b)^3$，这是 3 个因式的相乘。

$$(a+b)^3 = \underbrace{(a+b)}_{\text{因式}1}\underbrace{(a+b)}_{\text{因式}2}\underbrace{(a+b)}_{\text{因式}3}$$

将上面这个式子展开时，需要从 3 个因式中分别选取 a 或 b 进行乘法运算。

$$
\begin{array}{lcl}
(\textcircled{a}+b)(\textcircled{a}+b)(\textcircled{a}+b) & \rightarrow & aaa = a^3b^0 \\
(\textcircled{a}+b)(\textcircled{a}+b)(a+\textcircled{b}) & \rightarrow & aab = a^2b^1 \\
(\textcircled{a}+b)(a+\textcircled{b})(\textcircled{a}+b) & \rightarrow & aba = a^2b^1 \\
(\textcircled{a}+b)(a+\textcircled{b})(a+\textcircled{b}) & \rightarrow & abb = a^1b^2 \\
(a+\textcircled{b})(\textcircled{a}+b)(\textcircled{a}+b) & \rightarrow & baa = a^2b^1 \\
(a+\textcircled{b})(\textcircled{a}+b)(a+\textcircled{b}) & \rightarrow & bab = a^1b^2 \\
(a+\textcircled{b})(a+\textcircled{b})(\textcircled{a}+b) & \rightarrow & bba = a^1b^2 \\
(a+\textcircled{b})(a+\textcircled{b})(a+\textcircled{b}) & \rightarrow & bbb = a^0b^3 \\
\end{array}
$$

　　将通过以上步骤得到的 $aaa, aab, aba, \cdots, bbb$ 等 8 项相加、合并同类项后，每项的系数表示"这种同类项有几个"，所以同类项的个数就等于这一种组合的个数。比如说，a^2b^1 的系数就等于从 3 个因式中取出 1 个 b 这种组合的个数。因此，系数就等于该组合的个数。

◎　◎　◎

　　"系数等于组合的个数，对吧？"泰朵拉说。

　　"是的。注意观察系数，会非常有趣哦。"

　　我写下二项展开式，在系数的位置上标记"○"。

$$(a+b)^0 = ①$$
$$(a+b)^1 = ①a \ +①b$$
$$(a+b)^2 = ①a^2 + ②ab \ +①b^2$$
$$(a+b)^3 = ①a^3 + ③a^2b + ③ab^2 + ①b^3$$

　　"是指圈起来的地方很有趣吗？"

　　"没错，泰朵拉你知道吗？"

　　就在这时。

　　我闻到微微的柑橘香。

　　我马上转过头——

　　"帕斯卡三角形 [1]，你们看起来很愉快啊。"

　　米尔嘉站在我的身后，露出一张清爽的笑脸。

---

[1] 又称杨辉三角形或贾宪三角形，是二项式系数的一种写法，形似三角形。布莱士·帕斯卡（Blaise Pascal，法国数学家）在1654年发现这一规律，比杨辉（我国南宋数学家）迟393年，比贾宪（我国北宋数学家）迟600年。我国的规范用词是"杨辉三角形"。但鉴于本书题材及故事背景，此处遵循原书，仍采用"帕斯卡三角形"的译法。——译者注

3.3 2^n 的分配

3.3.1 帕斯卡三角形

"你们继续。"米尔嘉说。

"说起帕斯卡三角形……我好像在哪里看到过，要是没记错的话，是把排好的数逐个相加对吗。"泰朵拉说。

"说的没错。将两端的数设为 1……"

我开始在笔记本上画出帕斯卡三角形，在这之前，我已经画过很多次帕斯卡三角形了，我很享受动手写数字的感觉。

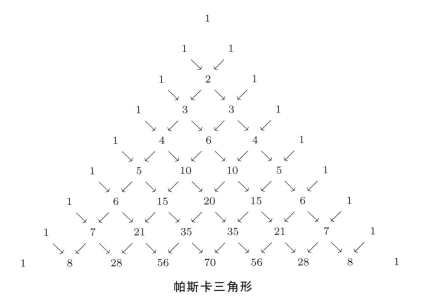

帕斯卡三角形

泰朵拉在旁边看着我写写画画，米尔嘉则从我的身后探出头来观看。甜甜的味道混着柠檬的香气，我已无法用语言形容我的心情了。

"怎么了？快继续讲解。"米尔嘉催促着。

"喔……嗯。展开 $(a+b)^n$ 后得到的系数排在帕斯卡三角形的第 n

层，最顶层记为第 0 层 ——"

第 0 层　$(a+b)^0$　$= ①$

第 1 层　$(a+b)^1$　$= ① a + ① b$

第 2 层　$(a+b)^2$　$= ① a^2 + ② ab + ① b^2$

第 3 层　$(a+b)^3 = ① a^3 + ③ a^2b + ③ ab^2 + ① b^3$

"真的呀！"泰朵拉有点惊讶，"诶…… 不可思议。我们需要不断将上一层相邻的两个数相加，才能得到帕斯卡三角形对吧。这样看来，我们通过加法算出来的帕斯卡三角形，竟然与通过乘法算出来的组合的个数完全吻合，简直不可思议。"

"被你说'不可思议'的话……"我说。

"通过这个图思考还是有点麻烦。"米尔嘉说着轻轻推了推眼镜，"虽说帕斯卡三角形一般指左右对称的等腰三角形，但此时写成表格的形式更合适。"

		k								
		0	1	2	3	4	5	6	7	8
	0	$\binom{0}{0}$								
	1	$\binom{1}{0}$	$\binom{1}{1}$							
	2	$\binom{2}{0}$	$\binom{2}{1}$	$\binom{2}{2}$						
	3	$\binom{3}{0}$	$\binom{3}{1}$	$\binom{3}{2}$	$\binom{3}{3}$					
n	4	$\binom{4}{0}$	$\binom{4}{1}$	$\binom{4}{2}$	$\binom{4}{3}$	$\binom{4}{4}$				
	5	$\binom{5}{0}$	$\binom{5}{1}$	$\binom{5}{2}$	$\binom{5}{3}$	$\binom{5}{4}$	$\binom{5}{5}$			
	6	$\binom{6}{0}$	$\binom{6}{1}$	$\binom{6}{2}$	$\binom{6}{3}$	$\binom{6}{4}$	$\binom{6}{5}$	$\binom{6}{6}$		
	7	$\binom{7}{0}$	$\binom{7}{1}$	$\binom{7}{2}$	$\binom{7}{3}$	$\binom{7}{4}$	$\binom{7}{5}$	$\binom{7}{6}$	$\binom{7}{7}$	
	8	$\binom{8}{0}$	$\binom{8}{1}$	$\binom{8}{2}$	$\binom{8}{3}$	$\binom{8}{4}$	$\binom{8}{5}$	$\binom{8}{6}$	$\binom{8}{7}$	$\binom{8}{8}$

表示组合数 $\binom{n}{k}$ 的表格

		k							
		0	1	2	3	4	5	6	7	8
	0	1								
	1	1	1							
	2	1	2	1						
	3	1	3	3	1					
n	4	1	4	6	4	1				
	5	1	5	10	10	5	1			
	6	1	6	15	20	15	6	1		
	7	1	7	21	35	35	21	7	1	
	8	1	8	28	56	70	56	28	8	1

表示组合数 $\binom{n}{k}$（实际数值）的表格

"观察上述表格我们可以发现，帕斯卡三角形能通过以下的加法运算得到。"米尔嘉说。

$$\binom{n-1}{k-1} \qquad \binom{n-1}{k}$$
$$\searrow \qquad \downarrow$$
$$\binom{n}{k}$$

"也就是说，对于满足 $0 < k < n$ 的任何整数 n 和 k，下面的递推公式都成立。"米尔嘉说。

$$\binom{n}{k} = \binom{n-1}{k-1} + \binom{n-1}{k}$$

"啊……这个递推公式的变量 n 与 k 纠缠在一起好难理解啊，它们有什么含义呢？"泰朵拉问。

米尔嘉一言不发地将手指指向我，示意我来解释。

"嗯，这个递推公式可以这样'解读'。"我回答。

从 n 个元素中选取 k 个元素的组合数

$=$ 从 $n-1$ 个元素中选取 $k-1$ 个元素的组合数

$+$ 从 $n-1$ 个元素中选取 k 个元素的组合数

"嗯…… 嗯？"泰朵拉露出一副不解的表情。

"是这样的，这个递推公式本质上是可以分情况讨论的，泰朵拉。"

"分情况讨论…… 吗？"

"试着将 $n=4$ 和 $k=2$ 代入递推公式来吧。我们来求从 $\boxed{A}$, $\boxed{B}$, $\boxed{C}$, $\boxed{D}$ 4 张卡片中选取 2 张卡片的组合数，将它分为选择 $\boxed{A}$ 的情况与不选择 $\boxed{A}$ 的情况。"我说。

"呃，选择 $\boxed{A}$ 的情况与不选择 $\boxed{A}$ 的情况…… 是这样的吗？"

"没错。先看选择 $\boxed{A}$ 的情况，这时我们只需求出从 $\boxed{A}$ 以外的 3 张卡片中选取 1 张卡片的组合数，也就是求出从 $n-1$ 张卡片中选取 $k-1$ 张卡片的组合数。"

"…… 哦哦，因为要选取 2 张卡片，且已经选择了 $\boxed{A}$ 作为其中的 1 张，所以我们只要选取剩下的 1 张就可以了，是吧？"

"说得对。接着是不选择 $\boxed{A}$ 的情况，这时我们只需要求出从 $\boxed{A}$ 以外的 3 张卡片中选取 2 张卡片的组合数，也就是求出从 $n-1$ 张卡片中选取 k 张卡片的组合数。"

"这次是从除 $\boxed{A}$ 以外的 3 张卡片中选取 2 张卡片，是吧？"

"嗯嗯。"我点头肯定，"将这两种情况合起来就能求出从 4 张卡片中选取 2 张卡片的组合数。这就是组合数的递推公式的意义。"

$$\begin{pmatrix} n \\ k \end{pmatrix}$$ 　　　　从 n 张卡片中选取 k 张卡片的组合数

$$= \begin{pmatrix} n-1 \\ k-1 \end{pmatrix}$$ 　　从除 以外的 $n-1$ 张卡片中选取 $k-1$ 张卡片的组合数

$$+ \begin{pmatrix} n-1 \\ k \end{pmatrix}$$ 　　从除 Ⓐ 以外的 $n-1$ 张卡片中选取 k 张卡片的组合数

"只要分情况讨论,递推公式的意义就一目了然了呀!"

3.3.2　位模式

米尔嘉站起身走到图书室的窗前,窗外是一排法国梧桐。当她转身回望我们的一瞬间,乌黑的长发在空中飘舞。

"我们来思考位模式吧。"

◎　　◎　　◎

我们来思考位模式吧。

能用 n 比特来表示的数,也就是 2 进制中 n 位的数有 2^n 个。比如说当 $n=5$ 时,5 比特能表示从 00000 到 11111 的数,总共有 $2^5 = 32$ 个。

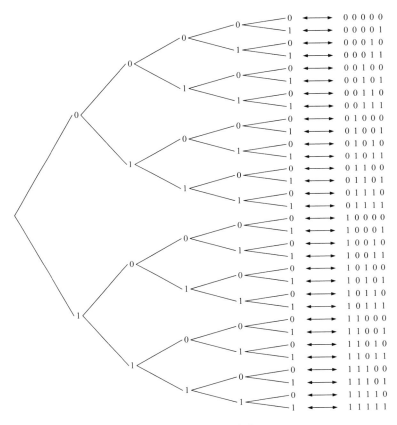

树形图与位模式

　　那么，我们试着将位模式按 1 的个数来分类吧。

　　比如说，00000 这个位模式中一个 1 也没有，也就是 1 的个数为 0。如果位模式是 00101 就有 2 个 1，如果是 10110 就有 3 个 1。当然，1 的个数最多为 5 个，其位模式是 11111。

　　综上所述，我们可以将其归纳成下面这样的直方图。

		11000	11100		
		10100	11010		
		10010	10110		
		10001	01110		
		01100	11001		
	10000	01010	10101	11110	
	01000	01001	01101	11101	
	00100	00110	10011	11011	
	00010	00101	01011	10111	
00000	00001	00011	00111	01111	11111
1的个数 0	1	2	3	4	5
位模式的个数 1	5	10	10	5	1

将位模式按1的个数来分类

◎　　◎　　◎

"米尔嘉学姐,"泰朵拉问,"在'位模式的个数'那一栏,写着 1, 5, 10, 10, 5, 1,这是组合数吗?"

"对。"米尔嘉回答,"'n 位中有 k 位为 1'这样的位模式,与'从 n 个元素中选取 k 个元素组合'相对应。这就相当于'选取 k 个元素使之等于 1',因此位模式与组合相对应是理所当然的。"

"确实是。"我说。

3.3.3　指数爆炸

"只要有 5 比特,就可以表示 32 个数了呀。"泰朵拉说。

"才 5 比特就让你惊讶,泰朵拉你怕是不知道指数爆炸的厉害。"

"指数爆炸指的是?"

"只要有 1 比特,就能给 2 个人编号,也就是 0 号和 1 号。"

"嗯?"泰朵拉一头雾水,不知道米尔嘉想说什么。

"如果有 2 比特,就能给 4 个人编号,00 号、01 号、10 号、11 号。"

"是、是的呀。"

"只要有 n 比特，就能给 2^n 个人编号，会有从 $\underbrace{000\cdots0}_{n\,比特}$ 到 $\underbrace{111\cdots1}_{n\,比特}$ 的编号。到此为止都理解了吧，泰朵拉？"

"嗯，我都理解了。只要有 n 比特，就能给 2^n 个人编号。"

"那么，请听题。"米尔嘉说，"如果我们要给全世界所有的人编号，至少需要多少比特？假设全世界有 100 亿人口。"

"诶！要给 100 亿人编号吗？"

"没错。"

"因为至少需要 100 亿个编号，所以……呃，怎么说也要 1 万比特吧？"

"用不着那么多。"米尔嘉不假思索地回答。

"诶？比 1 万还少？那么，3000 比特怎么样？"

"还是太多了。"

"我明白了，那 300 比特是不是差不多了呢？"

"正确答案是 34 比特。"

"诶！只要 34 比特吗？"泰朵拉用双手比划着约 34 cm 的长度，不知在做什么手势。

"33 比特是不够的，"米尔嘉说，"我们至少需要 34 比特，因为

$$2^{33} = \ \ 85\,亿\,8993\,万\,4592$$
$$2^{34} = 171\,亿\,7986\,万\,9184$$

所以——"

$$2^{33} < 100\,亿 < 2^{34}$$

"我……我还以为至少需要 300 比特呢。"

"宇宙的体积大概是 2^{280} cm^3。如果有 280 比特，我们就可以将整

个宇宙分成 2^{280} 个 $1\ \mathrm{cm}^3$ 大小的立方体，并可以给每个立方体编号。要是有 280 比特——"

米尔嘉说到这里，将脸凑到泰朵拉面前。

不，这已经不是将脸凑过去的程度了。

两人是鼻子对着鼻子，嘴唇对着嘴唇，几乎就要碰到了。

而且……

米尔嘉的双手牢牢地按住泰朵拉的肩膀。

"要是有 280 比特，便能在全宇宙中以这样的精确度确定位置。"

"啊、啊、啊……"

无处可逃的泰朵拉，害羞得面红耳赤，目光闪烁不定。

3.4　幂运算的孤独

3.4.1　回家路上

回家路上。

我独自发呆，在脑海中描绘着树形图。

树形图……

如果有 34 段"分权"，就能分成 171 亿 7986 万 9184 个树枝。经过 34 次分权，就可以区分世界上每一个人了。

仅仅 34 次分权就能得到 171 亿 7986 万 9184 种结果，那么，从过去经过无数岔路行走到现在的我们，是多少种可能性中的一个啊。

3.4.2　家

"我回来了。"

刚到家，妈妈就到门口悄悄对我说："尤里来了。"

"尤里？"

我也不由自主地放小了声音。

一进房间，我就看到尤里一个人孤零零地坐在椅子上。

她低着头，手插在外套的口袋里。

马尾辫也无力地垂了下来。

"尤里，你怎么了？"

"哥哥……"

尤里抬起头。

一副要哭出来的样子。

"那个，哥哥…… 那个……"

"嗯。"

"那、那家伙要转校了…… 怎么办？"

憋了很久，尤里终于说了出来。

她闭上眼睛，双手掩面。

那家伙。

说的是和尤里同班的初三男生。

两人经常互相出数学谜题，是可以在放学后相谈到很晚的伙伴。

那孩子 —— 要转校了。

两人能一起讨论喜欢的书，一起学习，会吵架，也会立刻和好。

那孩子 —— 要去远方了。

那孩子，已经无法再参与尤里的每一天了。

仅仅 1 比特的不同，就能让两人的路越走越远。唉，我们的每一天都被分权填满，我们必须在这充满无数分岔的森林里披荆斩棘。

尤里依然低着头，双手掩面。
少女的后颈微微颤抖。

我说不出任何安慰的话。
但我理解这份心酸。
我 ——
靠近 280 比特分割出的空间 ——
轻轻地，把手放在尤里的头上。

构成地球的原子总数　2^{170} 个
构成银河系的原子总数　2^{223} 个
全宇宙的体积　2^{280} cm^3
——《应用密码学：协议、算法与 C 源程序（原书第 2 版）》[1]

---

[1]《应用密码学：协议、算法与 C 源程序（原书第 2 版）》（*Applied Cryptography: Protocols, Algorithms and Source Code in C*，[美]布鲁斯·施奈尔著，吴世忠、祝世雄、张文政等译，机械工业出版社 2014 年 1 月）。—— 译者注

第4章
可能性中的不确定性

> "要是有一两个人，不，哪怕只有一个人，
> 从那艘船上逃出来，逃到我这儿来就好了！
> 要是有一个伴儿了，有一个同类，
> 可以跟我讲讲话，可以互相交谈就好了！"
>
> ——《鲁滨逊漂流记》

4.1 可能性中的确定性

除法的意义

"哥哥，'除法'到底是什么呢？"

"这真是个充满了哲学性的问题啊……"

今天是周六，这里是我的房间。初三的尤里和往常一样来我这玩，找感兴趣的书读。我一边翻着单词卡片，一边漫不经心地回答尤里时不时抛过来的问题。

自从上次见到尤里的眼泪还未过去一周，可不知为何，她已经一扫阴霾，像往常一样活泼开朗——只是，我不清楚她的内心是否真的如此。

"之前咱们不是做过掷骰子比赛的题吗？就是哥哥弄错的那个。"

"……是做过呢。"尤里还真是抓着那个错误不放。

爱丽丝和鲍勃各掷一次骰子，掷出点数更大的一方胜出。

那么爱丽丝获胜的概率是多少呢？

"哥哥当时写了这样的式子吧？"

$$\text{爱丽丝获胜的概率} = \frac{\text{爱丽丝获胜的情况数 (15)}}{\text{所有的情况数 (36)}} = \cdots = \frac{5}{12}$$

"嗯，是的。"

"结果出现分数了，分数就是除法吧？"

"是的，'$\frac{分子}{分母}$'也就是'分子 ÷ 分母'。因此，可以说爱丽丝获胜的概率等于$\frac{5}{12}$，也可以说等于 $5 \div 12 = 0.4166\ldots$"

"为什么要用除法求概率呢？"

"嗯？你是不懂为什么要用'所有的情况数'去除'获胜的情况数'吗？"

"嗯……那里应该是明白了……但是，啊……说不清楚啊，我也很头疼，快帮帮我呀。"

"虽然我也不清楚你哪里不明白，但我会想办法的。总之先整理一下再说吧。"

我展开笔记本，尤里把椅子挪到我身边坐下。

"呃，尤里，你涂口红了？"我看了看她。

"嗯？喵，这是唇膏哦。"尤里调皮地一笑，用手指轻轻地点了一下嘴唇。

"哦，是吗……首先，爱丽丝先掷骰子。结果从 ⚀ ⚁ ⚂ ⚃ ⚄ ⚅ 这 6 种里产生。接着鲍勃掷骰子，结果同样是 ⚀ ⚁ ⚂ ⚃ ⚄ ⚅ 这 6 种中的一种。"

"没问题。"

"现在我们来考虑所有情况。爱丽丝的点数有 6 种情况。对应每一种情况，鲍勃的点数也有 6 种。看，这就是经常见到的 ——"

"出现了'对应每一种情况'！这时该用乘法。"

"对对。尤里你记得不错嘛。所有的情况数为 6 种 × 6 种 ＝ 36 种，这 36 种情况都以相同的可能性发生。在这 36 种情况中，爱丽丝获胜的情况有 15 种，因此爱丽丝获胜的概率为 $\frac{15}{36}$，约分后为 $\frac{5}{12}$。那么，你是在哪里卡住的呢？"

"哥哥你这样讲解的话，我大概理解了喵。但对于为什么要用除法，我还是不明白呀。"

"嗯…… 那么，我再试试别的讲法吧。"

我一边猜想反复念叨"我不明白"的尤里是怎样思考的，一边组织语言。讲解时，即便听者说了很多次"我不明白"，讲解者也不应该生气，生气并不能帮助听者加快理解。与其生气，不如去推测听者的所思所想，根据听者的思维改变自己的表达方式。

"尤里，除法是在'把全体设为 1'的时候使用的哦。"

"把全体设为 1？"

"嗯。'把全体设为 1 时，我们关注的量占多少呢？'回答这个问题的时候就要用除法，答案称作'比例'或'比'。"

"我不明白你在说什么……"

"比如说，我有一根 20 cm 长的百奇巧克力棒。"

"哥哥，百奇只有 13 cm 长哦。"

"啊，是吗？…… 那么，假设我有一根 13 cm 长的百奇巧克力棒，现在已经吃掉了其中的 6.5 cm。请问我吃掉的长度占全体的比例是多少呢？"

"很简单呀，吃掉了一半。"

"没错。'全体的长度'为 13 cm，'吃掉的长度'为 6.5 cm，是全体的一半，也就是 $\frac{1}{2}$。"

$$吃掉的长度的比例 = \frac{吃掉的长度\,(6.5\ \text{cm})}{全体的长度\,(13\ \text{cm})} = \frac{6.5}{13} = \frac{1}{2}$$

"哥哥，这不是小学计算题嘛。"

"设全体的长度为 1 时，吃掉的长度就相当于 $\frac{1}{2}$。所以刚才的问题就变成了

> 把'全体的量'设为 1 时，
>
> '关注的量'占多大的比例呢？

回答这个问题就需要用到分数，也就是除法运算。"

"这样我是明白的，但是，概率也不是长度呀！"

"嗯。概率确实不是长度，但是它和长度的比例很相似。而且也不局限于长度的比例，还可以是面积的比例、体积的比例……，什么都可以。总之，概率要回答的就是

> 把'必定发生的事情'设为 1 时，
>
> '关注的事情'发生的比例有多大呢？

这样的问题，尤里。"

"呃，我有点明白了……哥哥，刚才你说概率与面积的比例很相似对吧？这让我想到利用列表。"

尤里在我桌子上翻出笔记。

		鲍勃					
		1 ⚀	2 ⚁	3 ⚂	4 ⚃	5 ⚄	6 ⚅
爱丽丝	1 ⚀	平局	鲍勃胜	鲍勃胜	鲍勃胜	鲍勃胜	鲍勃胜
	2 ⚁	爱丽丝胜	平局	鲍勃胜	鲍勃胜	鲍勃胜	鲍勃胜
	3 ⚂	爱丽丝胜	爱丽丝胜	平局	鲍勃胜	鲍勃胜	鲍勃胜
	4 ⚃	爱丽丝胜	爱丽丝胜	爱丽丝胜	平局	鲍勃胜	鲍勃胜
	5 ⚄	爱丽丝胜	爱丽丝胜	爱丽丝胜	爱丽丝胜	平局	鲍勃胜
	6 ⚅	爱丽丝胜	爱丽丝胜	爱丽丝胜	爱丽丝胜	爱丽丝胜	平局

"我们用一个字来表示各种情况。爱丽丝获胜时用'爱'，鲍勃获胜时用'鲍'，平局时用'平'……如此一来，我们就能画出下面这样一个正方形。"

平	鲍	鲍	鲍	鲍	鲍
爱	平	鲍	鲍	鲍	鲍
爱	爱	平	鲍	鲍	鲍
爱	爱	爱	平	鲍	鲍
爱	爱	爱	爱	平	鲍
爱	爱	爱	爱	爱	平

"原来如此。"我看着尤里画出的方格点点头。

"将这个正方形的面积设为 1 时，'爱'所占的面积是多少呢？这就是爱丽丝获胜的概率了。"

"没错，就是那样！尤里你真聪明呀！"

"嘿嘿嘿，再多夸夸我。"

"就这样吧。"

"真小气，夸我的比例真少。"尤里撅起嘴，"但是呀，哥哥，这里与其说是求面积，不如说是计数啊。因为，方格一共有 36 个，其中'爱'的方格有 15 个。"

"没错，因为 36 种情况每一种发生的可能性都相同呀。"

尤里一直盯着正方形，在思考着什么。

突然，她栗色的头发闪出金色的光泽。

"啊，哥哥！这样的话，不掷两次骰子，而是用 36 格的轮盘是不是也可以呢。"

"36 格的轮盘？"

尤里画了一个像轮盘一样的东西。

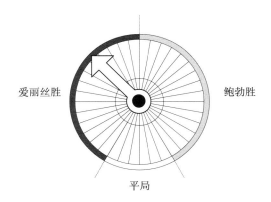

爱丽丝胜　　　　　　　　　　　鲍勃胜

平局

和掷骰子比赛相同的 36 格轮盘比赛

"啊，确实。36 格的轮盘中，爱丽丝获胜的位置有 15 个，鲍勃获胜的位置也有 15 个，平局的位置有 6 个，和掷两次骰子的结果是一样的呀。"

"如果 1 个获胜的位置都没有，获胜的概率就是 0 了吧？"

"说得没错，概率为 0 表示绝对不可能发生的情况。假设 36 个位置都表示爱丽丝获胜的话……"

"爱丽丝获胜的概率就会变成 1，这是必然会发生的情况。"

"嗯，任何事情的概率，都一定在'绝对不可能发生'与'必然会发生'之间。也就是说

$$0 \leqslant 概率 \leqslant 1$$

这样一个不等式总是成立。概率不会变成负数，也不可能超过1，它总是大于等于0%、小于等于100%。"

"'120% 正确'是不可能的吧 —— 啊哈哈！"

"突然笑什么呢你？"

"前几天老师说'这是 120% 正确的！'当时人家就反驳说'老师，这在数学上是不合理的'，结果还惹老师生气了。"

"你不要欺负老师呀。老师是因为想强调'一定是正确的'才……"

"好好。"尤里一边笑一边说，"最有趣的是，那天放学后，那家伙——"

尤里的话戛然而止。

我想去看尤里的脸。

她"唰"地背过身去，伸手在书架上找书。

"尤里？"

"……"

"尤里？"

"……哥哥，这本书借我吧。"

尤里抽出一本口袋书，迅速走向了客厅。

4.2 可能性中的不确定性

4.2.1 相同的可能性

"以上就是我们讨论的话题。"我说。

"概率确实很难呜……"泰朵拉一边吃便当，一边口齿不清地回答。

这里是学校的楼顶，现在正值午休时间，虽然暖和，天却阴着。

"难吗？"我吃着刚从小卖部买的面包。

"嗯……'将全体设为 1'这一点能明白，但是不明白学长你刚才提到的'相同的可能性'，我还没有理解这句话的意思。"

她用筷子夹起一块蛋卷，接着说：

"日语中'可能性'这个词让人觉得意思含糊。用英语来表达是 probability，也就是'有多么 probable（容易发生）的程度'。这个表达就很清晰。"

泰朵拉的英语发音婉转动听。

"可能性 —— 唉…… 确实是个难以理解的名词。"

"嗯。我尤其弄不明白这个名词的意思。为什么可以断言骰子的各个点数就是按'相同的可能性'出现的呢？"

"因为出现的概率都是 $\frac{1}{6}$ 呀。"我说。

"嗯，如果骰子的各个点数都按相同的可能性出现，那么每一个点数出现的概率都是 $\frac{1}{6}$。但是…… 追根溯源，为什么'骰子的各个点数是按相同的可能性出现的'这个前提就是正确的呢？"她放下筷子注视着我。

"嗯，因为骰子质地分布均匀，且各个面的形状相同 ——"我欲言又止，我知道她的疑问了。

"学长，由骰子的各个面形状相同，进而推出骰子的各个点数出现的可能性相同 —— 这已经不是数学了。"

"说的是啊，是物理学？ —— 啊不是，这是更偏向工学的话题了。"

"啊……我也说不清楚自己哪里不明白。"

泰朵拉说着，将蛋卷一口吞下。

4.2.2 真正的武器

吃完面包后，我将包装袋揣进口袋，开始思考泰朵拉说的话。泰朵拉的疑问是这样的：

> 骰子的各个点数是按"相同的可能性"出现的。
> 这是什么意思？

我无法准确回答她这个朴实的问题。

在此之前，我从来没有对"相同的可能性"这一表达抱有过疑问，无论是在小学、初中，还是高中。因为我觉得只要能算对排列或组合，概率的计算就一定不会出错。

但是，泰朵拉不是这样的。

她会一直抱有疑问，直到真正感觉到"我明白了"。

我察觉到了一件事情。

> 泰朵拉认为自己的武器是"坚韧的毅力"。
> 我以前一直认为她的武器是"独特的思维"。

但我现在才发觉，实际上泰朵拉真正的武器不是坚韧的毅力，也不是独特的思维，而是

> "自己，还没有，真正理解"

这样的自我认知。

一年级的时候泰朵拉有很多东西还不明白，像质数、绝对值、和……

在和我的对话中，泰朵拉知道了定义的重要性，知道了数学公式的重要性。一年后的现在，她那"没明白的感觉"又加深了一个层次。

听我这样说着，泰朵拉将双手伸到面前，连连摆手。

"哪里哪里！我只是太迟钝了，有些东西理解得比较慢，要是能快点理解就好了。"

"未必是那样呢。真正的数学家所挑战的问题都不是能快速找到答案的。所以，能在心中一直思考自己还没弄明白的问题，这是非常重要的。而泰朵拉你，有这个能力。"

"啊……能被学长这么夸奖，我受到了莫大的鼓励。怎么说好呢……总之，我深刻地认识到，只要做自己就好。即便是这样迟钝的我，也不是一无是处，也有优秀的地方！"

"没有呀，我可是一直觉得你很厉害的。"

"每次听了学长的话以后，我学习的动力都会更足。我想学得更广、更广更广，也想学得更深、更深更深。这是真心话！在家学习的时候，一想起学长还有米尔嘉学姐的话，我的心情就会变得很舒畅。"泰朵拉一副认真的表情，"我会觉得 —— 原来我不是独自一人啊。"

"不是独自一人？"

"嗯。我经常会因为解不出数学问题而着急得手心出汗。这时候我就会深呼吸，回想学长和米尔嘉学姐的鼓励，然后就能放松下来，以新的状态去面对问题……学长说过这样一句话吧，在面对数学公式的时候，我们每个人都是'小数学家'。"

"嗯。"

"我会回想起那句话，这样即便时间一分一秒地过去，我也不会慌张、不会焦急。我会将注意力集中在眼前的问题上。大家都是一样的，虽然面对问题时我是一个人，可我并不孤独。学长的话语，在我的内心给予我力量。"

"……"

"我，不是独自一人。每个人都在独自面对'自己的问题'。全世界的'小数学家'们都在忙于各自的问题。所以、所以我并不孤独。即便面对的问题不同，我也绝对、绝对不孤独。即便 ——

> 即便一个人也好，我也会认真思考。
> 即便一个人也好，我也会认真战斗。
> 只有披荆斩棘，我们才能迎来互相理解。

我发现了这样一个新世界。"

泰朵拉的脸染上红晕。

"学长，所以我、我一直…… 那个…… 虽然我也说不清楚，我一直对学长……"

正当这时，一滴雨点落下来了。

"泰朵拉！糟了，下雨了！"

"啊呀，我的便当！"

我们为了躲避突然下起的雨，慌慌张张地跑进室内。下楼时，泰朵拉说了一句话。

"学长，一直以来谢谢你。"

4.3　可能性的实验

4.3.1　解释程序

下午的课程结束，到了放学时间，我一如既往地走向图书室。

窗外的法国梧桐已经抽出新叶，直指广阔的天空。午休时的骤雨过后，天空万里无云。

泰朵拉与理纱并排坐着。红发的理纱面无表情地面对着红色的笔记本电脑，而泰朵拉在一旁看屏幕看得入迷，显得兴奋不已。

"啊，学长学长学长学长学长！"

"说了 5 次学长，是个质 ——"我还没把"质数"两个字都说出口，就被跑过来的泰朵拉拽着手腕带到电脑前 —— 我被一如既往的甘甜味道包围了。

"看！看！"泰朵拉指着理纱的屏幕，"好、好厉害的！理纱让之前说的伪代码实际运行了！"

"实际运行……这是怎么一回事？"我问道。

屏幕上显示的是 LINEAR-SEARCH 的程序，其中有一段闪烁不停，我不太明白。

"啊，看不明白吗？这个标志表示的是现在计算机先生正在运行哪一行。"

泰朵拉一边说着，一边去指显示在屏幕上的标志。这时，理纱以迅雷不及掩耳之势抓住了泰朵拉靠近屏幕的手。

"不行。"理纱说。

"诶？啊，不能用手碰屏幕是吧。对不起，我会注意的。"泰朵拉坦率地道歉，仿佛理纱才是学姐。

"我明白了。"我看着标志说，"这个标志会显示在伪代码正在运行的行上对吧？它会配合电脑的运作而移动。"

"就是这样！再看这里！这里有一个变量表对吧？通过这个变量表，我们就能知道现在 k 的值是多少。"泰朵拉一边注意着不让手碰到屏幕，一边将变量表指给我看。

啊……我明白了。每当程序经过 $k \leftarrow k + 1$ 这一行，变量表中 k 的值就会增加 1。现在 k 的值正从 379 变为 380。程序的运行状态一目了然，非常有趣。

"但是······诶？计算机的运行速度会这么慢吗？"

"才不是呢！这是故意放慢的。小理纱快给学长看一下加速的效果。"

"不准加'小'。"理纱一边说着一边开始操作电脑。

紧接着，标志的移动速度变快了，快得几乎看不到。与此同时，k 的值也开始飞快地变化。明明刚刚还是 380，现在已经是 22 000、23 000、24 000······数字变换之快让人眼花缭乱，因为变化太快，我甚至读不出百位以下的数字。

"这是 LINEAR-SEARCH 的程序对吧？你让 n 的值等于多少了？"

"嗯······我记得调用 LINEAR-SEARCH 的时候，n 的值设在 100 万左右。"

"100 万?！"我吃了一惊。

"104 万 8576，"理纱轻咳了咳，"2 的 20 次方。"

"要从那么多的数里面查找吗？"我问。

"理纱将数列 A 的元素都设为 1，让计算机先生在其中查找 0。"泰朵拉说，"因为 v 的值为 0，所以程序结束时会输出'无法找到'。虽说明知道无法找到还让它查找有些不厚道，但因为是实验也就没有办法啦。"

我观察着闪烁的屏幕。"话说回来，我还不是很明白理纱是怎么让伪代码'动起来'的？"

"我也不是很明白。不过，理纱把用伪代码写成的算法输入到计算机里面后，计算机就开始一行一行地解释代码，然后就开始运行了。理纱做了一个能把伪代码当作代码来运行的程序！······对吧？"

泰朵拉把问号抛向理纱，理纱无声地点头。

"也就是能运行程序的程序吗？"我说。

"解释程序 [1]。"理纱说。

理纱 —— 她有着干净利落的红发、安静的面容、微微沙哑的声音。她能无声地快速打字，而且……还有难以置信的程序设计能力。

"对了，学长，我还有一个发现，是关于理纱的键盘的，你注意到了吗？"

发现？我往理纱的手边看去。

啊！键盘上没有字。

理纱的键盘上排列着红色的按键，可是按键上没有印着任何东西，无论是字母还是数字，什么都没有。

"好厉害啊……按键上竟然没有字。"我说。

"因为不需要看。"理纱说。

4.3.2　掷骰子比赛

"这样一来，尤里的掷骰子比赛也能实现了吧！"

理纱听了泰朵拉的话，立刻开始敲起代码来。

```
procedure DICE-GAME()
    a ← RANDOM(1, 6)
    b ← RANDOM(1, 6)
    if a > b then
        return "爱丽丝获胜"
    else-if a < b then
        return "鲍勃获胜"
    end-if
    return "平局"
end-procedure
```

掷骰子比赛

---

[1] 解释程序（interpreter），又称解释器，是一种语言处理程序，在词法、语法和语义分析方面与编译程序（compiler）的工作原理基本相同，但在运行用户程序时，它直接运行源程序或源程序的内部形式（中间代码），无须事先编译为机器语言代码。—— 译者注

"这个 RANDOM$(1,6)$ 指的是什么？"我问道。

"代替骰子。"理纱用微微沙哑的声音回答。

"random…… 也就是'随机'的意思吧。"泰朵拉说。

"原来如此。RANDOM$(1,6)$ 它是一个函数，与掷骰子相同，会从大于等于 1 小于等于 6 的整数里随机选取一个作为返回值。"我这么说，理纱听后微微点头。

理纱操作电脑，运行了几次 DICE-GAME 程序。

```
DICE-GAME() ↵
⇒ "爱丽丝获胜"

DICE-GAME() ↵
⇒ "爱丽丝获胜"

DICE-GAME() ↵
⇒ "鲍勃获胜"

DICE-GAME() ↵
⇒ "平局"

DICE-GAME() ↵
⇒ "鲍勃获胜"
```

"真有趣。"泰朵拉说，"将爱丽丝掷出的点数赋值给变量 a，将鲍勃掷出的点数赋值给变量 b，接着比较 a 和 b 的大小就能分出胜负。将思考的事情以程序的形式表示。只要用语言写出来就能运行，这真令人开心。"

4.3.3　轮盘比赛

"等一下。"我忽然想到，尤里曾提到的 36 格的轮盘不也能通过程序来实现吗？

理纱听完我的说明后只说了一个单词"Spell"。

"啊，你是想问'轮盘'的拼写是吧？"泰朵拉替我回答，"是 R-O-U-L-E-T-T-E。"

真没想到泰朵拉能这么快就回答出这个英文拼写。

理纱一言不发，马上开始写程序。

```
procedure ROULETTE-GAME()
    r ← RANDOM(1, 36)
    if r ⩽ 15 then
        return "爱丽丝获胜"
    else-if r ⩽ 30 then
        return "鲍勃获胜"
    end-if
    return "平局"
end-procedure
```

轮盘比赛（等同于掷2次骰子的比赛）

"这回只调用了一次 RANDOM 啊。"泰朵拉说。

"范围也不一样。"我说，"调用一次 RANDOM(1,36) 相当于转一次刻有 1 到 36 的轮盘，将它的结果赋值给变量 r，得到的值是大于等于 1 小于等于 36 的整数。变量 r 的值小于等于 15 时爱丽丝获胜；大于 15 小于等于 30 时鲍勃获胜；除此之外就是平局……原来如此！"

这样我们就有了 DICE-GAME 和 ROULETTE-GAME 两个程序。虽然这两个程序的内容不同，但两个程序中爱丽丝获胜的概率都是 $\frac{5}{12}$，鲍勃获胜的概率都是 $\frac{5}{12}$，平局的概率都是 $\frac{1}{6}$。

"话说回来，理纱你写程序的速度真快啊……"泰朵拉说。

"快到让人吃惊。"我也表示同意。

"呀！"理纱叫出声。

不知什么时候，黑发才女悄然出现在理纱身后，一边注视着屏幕，一边搅动理纱的红发。

"模拟？"

"快停下，米尔嘉学姐。"

米尔嘉好像很热衷于玩弄理纱的头发。

4.4　可能性的倒塌

4.4.1　概率的定义

玩了好一会儿理纱的程序后，我、泰朵拉和米尔嘉一如既往地进入数学讲习环节，理纱在旁边继续无声地编程，也不知道她有没有在听我们的谈话……

泰朵拉向米尔嘉请教我们午休时遇到的疑问。

"我怎么也理解不了'相同的可能性'。"

"嗯……"米尔嘉闭上眼睛开始思考。

雨后清凉的空气从图书室的窗外涌进，还能隐约听到从远处操场传来的运动社团的口号声。

米尔嘉。

她戴着金属框眼镜，黑发随风轻摇。五官端正，身材修长，飒爽英姿……但是，米尔嘉的魅力远不止于外表，她有广博的学识、深邃的思想、天马行空的想象力，还有大胆的判断力 —— 她能自由自在地运用这些能力，展开思维的翅膀。

表妹尤里、学妹泰朵拉(顺便一提，还有我妈妈)都非常喜欢这样的米尔嘉。

"先定义概率吧。"米尔嘉睁开眼睛说道。

"好的。"泰朵拉回答。

"如果是你，会怎样定义概率？"米尔嘉问泰朵拉。

"诶？我吗？我来定义吗？！"

"对。如果不能理解，就自己下定义试试。"

"呃，这样啊……概率指的是……我、我先想一想。"泰朵拉顿了顿，然后接着说，"概率指的是，用'所有的情况数'去除'关注的情况数'后得到的值。"

"嗯。那你来反驳。"米尔嘉指向我。

我就知道她会这么说。

"这个……我觉得泰朵拉的定义没什么问题，只是需要加上所有的情况都以'相同的可能性'发生这一条件。用'所有的情况数'去除'关注的情况数'得到的值，也就是'情况数的比值'，要使它能够成为概率，必须要满足所有的情况都以'相同的可能性'发生这个条件。"

"啊……说得对啊，这个条件是必须的。"泰朵拉点着头。

"但是泰朵拉。"我不失时机地指出，"你不是说你不理解'相同的可能性'的意思吗？"

"嗯，我确实还没弄明白'相同的可能性'的意思……"

"既然如此，你可以在概率的定义中使用这个条件吗？"

"唉！说的也是啊。但是……这么一来，在定义概率的时候不就不能使用'相同的可能性'这句话了吗！？虽然现在说有点迟……可这真的能办到吗？"泰朵拉说着望向我们。

"这真的能办到吗？"我说着望向米尔嘉。

"能。"米尔嘉不假思索地回答，"对泰朵拉的问题，也就是'定义概率时能否不使用'相同的可能性'这个条件'，答案是'能'。在数学上定义概率时可以不使用'相同的可能性'这句话。"

"那么……我们要用什么来定义概率呢？"泰朵拉问。

"公理。"米尔嘉回答，"我们首先要有用来定义概率的公理，也就是'概率公理'，然后只有那些满足'概率公理'的东西，才能称为概率。在数学上我们就是这样定义概率的。为方便起见，我们把通过'概率公理'确定的概率称为**公理概率**吧。"

"诶？可是……我们在学校里学到的是用'情况数的比值'来定义概率呀。那在数学上是错了吗？"泰朵拉说。

"并没有错。在'相同的可能性'这个先决条件下定义'情况数的比值'为概率，这是法国数学家拉普拉斯 ① 的集大成之作《分析概率论》② 中的概率，也就是所谓的**古典概率**。虽然有些问题是古典概率无法解决的，但是古典概率与公理概率并不矛盾，古典概率只不过是公理概率的特殊情况。"

"这样看来，我所知道的概率 —— 古典概率是没错的对吧？"泰朵拉松了一口气。

"虽然没错，但是现代数学提到的'概率的定义'，指的都是'概率公理'的定义。"

"那么，我们只要学习了'概率公理'，就能明白骰子的点数按'相同的可能性'出现的理由了吧！"泰朵拉的眼睛闪着光。

"并不是那样的。"米尔嘉说，"无论怎么学习'概率公理'，也不能知道骰子的点数是不是按'相同的可能性'出现的。"

"诶？"

---

① 皮埃尔－西蒙·拉普拉斯（ Pierre-Simon Marquis de Laplace，1749—1827 ），法国分析学家、统计学家、物理学家、天文学家。拉普拉斯是应用数学的先驱，他是天体力学的主要奠基人、天体演化学的创立者之一、分析概率论的创始人。

　　　　　　　　　　　　　　　　　　　　　　　　　　　　—— 译者注

② *Théorie Analytique des Probabilités*, Pierre-Simon Marquis de Laplace, Paris: Coureier, 1812. —— 译者注

"如果想知道骰子上各个点数出现的概率，只能通过实际掷骰子来调查'发生频率的比值'，这也被称作**统计概率**。"

"呃……"

"我们来整理一下概率的意义吧。"黑发才女重新说道。

4.4.2　概率的意义

我们来整理一下概率的意义吧。概率作为一个单词，主要有三种含义。为了方便起见，我们把这三种概率分别称为公理概率、古典概率和统计概率。

公理概率是由"概率公理"确定的概率。以公理的形式确定概率的性质，只有满足概率公理，才能称为概率。在现代数学中，只有概率公理才是概率的定义。

古典概率是由"情况数的比值"确定的概率。事先规定所有事件都按相同的可能性发生，用"所有的情况数"去除"关注的情况数"得到一个值，也就是"情况数的比值"，用它来表示概率。我们在高中以前学习的概率就是这个概率。古典概率与公理概率并不矛盾，也容易理解，但是适用范围有限。

统计概率是由"发生频率的比值"确定的概率。考察关注的事件的实际发生次数，把这个作为概率。考察在全体事件中关注的事件实际上发生了几次，也就是考察"发生频率的比值"，根据过去预测未来。当在理论上难以确定事件发生的原因，比如求某人一年内遭遇交通事故的概率时，我们就可以使用统计概率。

4.4.3　数学的应用

"概率的定义有好多种啊……"泰朵拉说。

"在现代数学中，概率的定义只有一种 —— 公理概率。刚才提到的公理概率、古典概率、统计概率是从不同角度来思考概率的。"

"话说回来，古典概率会使用'相同的可能性'这个概念对吧？"泰朵拉说。

"是的，会将事件按'相同的可能性'发生作为前提条件给出。"

"这样……也可以吗？"

"可以。如果不确定前提条件，就没办法讨论任何问题了。"

"但是，如果骰子质地不均匀，实际上就不能说是'相同的可能性'了吧？"

"说得没错。"米尔嘉说。

"所以用数学的方式明确定义'相同的可能性'果然是必要的。"

"嗯……那么，再深入思考一下吧。"米尔嘉慢慢地说，"如果骰子质地不均匀，各个点数可能就不会按'相同的可能性'出现。但是，此时问题出在哪呢？"

"问题出在哪呢？"

"问题并没有出在数学上。"米尔嘉说，"问题出在将怎样的情况看作'相同的可能性'上。换言之，并不是数学错了，而是数学的应用错了。"

"哦……"泰朵拉皱了皱眉。

"骰子的各个点数实际上是否按'相同的可能性'出现 —— 这个问题数学无法回答。数学能回答的问题是，当骰子的各个点数按'相同的可能性'出现时，什么样的结果会成立。"

泰朵拉带着不满的表情开始啃指甲。

"但是……总觉得这太耍赖了。我真正想知道的是实际结果怎么样，难道数学无法回答这个问题吗？"

"只要给出条件，数学就能回答从条件中可以推导出什么。"米尔嘉这样说着，指尖轻触眼镜中间，"上次我们提到'明确了前提条件的定量评估'时，泰朵拉你不是很受触动吗？"

"嗯，是这样的，但是……"

"现在和当时一样。数学研究的是在前提条件明确的情况下可以推导出什么。这才是数学，我们不能自作主张地超越它的范围。"

"……原来如此。"泰朵拉说。

"试着从三种概率的角度来解答一下泰朵拉的疑问吧。"米尔嘉说。

4.4.4　解答疑问

试着从三种概率的角度来解答一下泰朵拉的疑问吧。

> 骰子的各个点数是按"相同的可能性"出现的。
> 这是什么意思呢？

从公理概率的角度来看，"相同的可能性"表示各个点数被给予的概率相同。也就是说，使用由公理定义的"概率"这一概念来定义"相同的可能性"。当以各个点数都被给予了相同概率的骰子为研究对象时，就可以说骰子的各个点数会按"相同的可能性"出现。这相当于将质地均匀的骰子模型化了。

从古典概率的角度来看，骰子质地均匀，各个点数按"相同的可能性"出现是进行讨论的前提。而古典概率是不会回答什么情况下各个点数按"相同的可能性"出现这一问题的。古典概率研究的是在所有情况都按"相同的可能性"出现时，将"情况数的比值"作为概率。也就是说，当各个点数按"相同的可能性"出现时，各个点数也就按相等的概率出现。

从统计概率的角度来看，如果反复掷骰子后各个点数出现的频率几乎相等，就可以说骰子的各个点数按"相同的可能性"出现。当然，究竟应该掷多少次、怎么处理频率的误差，这些问题还需要继续讨论。

4.5　可能性的公理定义

4.5.1　柯尔莫哥洛夫

"那么，公理概率究竟是什么呢？"泰朵拉问。

"首先规定名为'概率公理'的命题，然后将满足该命题的东西称为概率 —— 这就是公理概率，也称作概率的公理定义或公理主义的概率。"

"啊，说起来以前好像做过类似的定义！"

"没错，我们曾经用群的公理定义过群。类似的例子还有：用环的公理定义环；用域的公理定义域；用皮亚诺公理定义自然数；用形式系统的公理定义形式体系。和它们一样，我们用概率公理来定义概率。"

米尔嘉站起身来，一边讲解一边用食指比划着圈圈。

"概率公理的定义是由安德列·尼古拉耶维奇·柯尔莫哥洛夫[1]在 1933 年提出的，柯尔莫哥洛夫是苏联数学家。"

"1933 年？是 20 世纪之后啊……"我说。

"柯尔莫哥洛夫是伟大的数学家，同时 ——"

米尔嘉顿了顿，注视着我的脸说：

"也是一位伟大的教师。"

4.5.2　样本空间与概率分布函数

"来谈谈公理概率吧。"米尔嘉说，"作为前期准备，我们先来思考什么是样本空间和概率分布函数。样本空间是基本事件的集合，概率分布

---

[1] 安德列·尼古拉耶维奇·柯尔莫哥洛夫（1903—1987），20世纪苏联杰出的数学家、著名的数学教育家，他的研究几乎遍及数论之外的一切数学领域，在概率论、拓扑学、直觉主义逻辑、湍流理论、经典力学、算法信息论、计算复杂性等领域做出开创性的贡献。—— 译者注

函数是样本空间的子集到实数集的函数 [①]。而且，它们全都满足概率公理 ——"

"稍、稍等一下。"泰朵拉伸出双手，像是要扶住米尔嘉似的，"我头脑中什么都想象不出来。"

"嗯……那我们就从例子开始讲起吧。当掷一次骰子时 ——"米尔嘉的"授课"开始了。

◎　　◎　　◎

如下所示，我们来思考掷一次骰子时的集合 Ω 吧 —— 集合的名字是什么都没关系，泰朵拉。

$$\Omega = \{\,\overset{1}{\boxdot},\overset{2}{\boxdot},\overset{3}{\boxdot},\overset{4}{\boxdot},\overset{5}{\boxdot},\overset{6}{\boxdot}\,\}$$

这个数学公式表示集合 Ω 由 $\overset{1}{\boxdot}$, $\overset{2}{\boxdot}$, $\overset{3}{\boxdot}$, $\overset{4}{\boxdot}$, $\overset{5}{\boxdot}$, $\overset{6}{\boxdot}$ 这 6 个元素构成。在这里我们把集合 Ω 看成包含了掷一次骰子时出现的点数的所有可能性。

我们将 Ω 称为掷一次骰子时的**样本空间**。

样本空间 Ω 网罗了所有能发生的可能性，不属于 Ω 的点数不会出现。比如不会出现 "0 点"或 "7 点"，也就是说，样本空间不会有遗漏。

另外，样本空间 Ω 的各个元素所代表的事件不会同时发生。比如说，$\overset{1}{\boxdot}$ 和 $\overset{2}{\boxdot}$ 不会同时出现，也就是说，样本空间不会重复。

这就是样本空间。

接着我们来思考函数 Pr。Pr 是样本空间 Ω 的子集到实数集的函数，例如，我们定义这样一个对应关系。

---

① 近代数学把函数定义为两个非空集合 A 和 B 之间的某种确定的对应关系，使得对于 A 中的每一个元素，B 中总有唯一的元素与之对应。—— 译者注

s	$\{\substack{1\\ \boxed{\cdot}}\}$	$\{\substack{2\\ \boxed{\because}}\}$	$\{\substack{3\\ \boxed{\therefore}}\}$	$\{\substack{4\\ \boxed{\vdots}}\}$	$\{\substack{5\\ \boxed{\vdots\cdot}}\}$	$\{\substack{6\\ \boxed{\vdots\vdots}}\}$
$Pr(s)$	$\frac{1}{6}$	$\frac{1}{6}$	$\frac{1}{6}$	$\frac{1}{6}$	$\frac{1}{6}$	$\frac{1}{6}$

该表的意思是，当我们将 { 骰子的点数 } 这个集合作为函数 Pr 的输入时，Pr 会返回 $\frac{1}{6}$ 这个值。在这里我们认为这个函数 Pr 规定了掷一次骰子时出现的点数的概率。

我们将函数 Pr 称为掷一次骰子的**概率分布函数**，将实数 $Pr(\{x\})$ 称为出现点数 x 的**概率**。

也可以不用表格而采用以下形式来表示。

$$Pr(\{\substack{1\\ \boxed{\cdot}}\}) = \frac{1}{6} \quad Pr(\{\substack{2\\ \boxed{\because}}\}) = \frac{1}{6} \quad Pr(\{\substack{3\\ \boxed{\therefore}}\}) = \frac{1}{6}$$
$$Pr(\{\substack{4\\ \boxed{\vdots}}\}) = \frac{1}{6} \quad Pr(\{\substack{5\\ \boxed{\vdots\cdot}}\}) = \frac{1}{6} \quad Pr(\{\substack{6\\ \boxed{\vdots\vdots}}\}) = \frac{1}{6}$$

概率分布函数 Pr 被定义为对于 $\{\substack{1\\ \boxed{\cdot}}\} \sim \{\substack{6\\ \boxed{\vdots\vdots}}\}$ 中的任何一个元素，其返回的值都大于等于 0。也就是说，样本空间中任何一个元素的概率都不会为负值或者未定义。

虽然这里所有的概率都相等，但其实不相等也没关系。只是概率分布函数 Pr 的所有概率之和必须等于 1。我们等会儿再详细说明概率分布函数必须满足的条件。

$$Pr(\{\substack{1\\ \boxed{\cdot}}\}) + Pr(\{\substack{2\\ \boxed{\because}}\}) + Pr(\{\substack{3\\ \boxed{\therefore}}\}) + Pr(\{\substack{4\\ \boxed{\vdots}}\}) + Pr(\{\substack{5\\ \boxed{\vdots\cdot}}\}) + Pr(\{\substack{6\\ \boxed{\vdots\vdots}}\}) = 1$$

那么，你能和样本空间 Ω、概率分布函数 Pr 成为朋友吗，泰朵拉？

"泰朵拉？" 米尔嘉说。

"嗯…… 啊啊！我大概明白了。样本空间 Ω 是将可能发生的事情作为元素的集合，概率分布函数 Pr 是为了得到概率的函数，对吗？"

"没错。"

"通过集合 Ω 和函数 Pr 来表示概率，对吧？"我说。

"我们通过做题来检查是否理解了吧。这个式子表示什么意思？"

$$Pr(\{ \substack{3 \\ \boxdot} \})$$

"呃……表示'掷骰子时出现 $\substack{3 \\ \boxdot}$'吧？"

"错了。"

"诶？"

"回答不够准确。$Pr(\{ \substack{3 \\ \boxdot} \})$ 是'掷骰子时出现 $\substack{3 \\ \boxdot}$ 的概率'。"

数学公式	←----→	意义
$\{ \substack{3 \\ \boxdot} \}$	←----→	掷出 $\substack{3 \\ \boxdot}$ 的事件
$Pr(\{ \substack{3 \\ \boxdot} \})$	←----→	掷出 $\substack{3 \\ \boxdot}$ 的概率

"啊……我明白了，原来如此。"

　　我一边听着米尔嘉与泰朵拉的交谈，一边思考"对话"这一交流形式。对话非常有助于理解。认真的提问与认真的回答——在学校的授课中也能实现这种对话吗？一位教师要面对许多学生，而且学生们的理解程度各有不同。在这种情况下，真的能进行直达理解深处的细致对话吗？不，教师不就是为了完成这样的对话而存在的吗？我这样想着。

　　"抱歉！我现在搞不清概率和概率分布函数的区别了！"泰朵拉抱着头说。

　　"$Pr(\{ \substack{3 \\ \boxdot} \})$ 表示掷出 $\substack{3 \\ \boxdot}$ 的概率，在刚才的例子中它等于实数 $\frac{1}{6}$。"

　　"嗯，确实是这样。"泰朵拉说。

　　"与之相对应，Pr 是概率分布函数，它表示的是'发生的事件'到

'概率'的对应关系 —— 也就是函数。这是实数与函数的区别。"

"我明白了实数与函数的区别，但……我还是不理解概率分布函数中'分布'的意思。"

"嗯……"米尔嘉稍作思考，"刚才我提到所有概率的和为 1。现在我们反过来想，也就是说，概率分布函数 Pr 将概率 1 分布在样本空间 Ω 上。"

"将概率分布……"

"就是将 1 distribute 呀，泰朵拉。"

"distribute 啊！"泰朵拉叫起来，"原来如此！Pr 这个函数将概率 1 分解并划分为一个又一个的事件对吗！"泰朵拉做了一个开花老爷爷的姿势[①]。

"没错。"米尔嘉说，"概率分布的英文就是 probability distribution。概率分布函数确定了概率的分布。什么样的事件发生的概率高，什么样的事件发生的概率低；哪里有高山，哪里有山丘 —— 这种整体情况便是由概率分布函数确定的哦。"

"公平的骰子就是平原了吧。"我说。

4.5.3 概率公理

接着来谈谈由柯尔莫哥洛夫确立的概率公理吧。

---

① 出自日本民间故事《开花老爷爷》。这是一个讲述善良的老爷爷收养了一只小狗，小狗长大后帮助老爷爷挖出财宝并使枯木开花的故事。在故事结尾老爷爷将木臼的灰撒到枯木上，使枯木开花。此处泰朵拉就是在模仿老爷爷撒灰的姿势。—— 译者注

> **概率公理**
>
> 　　设 Ω 为集合，A, B 为 Ω 的子集。
>
> 　　设 Pr 为 Ω 的子集到实数集的函数。
>
> 　　令函数 Pr 满足以下公理 P1, P2, P3。
>
> **公理 P1**　　$0 \leqslant Pr(A) \leqslant 1$
>
> **公理 P2**　　$Pr(\Omega) = 1$
>
> **公理 P3**　　如果 $A \cap B = \{\,\}$，则 $Pr(A \cup B) = Pr(A) + Pr(B)$
>
> 　　此时，
>
> - 集合 Ω 称为**样本空间**
> - Ω 的子集称为**事件**
> - 函数 Pr 称为**概率分布函数**
> - 实数 $Pr(A)$ 称为 A 发生的**概率**

　　"啊，原来概率是这样被定义的啊……但这看起来不像概率啊。"泰朵拉说。

　　"不像概率像什么呢？"米尔嘉眯起眼睛问泰朵拉。

　　"集合……吧。"

　　"就是这样。我们用集合与逻辑学定义公理概率。如果使用概率来定义概率就会变成循环论证，所以当然不能使用概率来定义概率了。"

　　"原、原来如此……确实该这样呢。"

4.5.4　子集与事件

　　泰朵拉复述着概率公理。

　　"那个……概率公理中提到了'Ω 的子集称为**事件**'对吧？事件是什么呢？"

"就是英语中的 event。"

"event……原来如此。事件指的是'发生的事情',对吧?"

"将要发生的事情、已经发生的事情、可能发生的事情、偶然发生的事情,这些意思都有。"

"那么概率分布函数 Pr 就是通过事件求概率的函数啊!"我恍然大悟,米尔嘉微微点头。

"'A 是 Ω 的子集'这个定义你理解吗,泰朵拉?"

"指 A 是 Ω 的一部分……的……意……思……吗?"泰朵拉吞吞吐吐地说。

"这样可不行。"米尔嘉斩钉截铁地回复,"意思上是对了,但这并不能作为定义。'A 是 Ω 的子集'指的是'集合 A 中任意一个元素都是集合 Ω 的元素'。设集合 Ω 为

$$\Omega = \{ \boxed{1}, \boxed{2}, \boxed{3}, \boxed{4}, \boxed{5}, \boxed{6} \}$$

请举出子集 A 的例子!"

请举出子集 A 的例子,米尔嘉说着指向我。我立刻回答:

"嗯。举一个子集的例子对吧。比如说,

$$A = \{ \boxed{2}, \boxed{4}, \boxed{6} \}$$

这个集合是

$$\Omega = \{ \boxed{1}, \boxed{2}, \boxed{3}, \boxed{4}, \boxed{5}, \boxed{6} \}$$

的子集。"

"这样……啊,这是在'举例子'对吧?"

"嗯,是的泰朵拉。无论从集合 A 中选取哪一个元素 —— $\boxed{2}$ 也好,$\boxed{4}$ 也好,$\boxed{6}$ 也好 —— 它们都是集合 Ω 的元素,这就是'A 是 Ω 的子集'的

定义。此时的数学公式写作 $A \subset \Omega$，读作'集合 A 包含于集合 Ω'。"

"再画一下图。"米尔嘉说。

"好……画成图的话就是这样。"我着手画图。

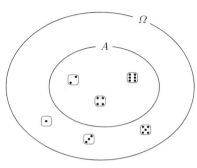

集合 A 是集合 Ω 的子集
集合 A 包含于集合 Ω
$$A \subset \Omega$$

"这样啊，我明白子集的定义了……那个，刚才出现的集合 $A = \{ \substack{2 \\ \boxdot} ,$ $\substack{4 \\ \boxdot} , \substack{6 \\ \boxdot} \}$ 是一个怎样的事件呢？"

"泰朵拉你觉得是什么呢？"

"呃……应该是……掷一次骰子时'出现的点数为偶数的事件'吧？"

"嗯，很好哦。"我回答道，"除了 A 之外，掷一次骰子时的事件，也就是集合 Ω 的子集，还有很多，总共有 2^6 个。通过逐一判断 $\substack{1 \\ \boxdot}$ 到 $\substack{6 \\ \boxdot}$ 这 6 个元素是否属于这个子集，就能求出子集的个数。"

"要特别注意的是，"米尔嘉接着说，"Ω 本身也是 Ω 的子集，空集 $\{ \}$ 也是 Ω 的子集。那么，子集的复习到此为止。让我们回到柯尔莫哥洛夫提出的概率公理，仔细地阅读吧。"米尔嘉说，"因为只有这个公理才是现代数学对概率的定义。"

4.5.5 概率公理 P1

概率公理 P1

  公理 P1 $0 \leqslant Pr(A) \leqslant 1$

"这个不等式表示了什么呢?"米尔嘉问。

$$0 \leqslant Pr(A) \leqslant 1$$

"呃,这个不等式表示'事件 A 的概率大于等于 0 小于等于 1'吧。"泰朵拉回答,"但是······为什么函数 Pr 要满足这个不等式呢?"

"泰朵拉,你这个问题没有意义。"米尔嘉说,"我们想表达的并不是'函数 Pr 要满足这个不等式',而是'如果我们想将函数 Pr 称作概率分布函数,那么它必须满足这个不等式。'"

"哦······"

"通过数学公式定义'函数 Pr 必须满足这个不等式',这也就是对函数 Pr 加上限制条件。而且,像'将这样的函数称为概率分布函数'这种表达是公理定义的常用手段。"

"······只有满足这个限制条件,概率分布函数才能成立啊。"

"对,公理 P1 是第一个条件。"米尔嘉点头说道。

"话说回来,Ω 是 Ω 自身的子集对吧。那么 Ω 表示的概念是什么呢?"米尔嘉压低声音问。

"呃······所有可能发生的事情的集合吧。啊,我知道了!它是'一定会发生的事情',对吧?"

"对,我们将 Ω 称为**必然事件**。公理 P2 定义了必然事件的概率。"

米尔嘉张开双臂，像是要把我们两个人全都抱在一起似的。

4.5.6 概率公理 P2

图书室中，我们关于数学的对话仍在继续。

概率公理 P2

公理 P2 $Pr(\Omega) = 1$

"公理 P2 也是对概率分布函数的限制条件，不满足它的函数不是概率分布函数。"

"原来如此！原来如此！这个公理将'一定会发生的事情'的概率定为 1 了吧！"泰朵拉兴奋地说道。

"虽然不能算错，但是在这里最好分开考虑。公理 P2 确定的仅仅是'必然事件的概率等于 1'，而'必然事件一定会发生'是对公理的解释。"

"这就是数学的应用吧。"我说，"我们让'一定会发生的事情'这一个现实概念对应'必然事件'这一个数学概念，对吧。"

$$Pr(\{\overset{1}{\boxdot}, \overset{2}{\boxdot}, \overset{3}{\boxdot}, \overset{4}{\boxdot}, \overset{5}{\boxdot}, \overset{6}{\boxdot}\}) = 1$$

"那么，我来出道题：能否求出概率 $Pr(\{\ \})$ 的值？"

"啊，这个我知道，$Pr(\{\ \}) = 0$。"

"泰朵拉，你用了哪一条公理呢？"

"呃……因为'不可能发生的事情'的概率是 0，所以……"

"这样可不行，想要定义公理概率就必须根据公理来思考。"

"嗯……这样啊。但是，公理 P2 提到 $Pr(\{\overset{1}{\boxdot}, \overset{2}{\boxdot}, \overset{3}{\boxdot}, \overset{4}{\boxdot}, \overset{5}{\boxdot}, \overset{6}{\boxdot}\}) = 1$，

而公理 P1 规定任何事件的概率都大于等于 0 小于等于 1，这样也不能说 $Pr(\{\ \}) = 0$ 吗？"

"不行。仅靠公理 P1 和 P2 无法计算。"

"那么……是怎么得到 $Pr(\{\ \}) = 0$ 这个结果的呢？"

"使用公理 P3 定义的加法运算。"

4.5.7　概率公理 P3

概率公理 P3

　　公理 P3　如果 $A \cap B = \{\ \}$，则 $Pr(A \cup B) = Pr(A) + Pr(B)$

"我们先复习一下集合的运算吧。$A \cap B$ 是什么？"

米尔嘉问，泰朵拉回答：

"$A \cap B$ 是所有既属于 A 也属于 B 的元素的集合。"

"对，我们称之为**交集**。举个例子吧。

$$\{\boxdot, \boxdot, \boxdot, \boxdot\} \cap \{\boxdot, \boxdot, \boxdot\} = \{\boxdot, \boxdot\}$$

交集为空集的例子如下。

$$\{\boxdot, \boxdot, \boxdot\} \cap \{\boxdot, \boxdot, \boxdot\} = \{\ \}$$

如果两个集合的交集为空集，我们称这两个集合**不相交**。当其作为事件时，我们将不相交的两个集合称为**互斥事件**。"

"不相……交，互斥……事件。"泰朵拉动手做笔记。

"下一题。$A \cup B$ 是什么？"米尔嘉问道。

"$A \cup B$ 是所有属于 A 或属于 B 的元素的集合。"

"刚才泰朵拉说的是，只属于 A 或只属于 B 吗？"

"啊！这样啊······ 抱歉，我重说一遍。$A \cup B$ 是所有至少属于 A 或 B 其中一个集合的元素的集合。既属于 A 又属于 B 的元素当然也属于 $A \cup B$。"

"很好。我们将 $A \cup B$ 称为**并集**。举个例子吧。

$$\{\boxdot^{1}, \boxdot^{3}, \boxdot^{5}\} \cup \{\boxdot^{1}, \boxdot^{2}, \boxdot^{3}, \boxdot^{4}\} = \{\boxdot^{1}, \boxdot^{2}, \boxdot^{3}, \boxdot^{4}, \boxdot^{5}\}$$

这样就完成了所有的准备工作。现在我们可以解读公理 P3 了。"

公理 P3　如果 $A \cap B = \{\ \}$，则 $Pr(A \cup B) = Pr(A) + Pr(B)$

"好难啊······ 没办法立刻想明白啊。"

"怎么做呢？"米尔嘉问。

"怎么做呀？"泰朵拉反问。

"示、例、是······"米尔嘉一字一顿地说道。

"啊！示例是理解的试金石！我来举交集是 { } 的例子······ 比如说，设 $A = \{\boxdot^{1}, \boxdot^{3}, \boxdot^{5}\}$，$B = \{\boxdot^{2}, \boxdot^{4}, \boxdot^{6}\}$。此时，根据公理 P3，呃······

$$Pr(\{\boxdot^{1}, \boxdot^{2}, \boxdot^{3}, \boxdot^{4}, \boxdot^{5}, \boxdot^{6}\}) = Pr(\{\boxdot^{1}, \boxdot^{3}, \boxdot^{5}\}) + Pr(\{\boxdot^{2}, \boxdot^{4}, \boxdot^{6}\})$$

成立对吧！"

4.5.8　还没有明白

"现在明白了吗？"米尔嘉问。

"没······"泰朵拉的情绪突然低落了下去，"对于公理 P3 还是没有'明白的感觉'。我虽然理解了数学公式的意思，可是······ 怎么说呢，我还是不明白为什么公理 P3 对于定义概率很重要。"

"泰朵拉的'不明白'可真是个宝贝。"米尔嘉笑着说。

"是、是吗？"

"那就换个角度来想吧。公理 P3 暗示我们'把事件划分为互斥事件来思考'是求解某一事件的概率的切入点。"

"划分为互斥事件……来思考。"泰朵拉陷入沉思。

"现在我们来看看公理 P3 吧。对于互斥事件 A 和 B，

$$Pr(A \cup B) = Pr(A) + Pr(B)$$

成立。也就是说，当 $A \cap B = \{\ \}$ 时，事件 $A \cup B$ 的概率 $Pr(A \cup B)$ 可以用概率的和 $Pr(A) + Pr(B)$ 求得。这也就是说，对于互斥事件'**和的概率等于概率的和**'成立。"

"……"

"仔细体会概率公理"米尔嘉说着从座位上站了起来，"就能明白概率到底是什么。用一句话来概括，所谓概率就是

　　　标准化的量。"

◎　　◎　　◎

所谓概率就是"标准化的量"。

假设我们要求某一个事件的概率，此时，只要将该事件划分为互斥事件，再将各个互斥事件的概率合并即可。

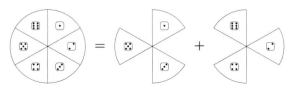

划分为互斥事件再合并

即便将概率先拆开再合并，它也不会增加或减少。

这就是概率的"量"。

而且将所有的概率合并后等于 1。

也就是说，概率被"标准化"了。

综上所述，所谓概率就是"标准化的量"。

也就是概率分布函数将 1 分配到样本空间中各个元素的"量"。

4.5.9 掷出的点数为偶数的概率

米尔嘉回到泰朵拉旁边坐下。

"泰朵拉，你能答出这个问题吗？"

问题 4-1（掷出的点数为偶数的概率）

设样本空间为 Ω。

$$\Omega = \{\boxed{1}, \boxed{2}, \boxed{3}, \boxed{4}, \boxed{5}, \boxed{6}\}$$

设概率分布函数为 Pr。

$$Pr(\{d\}) = \frac{1}{6} \qquad (d = \boxed{1}, \boxed{2}, \boxed{3}, \boxed{4}, \boxed{5}, \boxed{6})$$

此时，求下面式子的值。

$$Pr(\{\boxed{2}, \boxed{4}, \boxed{6}\})$$

"嗯……求掷出的点数为偶数的概率，对吧？"泰朵拉说。

"对。"米尔嘉说。

"那么，答案是 $\frac{1}{2}$ 吧？"

"是这样。"

"嗯……"

"问题是，如何得出这个值呢？"米尔嘉问，"在这里我们必须通过概率公理来推导。这才是将公理的定义作为基石。"

"但、但是……"泰朵拉显得有点迷茫。

"交换选手。你来推导。"米尔嘉指向我。

"呃……"我回想着概率公理，寻求解题的路径，"总之要用到概率公理对吧？我认为用公理 P3 就能轻而易举地解出 —— 啊我明白了，米尔嘉，就是下面这样吧。"

$$\Diamond \qquad \Diamond \qquad \Diamond$$

米尔嘉，就是下面这样吧。

因为要用到公理 P3，所以要把事件划分为互斥事件 —— 也就是不相交的集合。

$$Pr(\{\stackrel{2}{\boxdot}, \stackrel{4}{\boxdot}, \stackrel{6}{\boxdot}\})$$

$= Pr(\{\stackrel{2}{\boxdot}\}) + Pr(\{\stackrel{4}{\boxdot}, \stackrel{6}{\boxdot}\})$ （公理 P3）将原事件划分为互斥事件 $\{\stackrel{2}{\boxdot}\}$ 和 $\{\stackrel{4}{\boxdot}, \stackrel{6}{\boxdot}\}$

$= \dfrac{1}{6} + Pr(\{\stackrel{4}{\boxdot}, \stackrel{6}{\boxdot}\})$ （概率分布函数）$Pr(\{\stackrel{2}{\boxdot}\}) = \dfrac{1}{6}$

$= \dfrac{1}{6} + Pr(\{\stackrel{4}{\boxdot}\}) + Pr(\{\stackrel{6}{\boxdot}\})$ （公理 P3）将事件 $\{\stackrel{4}{\boxdot}, \stackrel{6}{\boxdot}\}$ 划分为互斥事件 $\{\stackrel{4}{\boxdot}\}$ 和 $\{\stackrel{6}{\boxdot}\}$

$= \dfrac{1}{6} + \dfrac{1}{6} + Pr(\{\stackrel{6}{\boxdot}\})$ （概率分布函数）$Pr(\{\stackrel{4}{\boxdot}\}) = \dfrac{1}{6}$

$= \dfrac{1}{6} + \dfrac{1}{6} + \dfrac{1}{6}$ （概率分布函数）$Pr(\{\stackrel{6}{\boxdot}\}) = \dfrac{1}{6}$

$= \dfrac{3}{6}$ 求和

$= \dfrac{1}{2}$ 约分

这样我们就求出了

$$Pr(\{\overset{2}{\boxdot}, \overset{4}{\boxdot}, \overset{6}{\boxdot}\}) = \frac{1}{2}$$

◎　　◎　　◎

"很好。"米尔嘉说。

解答 4-1（掷出的点数为偶数的概率）

$$Pr(\{\overset{2}{\boxdot}, \overset{4}{\boxdot}, \overset{6}{\boxdot}\}) = \frac{1}{2}$$

"也可以用相同的方法来求 $Pr(\{\}) = 0$。"我说。

$$Pr(\{\overset{1}{\boxdot}, \overset{2}{\boxdot}, \overset{3}{\boxdot}, \overset{4}{\boxdot}, \overset{5}{\boxdot}, \overset{6}{\boxdot}\}) = 1 \qquad \text{（公理 P2）必然事件的概率等于1}$$

$$Pr(\{\} \cup \{\overset{1}{\boxdot}, \overset{2}{\boxdot}, \overset{3}{\boxdot}, \overset{4}{\boxdot}, \overset{5}{\boxdot}, \overset{6}{\boxdot}\}) = 1 \qquad \text{空集与全集的并集等于全集}$$

$$Pr(\{\}) + Pr(\{\overset{1}{\boxdot}, \overset{2}{\boxdot}, \overset{3}{\boxdot}, \overset{4}{\boxdot}, \overset{5}{\boxdot}, \overset{6}{\boxdot}\}) = 1 \qquad \text{（公理 P3）将必然事件划分为互斥}$$
$$\text{事件} \{ \} \text{和} \{\overset{1}{\boxdot}, \overset{2}{\boxdot}, \overset{3}{\boxdot}, \overset{4}{\boxdot}, \overset{5}{\boxdot}, \overset{6}{\boxdot}\}$$

$$Pr(\{\}) + 1 = 1 \qquad \text{（公理 P2）必然事件的概率等于1}$$

$$Pr(\{\}) = 0 \qquad \text{等式两边同时减1}$$

"嗯嗯……原来是这样来思考啊。"泰朵拉说，"我有点适应概率公理了，可我又有了新的问题。用公理定义概率有什么好处呢？"

"这使我们在研究概率的时候，只要创造 Ω 和 Pr 就可以了。Ω 和 Pr—— 样本空间和概率分布函数"

"样本空间和概率分布函数啊……"泰朵拉说。

"嗯。比方说，当我们要从数学角度精确地讨论'质地不均匀的骰子'或'竖立的硬币'时，同样只要思考样本空间和概率分布函数就可以了。"

"竖立的硬币?"我叫出声来。

4.5.10 质地不均匀的骰子和竖立的硬币

"我们先来思考'质地不均匀的骰子'。只要确定样本空间和概率分布函数就好了,通过这种方式来表现质地不均匀的骰子没什么问题。我们来试一下吧。"

样本空间 Ω

$$\Omega = \{\overset{1}{\boxdot}, \overset{2}{\boxdot}, \overset{3}{\boxdot}, \overset{4}{\boxdot}, \overset{5}{\boxdot}, \overset{6}{\boxdot}\}$$

概率分布函数 Pr

s	$\{\overset{1}{\boxdot}\}$	$\{\overset{2}{\boxdot}\}$	$\{\overset{3}{\boxdot}\}$	$\{\overset{4}{\boxdot}\}$	$\{\overset{5}{\boxdot}\}$	$\{\overset{6}{\boxdot}\}$
$Pr(s)$	0.1651	0.1611	0.1645	0.171	0.1709	0.1674

"这个……概率分布函数的和必须为 1,对吧?"

$$0.1651 + 0.1611 + 0.1645 + 0.171 + 0.1709 + 0.1674 = 1$$

"对。接下来,假设'竖立的硬币'是这样的。"

样本空间 Ω

$$\Omega = \{ \text{正面}, \text{反面}, \text{竖立} \}$$

概率分布函数 Pr

s	$\{ \text{正面} \}$	$\{ \text{反面} \}$	$\{ \text{竖立} \}$
$Pr(s)$	0.49	0.49	0.02

"意思是硬币竖立的概率为 0.02,对吧?"我说,"这样的话,感觉硬

币竖立的概率太大了，每抛 100 次就会有 2 次是竖立的。"

"这只能表明这个概率分布函数不切合实际，并不能否定概率分布函数这一概念。在这里，重要的是通过概率分布函数以数学的形式表示概率现象。如果想讨论实际情况，只要根据实际情况变更概率分布函数就可以了。"

"啊……原来如此。只要像这样写出概率分布函数就能定量地讨论了。"

4.5.11　约定

"现代概率论的源头是概率公理。"米尔嘉说，"通过名为'样本空间'的集合和名为'概率分布函数'的函数，我们就可以表达'发生的事情'或'可能性'等现实世界的概念。"

"样本空间和概率分布函数……感觉我已经和这两个名词成为好朋友了呢。"泰朵拉一脸满足地说道。

"虽然在你好不容易和它们成为朋友的时候说有点不合时宜，但是……"米尔嘉说，"我们在考虑问题时，经常会无视样本空间。"

"啊？是吗？"

"因为只用随机变量和概率分布函数也能解决问题，无须样本空间。"

一听到米尔嘉这样说，泰朵拉马上记下笔记，接着举手提问：

"随机变量是什么？"

"放学时间到了。"图书管理员瑞谷老师从管理员办公室走出来，像往常一样宣布道。

"到时间了。"米尔嘉说，"那就明天再谈随机变量吧。"

我心里忽然有些难受。

"米尔嘉……能不能别做这种约定了。"[1]

---

[1] 在《数学女孩 2：费马大定理》第 5 章末尾，米尔嘉和大家约定"明天再讲群论"，然而她却没能遵守约定，因为第二天发生了交通事故，米尔嘉被卡车撞了。所以，此处主人公说"米尔嘉……能不能别做这种约定了。"——译者注

"呃……好吧……那就不约定，什么时候有时间再讲吧。"

"那么，大家一起回家吧！"泰朵拉说。

"不，泰朵拉，我有话想和你说。"米尔嘉说。

"诶？我……吗？"泰朵拉有点惊讶。

4.5.12　咳嗽

刚才在图书室的有我、米尔嘉、泰朵拉，还有理纱。米尔嘉有事要跟泰朵拉商量。于是，理所当然地，局面发展为我要跟理纱两个人走去车站。

跟面无表情且不爱说话的少女并排行走……总觉得气氛有些尴尬。

"那个……小理纱，你总是随身携带笔记本电脑吗？"我尽量用欢快的语气搭话。

"不要加'小'。"理纱一如既往地回答。

"理纱，你总是随身携带笔记本电脑吗？"

理纱无声地点头。

"你还真是喜欢电脑啊。"我说。

"喜欢键盘。"她微微清了下嗓子，换了只手拿包。

"诶，你喜欢键盘呀。"

"Dvorak。"

"德沃拉克？"

"Dvorak Simplified Keyboard[1]。"理纱说着又清了清嗓子。

我不知道这是什么，于是试着改变话题。

---

[1] 德沃夏克键盘。该键盘将常用字母都归在一起，以期提高打字速度，1936年由美国人奥古斯特·德沃夏克（August Dvorak）和威廉·迪利（William Dealey）设计，其布局不同于现在普遍使用的QWERTY键盘（以主键盘字母区左上角的6个字母得名）。——译者注

"你的母亲是双仓博士吧？"

理纱无声地点头。

"你是住在双仓图书馆附近吗？"

理纱无声地点头。

嗯……这样下去简直就是在调查理纱的户口啊。

"米尔嘉经常去双仓图书馆吗？"

"米尔嘉学姐她……"

理纱突然开始咳嗽。起初只是轻轻咳几下，接着开始剧烈地咳嗽，像是要把卡在喉咙里的什么东西咳出来一样。听着猛烈的咳嗽声，我也有些难以呼吸。理纱双手捂住嘴，蹲在路边。

"还好吗？"

我也蹲在她身边。

她闭着眼睛轻轻点头，但怎么看都不像是没问题的样子。

我犹豫了一下，将手轻轻地放在她的后背上。

后背惊人地凉。

过了一两分钟，理纱止住咳嗽。

"舒服些了吗？"

理纱点点头站起身来。

"我不喜欢出声。"

"理纱……也许是我多管闲事，不过冷饮还是少喝些为好，身体着凉对嗓子也不好。"我脱口而出的是妈妈经常叮嘱我的话。

理纱有些诧异。

"也许吧。"

接着，我仿佛看到了理纱的微笑，这还是第一次。

虽然，仅仅是一瞬。

按相同的可能性发生的情况是怎样的情况？

对于这一问题，数学无法做出回答。

——柯尔莫哥洛夫《概率论导引》[9]

这种对危险的害怕，
比危险本身，
要可怕一万倍。
——《鲁滨逊漂流记》

5.1 随机变量

5.1.1 妈妈

"最近学习怎么样？"

妈妈来到我的房间问道。不过她不像是来关心我的学习的，倒像是有什么事情找我。

"我现在有点忙。"

"诶呀。"妈妈撅起嘴，"还想让你帮我做饭呢。"

"正学习呢。"

"明明以前还拽着我的围裙喊'妈妈、妈妈'呢。"妈妈的眼神飘向远方，"小学的课堂观摩课上你还把老师叫成'妈妈'来着呢。"

"妈你怎么总提这个啊……"我叹了口气，"谁都会有口误的时候。鲕鱼与绿鲤鱼、鲕鱼与绿鲤鱼。"

"男孩子真是无趣……"母亲来回扫视着我的书架,"你最近没什么活动吗?我都没看到有女孩子来咱们家玩,你是不是被别人讨厌了?"

"没什么活动啊,就算有也用不着你操心呀。"

"米尔嘉是独生女吗?"

"以前有一个哥哥,"我说,"在米尔嘉小学的时候就去世了。"

"是因为生病吗?"妈妈问。

"不知道啊!好了好了,快走吧。"

把母亲从房间请了出去——我,想起米尔嘉的眼泪。她没有自己擦去眼泪,用浅色手帕替米尔嘉擦去眼泪的人是泰朵拉。

5.1.2　泰朵拉

第二天。

这里是图书室,现在已经放学了,窗外不时吹进春风。

泰朵拉独自一人坐在座位上。

因为她背对着图书室入口,所以并没有察觉到我来了。

我悄悄走近泰朵拉。

为了不被发现……我蹑手蹑脚地……悄悄地……

"泰朵拉?"

"啊呀呀呀!"

图书室里的其他学生都转头看向我们。

啊,我真是个笨蛋。明明知道事情会变成这样,为什么还突发奇想地想要吓唬泰朵拉呢……

"对不起、对不起!"

"学长!你真是的……"她双手拿起笔记本装作要打我的样子。

"你在学习吗?"我在她旁边坐下。

"对!在学数学呢。昨天米尔嘉学姐不是提到了'随机变量'吗?我本来想让米尔嘉学姐给我讲讲的，但是突然想起了学长的话。"

"我的话？"

"嗯……

> 只是张着嘴等着老师从1到10教的话，
> 就太被动了。

因此，我想自己读书去学感兴趣的知识。"

"原来如此。"

"所以我在挑战读数学书。可是一个人学习新知识太难了。比如，这本书中有关随机变量是这样写的。"

泰朵拉将打开的书给我看。

随机变量是样本空间 Ω 到实数集 $\mathbb{R}$ 的函数。

"原来如此。"

"可是……我再怎么盯着这个看，也感觉不到知识进到脑子里。特别是'随机变量是……函数'这个地方，头脑里乱作一团。"

"是啊，这里确实不容易理解。"我也点头同意，"但你不能因为这里不懂就止步不前呀。"

"我也看了后面的部分……还有期望①的定义，我更加不明白啦。就是这个。"

> **期望的定义**
>
> 随机变量 X 的期望 $E[X]$ 定义如下。
>
> $$E[X] = \sum_{k=0}^{\infty} c_k \cdot Pr(X = c_k)$$
>
> 其中，
>
> - $c_0, c_1, c_2, c_3, \cdots, c_k, \cdots$ 表示随机变量 X 的取值
> - $Pr(X = c_k)$ 表示随机变量 X 等于值 c_k 的概率

"'期望'这个词的意思我就似懂非懂，而且也不明白 $E[X] = \cdots\cdots$ 这个式子是什么意思。我走到这一阶段已经用尽全力了……"

她无力地伸出双臂，扑通一声趴在了桌子上。

"我觉得泰朵拉你太想一下子全部都理解了。书又不会逃走，你不用慌张，也不用焦急，只要和新的名词一个一个地交朋友就好了。"

"唉……"泰朵拉趴在桌子上叹气。

"不过那本数学书也许确实有点难…… 我们一起来思考吧，泰朵拉。"

"好！"她猛地坐起来，"啊，如果学长你现在不忙的话……"

5.1.3　随机变量的示例

"先和**随机变量**这个名词交朋友吧。现在，我们想处理像掷骰子、抛硬币、抽签…… 这样和概率有关的问题对吧？"

"嗯，是的。"泰朵拉夸张地点头。

"那么，我们试着举几个例子吧……"

- 掷骰子。骰子的各个点数按相同的可能性出现
- 抛硬币。硬币出现正面的概率为 0.49，出现反面的概率为 0.51
- 抽签。100 张签中只有 1 张为"中奖"签

"嗯，我明白。"

"我们想定量地思考这样的问题，而随机变量就是为这种时候准备的基本武器。"

"武器……吗？"

"是的。你看，解数学题的时候要考虑变量对吧？像

'将○○设为变量 x'

这样导入变量，建立方程，解方程。"

"啊！是的，的确是这样呢。先读问题，再通过将问题落实到含有变量 x、y 的公式上来解题。"

"随机变量的作用与变量大体相近，像

'将○○设为随机变量 x'

这样导入随机变量。"

"可是，那个……我想要具体的例子！"

"知道了。那我们就来举几个随机变量的具体示例吧。"

• 将掷 1 次骰子时<u>出现的点数</u>设为随机变量 X
• 将抛 10 次硬币时<u>出现正面的次数</u>设为随机变量 Y
• 将不断抽签直到中奖时所需的<u>抽签次数</u>设为随机变量 Z

"诶？这就是随机变量吗？这么简单吗？"

"是的。掷骰子时，骰子的点数是最基本的随机变量。我们将像掷骰子这样的行为称为**随机试验**[①]。不论什么东西，只要是通过随机试验确定

[①] 随机试验（random trial 或 random experiment），是在相同条件下对某随机现象进行的大量重复观测，目的是研究随机现象的统计规律性。随机试验符合以下3个特点：（1）一次试验结果的随机性；（2）全体测试结果的可知性；（3）可重复性。——译者注

的实数，都可以称之为随机变量。我们可以自己决定把什么东西当作要研究的随机变量。当然，随机变量不局限于骰子的点数，我们还可以用随机变量来解决更复杂的问题。"

"这样啊⋯⋯ 可是，掷骰子的时候，"泰朵拉一边用双手拽自己的短发一边说，"除了骰子的点数之外，还有什么随机变量呢？我一时间想不出来。"

"是吗？这个不是要多少有多少嘛，例如⋯⋯"

- 随机变量的值等于掷出的点数的 100 倍
- 如果掷出的点数是偶数，随机变量为 0；如果掷出的点数是奇数，随机变量为 1
- 如果掷出的点数大于等于 4，随机变量就 +100；如果掷出的点数小于等于 3，随机变量就 −100

"啊，还可以将计算与分情况讨论的结果作为随机变量啊！"

"对，只要说'将 ○○ 设为随机变量 X'就可以了。"

泰朵拉一边小声嘟囔，一边思考。

她总是非常认真。虽说有时也会因为突然听到许多新词而手忙脚乱，或者疏忽大意忘记条件，但她能一心扑在数学上。

"学长！"少女充满干劲地举起手，"我理解随机变量的意思了。可话说回来，为什么要用像 X 这样的大写字母来表示随机变量呢？"

"也是哦，为什么呢⋯⋯ 不过说到底它只是个名字，所以无论是用大写字母还是小写字母，或是希腊字母，都没有问题。但是，在概率论相关的书中一般都是用大写字母来表示随机变量，我想大概是因为需要用小写字母来表示随机变量取到的个别值吧。"

"这样啊⋯⋯ 我还有一个问题。我刚刚读的数学书用'样本空间 Ω 到实数集 $\mathbb{R}$ 的函数'来解释随机变量，我还是不明白为什么随机变量是函数呢？"

就是这个。

泰朵拉这种"我还不明白"的感觉，是她宝贵的能力。泰朵拉不会不懂装懂，她有着能坚守"我还不明白"这种状态的坚强的心。

"说得好……我们来思考随机变量的值是怎么确定的吧。比如说，我们掷出了点数⚀，这相当于在样本空间中指定了⚀这一事件。接着，随机变量会根据掷出的点数确定一个值。换个角度来看就是，随机变量根据'掷出的点数'为其配对一个'实数'。数学上将随机变量的这种性质称作'随机变量是样本空间到实数集的函数'。"

"呃……"

"我是不是讲得太抽象了？那我们来说一说掷骰子得奖金的游戏吧。"

百倍游戏（随机变量的示例）

来玩掷骰子游戏吧，你可以得到掷出点数的 100 倍的奖金。我们使用随机变量，设奖金为 $X(\omega)$，其中 ω 是掷出的点数。

随机变量 $X(\omega)$ 可以用样本空间 $\Omega = \{⚀, ⚁, ⚂, ⚃, ⚄, ⚅\}$ 到实数集 $\mathbb{R}$ 的函数来表示。

掷出的点数：样本空间 Ω 的元素 ω	⚀	⚁	⚂	⚃	⚄	⚅
奖金：随机变量的值 $X(\omega)$	100	200	300	400	500	600

"啊，这个'百倍游戏'一点儿都不抽象，很容易理解。"

"是呀，我们还能用表格的形式表示'样本空间到实数集的函数'。"

"嗯。"

"泰朵拉你能理解这张表格的意思吧？假设掷骰子时出现的点数为 ω，那么奖金就是 $X(\omega)$。比如说，当 $\omega = ⚂$ 的时候，$X(\omega) = 300$，也就是 $X(⚂) = 300$。很简单，对吧？"

"嗯，只要掷出的点数确定了，我们就可以确定能得到的奖金数。"

"对，就是这么简单。'百倍游戏'中的随机变量 $X(\omega)$

- 在表示奖金这一层面上是'变量'
- 在表示根据掷出骰子的点数来决定奖金这一层面上是'函数'

就是这样。"

"诶，这样啊……是我想得太复杂了。总而言之，就是像

$$X(\boxed{1}) = 100, X(\boxed{2}) = 200, X(\boxed{3}) = 300, \cdots, X(\boxed{6}) = 600$$

这样，使掷出的骰子的点数与奖金对应……对吧？"

"嗯，很好，泰朵拉。"

"问了这么多问题，真是不好意思……呃，刚才学长好像提到将随机变量 X 写作 $X(\omega)$ 吧？这是什么意思呢？"

"因为随机变量是根据样本空间的元素 ω 确定的，所以我们将它写作 $X(\omega)$。就像函数经常写作 $f(x)$ 的形式，随机变量也是一样的。例如当掷出 $\boxed{1}$ 的时候，我们就能通过这种方式将随机变量的值表示为 $X(\boxed{1})$，很方便。但这只是写法不同，作为随机变量，$X(\omega)$ 与 X 的意思是相同的。"

5.1.4　概率分布函数的示例

泰朵拉哗啦哗啦地翻着数学书。

"听了学长的讲解，我对随机变量的理解深刻多了。但是关于'期望'的定义我还是摸不着头脑。"

"是啊。在思考期望前，先试着和概率分布函数交朋友吧。接下来我们要学习的是随机变量的概率分布函数。一言以蔽之，随机变量的概率分布函数表示的就是'随机变量取具体值时的概率'。为了说明'随机变量 X 的概率分布函数'，我们还用刚才的'百倍游戏'来举例。"

"随机变量 X 的概率分布函数"的示例

随机变量 X 的取值 c	100	200	300	400	500	600
$X = c$ 时的概率 $Pr(X = c)$	$\frac{1}{6}$	$\frac{1}{6}$	$\frac{1}{6}$	$\frac{1}{6}$	$\frac{1}{6}$	$\frac{1}{6}$

"$Pr(X = c)$ 是什么呢? 括号中有等式, 感觉很奇怪呀。"

"我们让 $Pr(X = c)$ 表示'$X = c$ 时的概率'。"

"这样啊, 骰子的点数是……诶? 表格中怎么没有骰子的点数呢?"

"当我们思考随机变量 X 的概率分布函数的问题时, 便不再需要考虑骰子的点数了。当然, 概率分布函数的背后依然有样本空间 [1], 不过现在先让我们忘记样本空间吧。"

"要将样本空间忘记吗?!"

"是的, 用'百倍游戏'的例子来说就是我们已经知道了奖金与概率, 所以不再需要考虑骰子了。如果能准确知道'得到那份奖金的概率是多少', 那我们就不需要骰子了。也就是说, 即便忘记骰子, 我们也可以在概率上做等价的讨论。"

"呃……"

"也就是说呀, 我们不用

样本空间和概率分布函数

而改用

随机变量的值和概率分布函数

来思考。"

---

[1] $Pr(X = c)$ 可以看作是 $Pr(\{\omega \in \Omega \mid X\{\omega\} = c\})$。

听了我的话，泰朵拉一边微微点头一边说：

"只要知道随机变量取特定值的概率是多少，就没问题了 —— 是这么一回事吧。嗯，到此为止我都理解了。可是，为什么要采用这样的思考方法，我还是不明白……"

"慢慢就会明白啦。'随机变量取特定值的概率是多少'…… 我们将它称为'随机变量的概率分布函数'。"

5.1.5　许多词

"学长，我发现问题所在了。是那三个词把我的思维弄乱了。"

泰朵拉一边做笔记，一边说道。

"三个词？"

"就是'概率''随机变量''概率分布函数'这三个词。它们都和概率有关，但表示的意思不同！比如说

- 假设掷一个骰子出现点数 $\boxdot$ 的概率是 $\frac{1}{6}$
- 在'百倍游戏'中用随机变量 X 表示奖金
- 只要观察随机变量 X 的概率分布函数，我们就会知道，随机变量 X 取特定值的概率是多少

我觉得在含有类似这样的数学内容的文章中，我应该有意识地规范使用概率、随机变量、概率分布函数这些术语。"

"嗯，这个想法非常好呀。"我说，"泰朵拉现在遇到不明白的事情时，不是直接说'我不明白'，而是会认真思考为什么、不明白什么。这可是非常棒的啊。"

"呃…… 是这样吗？"泰朵拉不好意思地挠了挠头。

5.1.6　期望

"到现在为止，我们已经讲解了随机变量和概率分布函数对吧？"

"嗯，我感觉已经和它们成为朋友了。"泰朵拉满足地点点头。

"现在终于要讲**期望**了。"

"不过······ 期望到底是什么呢？"

"一言以蔽之，'期望'可以看作是

'平均值'

随机变量 X 的期望就是随机变量 X 的平均值。"

"啊！ 但是······ 平均值指的是'全部的值的总和'除以'个数'吧？ 这本数学书上有关期望的定义和这个意思相同吗？"

"嗯，计算平均值的方法是将全部的值相加，再用个数或人数去除总和，对吧？ 期望的定义与平均值是紧密相连的。"

期望的定义

随机变量的期望 $E[X]$ 定义如下。

$$E[X] = \sum_{k=0}^{\infty} c_k \cdot Pr(X = c_k)$$

其中，

- $c_0, c_1, c_2, c_3, \cdots, c_k, \cdots$ 表示随机变量 X 的取值
- $Pr(X = c_k)$ 表示随机变量 X 等于值 c_k 的概率

"学长······ 我还是没有理解。"泰朵拉露出不安的表情。

"没关系。我们就以'百倍游戏的奖金的期望'为例，来研究计算期望与计算平均值的关系吧。现在，假设奖金的金额为随机变量 X，那么

期望 $E[X]$ 的定义如下。"

$$\text{随机变量 } X \text{ 的期望} = E[X] = \sum_{k=0}^{\infty} c_k \cdot Pr(X = c_k)$$

"我们将期望定义式中的 $\sum$ 展开为具体值的和。代入具体的值，也就是 $c_0 = 100, c_1 = 200, c_2 = 300, c_3 = 400, c_4 = 500, c_5 = 600$。"

$$
\begin{aligned}
E[X] &= \sum_{k=0}^{\infty} c_k \cdot Pr(X = c_k) \\
&= \sum_{k=0}^{5} c_k \cdot Pr(X = c_k) \qquad \text{考虑 } c_0, c_1, c_2, c_3, c_4, c_5 \text{ 就可以了} \\
&= 100 \cdot Pr(X = 100) \\
&\quad + 200 \cdot Pr(X = 200) \\
&\qquad + 300 \cdot Pr(X = 300) \\
&\qquad\quad + 400 \cdot Pr(X = 400) \\
&\qquad\qquad + 500 \cdot Pr(X = 500) \\
&\qquad\qquad\quad + 600 \cdot Pr(X = 600)
\end{aligned}
$$

"因为 $Pr(X = 奖金)$ 都等于 $\frac{1}{6}$ ……"

$$
\begin{aligned}
&= 100 \cdot \frac{1}{6} \\
&\quad + 200 \cdot \frac{1}{6} \\
&\qquad + 300 \cdot \frac{1}{6} \\
&\qquad\quad + 400 \cdot \frac{1}{6} \\
&\qquad\qquad + 500 \cdot \frac{1}{6} \\
&\qquad\qquad\quad + 600 \cdot \frac{1}{6}
\end{aligned}
$$

"接下来就是单纯的计算了。"

$$= \frac{100 + 200 + 300 + 400 + 500 + 600}{6}$$
$$= \frac{2100}{6}$$
$$= 350$$

"这样就算出了奖金的期望是 350 日元。"

"啊！这个式子！

$$\frac{100 + 200 + 300 + 400 + 500 + 600}{6}$$

先将所有的值相加，再用 6 去除，对吧？写成这样，我就能体会到'平均值'的感觉了！只看期望的定义时，我还不太明白呢。"

"嗯，我们一般将'用个数去除所有数的和'当作平均值，这并没有错。只是实际上，它与'每个值都乘以各自对应的概率，再将结果相加'是相同的。比较下面式子的左右两边就会明白了。"

$$\frac{100 + 200 + 300 + 400 + 500 + 600}{6} = 100 \cdot \frac{1}{6} + 200 \cdot \frac{1}{6} + 300 \cdot \frac{1}{6} + 400 \cdot \frac{1}{6}$$
$$+ 500 \cdot \frac{1}{6} + 600 \cdot \frac{1}{6}$$

所有数的和除以个数（平均值）＝每个值都乘以各自对应的概率再相加（期望）

"我明白了。"

"上述式子的右边表示先用概率加权随机变量取到的各个值，再将结果相加。通过'用概率加权各个值再求和'就能求出随机变量的平均值。我们把它画成图，就容易理解啦。"

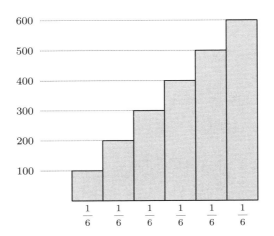

"我们将随机变量的值作为小长方形的高，将概率作为小长方形的宽。在上面这个图形中，让每个小长方形的高乘以宽，再相加，得到的总和是什么呢？没错，是整个图形的面积。另一方面，将所有随机变量的值与各自的概率相乘，再求和，就等于期望。也就是说，期望与整个图形的面积一致。"

"嗯……确实是这样。"

"然后，我们试着将小长方形的高度平均分配，就是下面这个图形。"

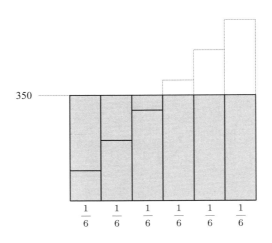

"求平均值对吧?"

"嗯,而大长方形的横向总长度是 1。也就是说,上面这个图形的面积刚好表示平均值。"

"啊……"

"因此,求期望与求平均值是一样的。虽然现在假设了所有情况发生的概率相等,但是即便概率不相等,也可以用同样的数学公式求平均值。没有必要因为式子中有 $\sum$ 就害怕,要牢牢地抓住公式的形式。求期望就是'用概率加权各个值再求和'呀。"

$$c_k \quad \longleftarrow\!\!-\!\!-\!\!\longrightarrow \quad \text{随机变量取到的具体的值}$$

$$Pr(X = c_k) \quad \longleftarrow\!\!-\!\!-\!\!\longrightarrow \quad \text{随机变量 } X \text{ 等于具体的值 } c_k \text{ 的概率}$$

$$c_k \cdot Pr(X = c_k) \quad \longleftarrow\!\!-\!\!-\!\!\longrightarrow \quad \text{上述两者的乘积}$$

$$\sum_{k=0}^{\infty} c_k \cdot Pr(X = c_k) \quad \longleftarrow\!\!-\!\!-\!\!\longrightarrow \quad \text{将 } k = 0, 1, 2, 3, \cdots \text{ 时的所有情况相加}$$

"的确……数学公式可以转化为这种形式。用'百倍游戏'的奖金来举例子的话,$c_0, c_1, c_2, c_3, c_4, c_5$ 就是 $100, 200, 300, 400, 500, 600$ 对吧?接着,$Pr(X = c_k)$ 指的是可以得到奖金 c_k 的概率。用随机变量等于 c_k 时的概率乘以 c_k 得到 $c_k \cdot Pr(X = c_k)$……这就是'用概率加权各个值'。接着,再将所有的值加起来……的确就是'用概率加权各个值再求和'了。"泰朵拉细致地梳理,像是在确认自己是否理解。

5.1.7　公平的游戏

"我们求出了'百倍游戏'能得到的奖金的期望,对吧?"

"对,是 350 日元。"

"好。那么,现在我们假定参加这个'百倍游戏'需要缴纳'参加费'。也就是说,如果想要通过掷骰子获得奖金,就必须先支付参加费。这时,我们将'奖金的期望'作为'参加费'就正合适。"

"正合适……是什么意思呢？"

"奖金的期望等于 350 日元，意思就是如果重复进行这个游戏很多很多次，参加者每次的平均收益是 350 日元。因此，比较'支付 350 日元参加费的参加者'与'支付奖金的游戏举办者'时会发现，谁也没有占到便宜。也就是说，这是个公平的游戏，在这种意义上'正合适'。"

泰朵拉一边听着我的话，一边夸张地点头。

"学长，只看数学公式的话不容易弄明白，但是只要用像'百倍游戏'这样的具体示例来思考的话，我就能清楚地理解。用具体示例来思考真的非常重要啊。呼……"

泰朵拉深深地叹了口气。这时窗外恰巧吹进一阵强风，吹走了泰朵拉的笔记本。

"啊呀！"

"叹了好大一口气啊。"我一边帮泰朵拉捡笔记本，一边开玩笑。

"才、才不是呢！是风吹的！"

我忽然想起米尔嘉的事情，"说起来，上次米尔嘉跟你说什么了？"

"你说的是什么呀？"

"就是……上次回家的时候米尔嘉不是跟你说'我有话想和你说'嘛。"

就是因为这个，那天我才会和少言寡语的红发少女理纱两个人先回去。

"啊，呃……那个呀……还没有决定呢……"泰朵拉说。

"我可是决定选泰朵拉了呀。"

我听到身后传来的声音，不用看就知道，是伶牙俐齿的黑发才女 —— 米尔嘉。

5.2 线性法则

5.2.1 米尔嘉

"离散概率 [1] 的期望呀。"米尔嘉看着笔记本说道。

"嗯，刚刚一直讨论的是……"我刚说到一半，泰朵拉就急急忙忙地连连摆手。

"我来！我来概括！嗯……我从学长那里学到了这些。首先，我们学习了……"

◎　　◎　　◎

首先，我们学习了随机变量。随机变量可以定义为样本空间到实数集的函数……但总而言之就是，给通过随机试验确定的量起了个名字。

在那之后，我们学习了概率分布函数。概率分布函数表示随机变量取特定值的概率是多少。用概率分布函数 Pr 表示随机变量 X 取特定值 c 的概率，写作 $Pr(X = c)$。

然后，我们学习了期望。期望表示随机变量的平均值。随机变量 X 的期望写作 $E[X]$，它的定义是"用概率加权各个值再求和"，如果用式子来表示就像这样。

$$E[X] = \sum_{k=0}^{\infty} c_k \cdot Pr(X = c_k)$$

◎　　◎　　◎

---

[1] 离散概率研究的离散样本空间只含"有限个"或"可数无穷个"样本点，离散随机变量只取有限个或可数无穷个实数值。——译者注

　　泰朵拉真擅长总结啊。她应该是已经在头脑中整理出了一个明晰的概念，然后才会说"我明白了"。

　　米尔嘉听完泰朵拉的总结，转过来问我：

　　"为什么没有讲期望的线性法则？"

　　"线性法则？"我反问。

　　"期望的线性法则 ——'和的期望等于期望的和'。"

5.2.2　和的期望等于期望的和

　　米尔嘉在我的笔记本上书写式子，我和泰朵拉分别从她的两侧探出头来观看。柑橘系的芳香交织着甜甜的味道，我心里想：这小小的三角形空间多么让人幸福啊。

　　之前我妈还说我最近都没有什么活动，但对我来说每天都是活动啊。只要数学还在，我们的活动就永不停歇。

　　米尔嘉用响亮的声音说：

　　"假设两个随机变量 X 与 Y 定义在一个样本空间上。"

　　假设两个随机变量 X 与 Y 定义在一个样本空间上。

　　如此一来，X 与 Y 的和 $X + Y$ 也就成为了随机变量。

　　此时，对于随机变量 $X + Y$ 的期望 $E[X + Y]$，下面的式子成立。

$$E[X + Y] = E[X] + E[Y] \qquad \text{"和的期望等于期望的和"}$$

　　也就是说，随机变量 X 与 Y 的<u>和的期望</u>，等于 X 与 Y 各自的<u>期望的和</u>。

　　另外，对于任意常数 K，下面的式子都成立。

$$E[K \cdot X] = K \cdot E[X] \qquad \text{"常数倍的期望等于期望的常数倍"}$$

我们刚才写出的期望的性质 ——

"和的期望等于期望的和"

"常数倍的期望等于期望的常数倍"

将两者合二为一就是**期望的线性法则**。用英语来表示就是 linearity of expectation 哦，泰朵拉。

性质 "和的期望等于期望的和" 还可以一般化。如果随机变量 X 可以表示为 n 个随机变量 $X_1, X_2, X_3, \cdots, X_n$ 的和，

$$X = X_1 + X_2 + X_3 + \cdots + X_n$$

则下式成立。

$$E[X] = E[X_1] + E[X_2] + E[X_3] + \cdots + E[X_n]$$

◎　　◎　　◎

"米尔嘉学姐!" 泰朵拉充满干劲地举起手，像往常一样提问。

"泰朵拉，有什么问题吗?" 米尔嘉问道。

"不，我想举一个刚才提到的'期望的线性法则'的例子。" 泰朵拉如是回答。

我吃了一惊。

我满以为泰朵拉会问什么问题…… 或者会说 "帮我举个例子" 之类的。但是我猜错了，她原来是想自己举例子。

"示例是理解的试金石"…… 这是我们重视的口号。泰朵拉正摩拳擦掌，打算通过举例子来展示自己所理解的内容。

"嗯…… 总之先试着设一个随机变量。"

泰朵拉想了想，开始举例子。我和米尔嘉在一旁静静等待着。

◎   ◎   ◎

总之先试着设一个随机变量。

要考虑与"和"有关的例子对吧？那么，呃…… 比如说，我们掷 2 次骰子吧。然后，把第 1 次掷出的点数与第 2 次掷出的点数相加得到的随机变量设为 X…… 嗯嗯，就这样。

将第 1 次掷出的点数的随机变量设为 X_1。

将第 2 次掷出的点数的随机变量设为 X_2。

好，这样的话，式子

$$X = X_1 + X_2$$

成立。现在，我们想要确认该例子是否符合

$$E[X] = E[X_1] + E[X_2]$$

对吧？所以，接下来我们就来调查左边 $E[X]$ 的值与右边 $E[X_1] + E[X_2]$ 的值是否相等！

先求左边 $E[X]$ 的值

随机变量 X 是掷 2 次骰子的点数之和。也就是说，X 的取值范围为 2 到 12，⚀⚀ 的情况下和最小，为 2，⚅⚅ 的情况下和最大，为 12。

现在，我们来计算 X 的期望。为此，必须先求 $X = 2$ 的概率、$X = 3$ 的概率…… 直到 $X = 12$ 的概率。

好！为防止出现错误，我们先画一张表格。

		第2次					
		1 ⊡	2 ⊡	3 ⊡	4 ⊡	5 ⊡	6 ⊡
第1次	1 ⊡	2	3	④	5	6	7
	2 ⊡	3	④	5	6	7	8
	3 ⊡	④	5	6	7	8	9
	4 ⊡	5	6	7	8	9	10
	5 ⊡	6	7	8	9	10	11
	6 ⊡	7	8	9	10	11	12

掷 2 次骰子得到的点数的和

表中出现 $6 \times 6 = 36$ 个点数，每一个点数出现的概率都是 $\frac{1}{36}$。

也就是说，只要按照这张表格计数，我们就可以得到相应的概率。比如说，表中有 3 个 4 点(已经用 ○ 标上了，是 3 个没错吧?)这样一来，$X = 4$ 的概率就是下面这样。

$$Pr(X = 4) = \frac{3}{36}$$

准备已经做好了。那么，我们开始根据期望的定义来计算 $E[X]$，也就是"用概率加权各个值再求和"。

$$\begin{aligned}
E[X] = {} & 2 \cdot Pr(X = 2) + 3 \cdot Pr(X = 3) + 4 \cdot Pr(X = 4) + 5 \cdot Pr(X = 5) \\
& + 6 \cdot Pr(X = 6) + 7 \cdot Pr(X = 7) + 8 \cdot Pr(X = 8) + 9 \cdot Pr(X = 9) \\
& + 10 \cdot Pr(X = 10) + 11 \cdot Pr(X = 11) + 12 \cdot Pr(X = 12) \\
= {} & 2 \cdot \frac{1}{36} + 3 \cdot \frac{2}{36} + 4 \cdot \frac{3}{36} + 5 \cdot \frac{4}{36} \\
& + 6 \cdot \frac{5}{36} + 7 \cdot \frac{6}{36} + 8 \cdot \frac{5}{36} + 9 \cdot \frac{4}{36} \\
& + 10 \cdot \frac{3}{36} + 11 \cdot \frac{2}{36} + 12 \cdot \frac{1}{36} \\
= {} & \frac{2 + 6 + 12 + 20 + 30 + 42 + 40 + 36 + 30 + 22 + 12}{36} \\
= {} & \frac{252}{36} \\
= {} & 7
\end{aligned}$$

因此，结果为 $E[X] = 7$。也就是说，掷两次骰子时，和的期望等于 7。

再求右边 $E[X_1] + E[X_2]$ 的值

我们接着来求"期望的和"这一部分。

根据定义，第 1 次掷骰子时出现的点数的期望 $E[X_1]$ 如下所示。

$$
\begin{aligned}
E[X_1] &= \sum_{k=1}^{6} k \cdot (\text{掷出点数为 } k \text{ 的概率}) \\
&= 1 \cdot \frac{1}{6} + 2 \cdot \frac{1}{6} + 3 \cdot \frac{1}{6} + 4 \cdot \frac{1}{6} + 5 \cdot \frac{1}{6} + 6 \cdot \frac{1}{6} \\
&= \frac{1 + 2 + 3 + 4 + 5 + 6}{6} \\
&= \frac{21}{6} \\
&= 3.5
\end{aligned}
$$

因此，结果为 $E[X_1] = 3.5$。也就是说，第 1 次掷骰子时出现的点数的期望为 3.5。

第 2 次掷出的点数的期望 $E[X_2]$ 可以用同样的方法来计算，得出 $E[X_2] = 3.5$。因此，结果为 $E[X_1] + E[X_2] = 7$。我们可以看出，掷 2 次骰子时，各自期望的和等于 7。

看～看！这样就完成了。

$$
E[X] = E[X_1] + E[X_2]
$$

的确是"和的期望等于期望的和"！

◎　　◎　　◎

"的确是'和的期望等于期望的和'！"泰朵拉脸上泛着红晕，接着说"这样，我就举出了'和的期望等于期望的和'的例子了吧？"

"很好。"米尔嘉一边轻描淡写地回应，一边在我的笔记本上写下这样一行。

$$E\left[\sum(\quad)\right] = \sum\left(E\left[\quad\right]\right)$$

"'和的期望等于期望的和'这一性质可以这样形象地写出。从期望的线性法则得出 —— 求和符号 $\sum(\ )$ 与期望符号 $E[\ ]$ 可以互换。令人开心的是，期望的线性法则对任何概率分布函数都无条件成立。"

5.3 二项分布

5.3.1 硬币的话题

米尔嘉从座位上站起来，一边用食指比划着圈圈，一边绕着我们来回走动。她像是在思考着什么，看得出她很开心。每当她轻轻歪头时，长发便像波浪一样安静起伏。从窗边时而吹进一阵风来，将那波浪鼓起。

米尔嘉。

虽说米尔嘉有时会露出任性、爱冲动、爱胡闹的一面，但她面对数学时，是坦率而真挚的，与学习数学的人相处时，也显得很有耐心。是该说她性格复杂呢，还是该说她性格单纯呢？我搞不大明白。

"我们来谈谈硬币的话题吧！"

米尔嘉一边说着，一边回到座位，轻轻推了下金属框眼镜，开始在我的笔记本上写问题。

问题 5-1（二项分布）

假设硬币出现正面的概率为 p，出现反面的概率为 q，我们抛 n 次硬币，求出现 k 次正面的概率 $P_n(k)$。其中，$p+q=1, 0 \leqslant k \leqslant n$。

"这很简单呀。"我说，"首先，如果抛 n 次硬币时有 k 次为正面，那么出现反面的次数就是 $n-k$ 次。"

"确实，没错。"泰朵拉点头赞成。

"如果一开始连续出现 k 次正面，之后连续出现 $n-k$ 次反面，则概率如下所示。"

$$\underbrace{\overbrace{p \times p \times p \times \cdots \times p}^{k \text{个} p} \times \overbrace{q \times q \times q \times \cdots \times q}^{n-k \text{个} q}}_{n \text{个} p \text{或} q} = p^k q^{n-k}$$

"是的。"

"但是，不是必须一开始就连续出现 k 次正面。抛 n 次硬币，只要其中恰有 k 次出现正面就可以了。这表示需要相加的次数是 'n 个中选取 k 个的组合的个数'，也就是乘上 $\binom{n}{k}$。"

"原来如此！"泰朵拉说。

米尔嘉默不作声地听我说明。

"因此，所求的 $P_n(k)$ 就是这样。"我说。

$$P_n(k) = \binom{n}{k} p^k q^{n-k}$$

解答 5-1（二项分布）

$$P_n(k) = \binom{n}{k} p^k q^{n-k}$$

"没问题。"米尔嘉说，"$P_n(k)$ 是使用二项式定理展开 $(p+q)^n$ 的第 $k+1$ 项 [1]。"

$$(p+q)^n = \binom{n}{0} p^0 q^{n-0} + \binom{n}{1} p^1 q^{n-1} + \binom{n}{2} p^2 q^{n-2} + \cdots + \underbrace{\binom{n}{k} p^k q^{n-k}}_{P_n(k)} + \cdots + \binom{n}{n} p^{n-0} q^0$$

"的确啊！"泰朵拉叫出声来。

"我们用 $P_n(k)$ 来表示 $(p+q)^n$ 吧。"米尔嘉继续讲解。

$$(p+q)^n = P_n(0) + P_n(1) + P_n(2) + \cdots + P_n(k) + \cdots + P_n(n)$$

"原来如此……"我有了新的发现，"这个式子的值等于 1 对吧？因为 $p+q=1$，所以 $(p+q)^n$ 也就等于 1 了。"

"真神奇……"泰朵拉说，"我原以为二项式定理只是为了将 $(x+y)^n$ 这种 'n 次方的式子' 展开的定理……啊不，虽然的确是那样的，但二项式定理与 '抛 n 次硬币，出现正面的次数的概率分布函数' 相关联呀 —— 啊，$P_n(k)$ 是概率分布函数吧？"

"都可以。如果把 k 当作变量，$P_n(k)$ 就是概率分布函数；如果把 k 当作常数，$P_n(k)$ 就是概率。"米尔嘉回答，"另外，将 $P_n(k)$ 当作概率分布函数来思考时，它就被称作**二项分布**。二项分布将 1 分配给 $P_n(0)$，$P_n(1), P_n(2), \cdots, P_n(n)$。当我们抛 n 次硬币的时候，假设出现正面的

---

[1] 注意式子右边第 1 项代表的是 $P_n(0)$。——译者注

次数的随机变量为 X，则随机变量 X **服从**二项分布。"

米尔嘉竖起食指接着说。

"那么，我们来求服从二项分布的随机变量 X 的期望吧。"

5.3.2 二项分布的期望

> **问题 5-2（二项分布的期望）**
>
> 假设硬币出现正面的概率为 p，出现反面的概率为 q，我们抛 n 次硬币，求<u>出现正面的次数</u>的期望。其中 $p + q = 1$。

米尔嘉像指挥家一样指向泰朵拉。

"泰朵拉，你来答一下 $n = 3$ 的情况。"

"好的，我来求 $E[X]$！"泰朵拉沉着地抽出自动铅笔，打算在笔记本上计算。

"等一下，"米尔嘉打断泰朵拉，"先说明 X 表示什么。"

"啊……好的。我们先按部就班地导入随机变量，现在设<u>出现正面的次数</u>为随机变量 X。接着，我们要计算当 $n = 3$ 时 X 的期望 $E[X]$。"

"很好。"

"嗯，从随机变量的期望的定义中可以看出以下式子成立。"

从随机变量的期望的定义中可以看出以下式子成立。

$$E[X] = \sum_{k=0}^{\infty} k \cdot Pr(X = k)$$

使用二项分布的定义，改写上式中的 $Pr(X = k)$。

$$= \sum_{k=0}^{\infty} k \cdot \binom{n}{k} p^k (1-p)^{n-k}$$

因为 $k > n$ 时 $\binom{n}{k} = 0$，所以，我们只要考虑从 0 到 n 的和就可以了，对吧？

$$= \sum_{k=0}^{n} k \cdot \binom{n}{k} p^k (1-p)^{n-k}$$

那么，在这里我们令 $n = 3$。

$$= \sum_{k=0}^{3} k \cdot \binom{3}{k} p^k (1-p)^{3-k}$$

因为 $k = 0$ 的项会等于 0，所以我们只要考虑 $k = 1, 2, 3$ 的项就可以了。

$$= \sum_{k=1}^{3} k \cdot \binom{3}{k} p^k (1-p)^{3-k}$$

展开 $\sum$。

$$= 1 \cdot \binom{3}{1} p^1 (1-p)^2 + 2 \cdot \binom{3}{2} p^2 (1-p)^1 + 3 \cdot \binom{3}{3} p^3 (1-p)^0$$

呃，在这里我们使用 $\binom{3}{1} = 3, \binom{3}{2} = 3, \binom{3}{3} = 1$。

$$= 1 \cdot 3p^1 (1-p)^2 + 2 \cdot 3p^2 (1-p)^1 + 3 \cdot 1p^3 (1-p)^0$$

整理式子……

$$= 3p(1-p)^2 + 6p^2(1-p) + 3p^3$$

将 $(1-p)^2$ 与 $p^2(1-p)$ 展开。

$$= 3p\left(1 - 2p + p^2\right) + 6\left(p^2 - p^3\right) + 3p^3$$

继续展开。

$$= 3p - 6p^2 + 3p^3 + 6p^2 - 6p^3 + 3p^3$$

合并同类项……

$$= 3p + (6 - 6)p^2 + (3 - 6 + 3)p^3$$

啊呀呀呀!

$$= 3p$$

◎　◎　◎

"啊呀呀呀!"泰朵拉叫出声来,"p^2 与 p^3 的项全部消去了! 剩下的只有 $3p$。"

$$E[X] = 3p \qquad 服从二项分布 P_3(k) 的随机变量 X 的期望$$

"原来如此。"我好像发现了规律,"如果 $n = 3$ 时 $E[X] = 3p$ 的话……"

"我来我来我来! 一般化的结果很可能就是 $E[X] = np$,一定是这样。那么,我们现在来证明这个猜想,对 n 使用数学归纳法!"

今天的泰朵拉脑筋转得真快啊。她"唰"地拿出自动铅笔,呼吸也变得有些急促。正当她打算在笔记本上计算时。

"等一下。"米尔嘉示意她停下,"使用期望的线性法则吧。"

5.3.3 划分为和的形式

"使用期望的线性法则 …… 这是什么意思?"泰朵拉疑惑不解。

"期望的线性法则提示我们'将随机变量划分为和的形式'。"米尔嘉说。

"划分为和的形式 ……"

"现在我们打算求抛 n 次硬币时,<u>出现正面的次数</u>的期望。那么,我们应该关注的随机变量是什么呢?"米尔嘉问。

"是出现正面的次数。设出现正面的次数为随机变量 X。"

"那么,我们建立新的随机变量 X_k 吧。"米尔嘉说。

在第 k 次抛硬币时,如下定义随机变量 X_k。

· 若硬币为正面 X_k 等于 1
· 若硬币为反面 X_k 等于 0

"正面为 1,反面为 0 的随机变量?"泰朵拉机械地重复着。

"这是'指示器'!"我豁然开朗,叫出声来,"就是我们讨论顺序查找算法的时候,设变量为 S ……

· 能找到目标数时 S 等于 1
· 无法找到目标数时 S 等于 0

这和那个很相似啊。"

"没错。"米尔嘉露出微笑,"就像这个 X_k 一样,通过 1 或 0 来表示某事件是否发生的随机变量,我们称为**指示器随机变量**[1]。"

"原来如此!"我说。

"抱歉,X_k 的 k 是指 ——"泰朵拉问。

---

[1] 指示器随机变量(indicator random variable),也被称作"随机指示变量"。

"$k = 1, 2, 3, \cdots, n$ 哦。"米尔嘉回答,"指示器随机变量 X_k 的总和等于随机变量 X。泰朵拉你能理解这个吗?"

$$X = X_1 + X_2 + X_3 + \cdots + X_k + \cdots + X_n$$

"理……理解不了。"泰朵拉把头摇得像拨浪鼓似的。

"耐心探求随机变量是什么吧。"米尔嘉说,"X 是表示硬币出现正面的次数的随机变量。第 k 次抛硬币时,如果硬币为正面,X_k 等于 1;如果为反面,X_k 等于 0,这就是随机变量 X_k。"

"嗯……这没问题。"

"那么,当 $n = 3$ 时,假设硬币按'正→反→正'的顺序出现。"

"啊,又要用到举例子 —— 嗯,让我想想。抛第 1 次时……

·抛第 1 次时,是正面($X_1 = 1$)
·抛第 2 次时,是反面($X_2 = 0$)
·抛第 3 次时,是正面($X_3 = 1$)

这样,出现正面的次数 $X = 2$。啊啊……的确 $X = X_1 + X_2 + X_3$ 成立啊。米尔嘉学姐,我明白了! X_k 是检查第 k 次抛硬币时,出现的是正面(1)还是反面(0),而把它们全部加起来就会得到 X……这样就理所当然地知道了一共出现了几次正面!"

"很好。"米尔嘉点点头,"使用指示器随机变量计数非常方便。"

5.3.4　指示器随机变量

使用指示器随机变量计数非常方便。

比如,我们创建一个指示器随机变量 C。抛一枚硬币时,如果出现正面,C 等于 1;如果出现反面,C 等于 0。

随机变量 C 的期望 $E[C]$ 等于多少呢?

在计算时要注意随机变量 C 能取到的值只有两种。

$$E[C] = 1 \cdot Pr(C=1) + 0 \cdot Pr(C=0)$$
$$= Pr(C=1)$$

也就是说,

$$E[C] = Pr(C=1)$$

成立。这个等式说明,指示器随机变量的期望,等于指示器随机变量为 1 时的概率。

现在回到我们的问题,求抛 n 次硬币时,硬币出现正面的次数的期望 $E[X]$。刚才我们已经将 X 划分为像 $X_1 + X_2 + X_3 + \cdots + X_n$ 这样的和的形式,现在我们继续从这里讲解。

$$E[X] = E[X_1 + X_2 + X_3 + \cdots + X_n]$$

利用期望的线性法则。

$$= E[X_1] + E[X_2] + E[X_3] + \cdots + E[X_n]$$

因为 X_k 是指示器随机变量,所以,它的期望等于指示器随机变量为 1 时的概率。

$$= Pr(X_1=1) + Pr(X_2=1) + Pr(X_3=1) + \cdots + Pr(X_n=1)$$

第 k 次抛硬币出现正面的概率,等于问题中给出的 p。

$$= \underbrace{p + p + p + \cdots + p}_{n \,个}$$
$$= np$$

解答 5-2（二项分布的期望）

假设硬币出现正面的概率为 p，出现反面的概率为 q，抛 n 次硬币，出现正面的次数的期望为

$$np$$

"诶？不知不觉中就轻轻松松地求出了结果呢！"

"我们让指示器随机变量对出现正面的次数进行计数。

· 期望的线性法则，提示'将随机变量划分为和的形式吧'

· 指示器随机变量，提示'可以用概率求出期望'

如果能将二者合二为一，就能轻松地求出期望。"

5.3.5　快乐的作业

"放学时间到了。"图书管理员瑞谷老师宣布道。已经到这个时候了呀。

"那个……米尔嘉学姐，我们为什么要思考像平均值或期望这种东西呢？"泰朵拉一边收拾一边问。

"因为我们想要定量地研究事件。随机变量能通过随机试验取到各种各样的值。当出现大量的值时，自然要对它们进行归纳整理。平均值也就是期望，是将随机变量可以取到的很多值通过归纳整理后得到的值的一种。"

"归纳整理后的值……"

"接下来是快乐的作业时间。"米尔嘉把卡片展示给我们看。

> **问题 5-3（直到出现所有点数的期望）**
>
> 不断掷骰子，直到掷出所有点数。
>
> 求此时<u>掷骰子的次数</u>的期望。

"这是村木老师给的卡片吗？"我问。

"没错，我已经解出来了，抛硬币真开心。"

硬币？米尔嘉把骰子说成硬币了吗？

5.4 直到所有事情发生

5.4.1 不知何时

这里是我家，现在是深夜，父母已经睡着了。

我一个人待在自己的房间。

学校的功课已经做完，是时候开始我的数学学习了。

我想到了泰朵拉。她不仅会说"我不明白"，还会去思考"我哪里不明白"；她不仅会提问，还会自己举例子；她不仅听我们讲解，还会自己归纳要点。她的成长真是令人刮目相看……啊，现在不是摆学长架子的时候，我也必须抓紧时间让自己成长。

我想到了米尔嘉。我们谈论期望的话题时，她立刻就提到了期望的线性法则。这一定是因为在米尔嘉的大脑中，错综复杂的概念已然融会贯通。她将掌握的数学概念，组成一个美丽的小宇宙。被她提醒后，我会发觉期望的线性法则是"理所当然的"。但被米尔嘉提醒前，我却没能想到期望的线性法则。

泰朵拉，还有米尔嘉。

和她们比起来，我……

呼……我差点就进入消极循环了。

不对。和别人比较是不对的。

我学习时遇到的问题，大多是已经被别人解出来的问题。因此，即便我再一次将这个问题解出，也不会成就什么伟业 —— 在客观上来说是这样的，但是主观上却有所不同。

我想去解答问题这一行为，对我自身是有意义的。

即便我解答不出来，由现在的我来面对问题就是有意义的。

更何况，这是为了将来某一天，

我面对谁也不知道答案的问题时。

为了我成为信息发送者的那一天 ——

5.4.2　能尽全力吗

> **问题 5-3（直到出现所有点数的期望）**
>
> 不断掷骰子，直到掷出所有点数。
> 求此时掷骰子的次数的期望。

这个问题，乍一看并不是很难。

但是，不能大意。

先根据条件举例吧，没有具体的示例也无从下手啊。

我们来掷骰子，假设所有的点数都按相同的概率出现。出现的点数自然是从 ⚀ 到 ⚅ 的 6 种。不断掷骰子，直到掷出所有点数……嗯，我明白了。比如在极端的情况下，假设点数按从 ⚀ 到 ⚅ 的顺序出现。这时，一共掷了 6 次骰子。

⚀ → ⚁ → ⚂ → ⚃ → ⚄ → ⚅ 　　掷 6 次骰子，掷出所有点数

6 次掷出全部点数，顺序怎样都可以。

⚂ → ⚀ → ⚃ → ⚄ → ⚁ → ⚅ 　　掷 6 次骰子，掷出所有点数

但是，只掷 6 次骰子就得到所有点数是非常幸运的事情。

如果说在中途重复掷出了 ⚀，掷出所有点数就需要掷 7 次骰子。

⚂ → ⚀ → ⚃ → <u>⚀</u> → ⚄ → ⚁ → ⚅ 　　掷 7 次骰子，掷出所有点数

这种情况下，掷了 7 次骰子。

那么…… 因为这个问题最重要的概念是"掷出所有点数时，掷骰子的次数"，所以给它起个名字为随机变量吧。

　　　　将"掷出所有点数时，掷骰子的次数"设为随机变量 X。

随机变量 X 的值，在运气好的时候可能为 6，运气差的时候会无限大。比如我们想象这样一种情况：一开始的时候顺利地掷出许多种点数，但是最后一种点数怎么也掷不出来。

⚂ → ⚀ → ⚃ → <u>⚀</u> → ⚄ → ⚅ → <u>⚂</u> → ⚄ → <u>⚂</u> → <u>⚂</u> → <u>⚅</u> → ⚁
　　掷了 13 次，终于掷出了所有点数（ $X = 13$ ）

在这个例子中，到掷出最后的 ⚁ 为止，一共掷了 13 次骰子。

嗯，做到这里，问题的意思明朗多了。已经将"掷出所有点数时，掷骰子的次数"设为随机变量 X 了，所以这个问题要求解的就是随机变量 X 的期望 $E[X]$。

期望的定义是 $E[X] = \sum_{k=0}^{\infty} c_k \cdot Pr(X = c_k)$，因此只要计算 $Pr(X = c_k)$ 的值就可以了。

比如可以说 $Pr(X=1)=0$，因为仅仅掷一次骰子不可能掷出 6 种点数。因此，$X=1$ 的概率为 0。同样的，掷骰子次数 X 小于 6 时概率都为 0。也 就 是 说，$Pr(X=2)$、$Pr(X=3)$、$Pr(X=4)$、$Pr(X=5)$ 都等于 0。

那么，$Pr(X=6)$ 怎样呢？掷 6 次骰子就能掷出所有点数的概率，也就是一次也没有掷出过重复的点数的概率。结果很容易计算，首先……

第 1 次掷出的点数可以是任何一种（6 种情况）。

对应上述每一种情况，

第 2 次掷出的点数可以是第 1 次掷出的点数以外的任意点数（5 种情况）。

对应上述每一种情况，

第 3 次掷出的点数只能是除去前 2 次掷出的所有点数以外的点数（4 种情况）。

对应上述每一种情况，

第 4 次掷出的点数只能是除去前 3 次掷出的所有点数以外的点数（3 种情况）。

对应上述每一种情况，

第 5 次掷出的点数只能是除去前 4 次掷出的所有点数以外的点数（2 种情况）。

对应上述每一种情况，

第 6 次掷出的点数只能是除去前 5 次掷出的所有点数以外的点数（1 种情况）。

因此……结果就是这样的。

$$Pr(X=6) = \frac{6 \times 5 \times 4 \times 3 \times 2 \times 1}{6 \times 6 \times 6 \times 6 \times 6 \times 6}$$
$$= \frac{6!}{6^6}$$

接着来思考 $Pr(X=7)$ 的情况吧。$X=7$ 时，掷出的点数仅仅重复了一次。1 到 6 的点数都有可能重复，一共有 6 种情况。哎呀，在掷 7 次骰子的过程中，还必要注意是在哪里重复的。比如，假设在掷出 $\overset{1}{1} \to \overset{2}{2} \to \overset{3}{3} \to \overset{4}{4} \to \overset{5}{5} \to \overset{6}{6}$ 的过程中，$\overset{6}{6}$ 为重复的点数。

$\overset{1}{1} \to \overset{6}{\underline{6}} \to \overset{2}{2} \to \overset{3}{3} \to \overset{4}{4} \to \overset{5}{5} \to \overset{6}{6}$
$\overset{1}{1} \to \overset{2}{2} \to \overset{6}{\underline{6}} \to \overset{3}{3} \to \overset{4}{4} \to \overset{5}{5} \to \overset{6}{6}$
$\overset{1}{1} \to \overset{2}{2} \to \overset{3}{3} \to \overset{6}{\underline{6}} \to \overset{4}{4} \to \overset{5}{5} \to \overset{6}{6}$
$\overset{1}{1} \to \overset{2}{2} \to \overset{3}{3} \to \overset{4}{4} \to \overset{6}{\underline{6}} \to \overset{5}{5} \to \overset{6}{6}$
$\overset{1}{1} \to \overset{2}{2} \to \overset{3}{3} \to \overset{4}{4} \to \overset{5}{5} \to \overset{6}{\underline{6}} \to \overset{6}{6}$

就是这样…… 诶？

等一等。

这样完全不行啊。

最开始的例子就错了。

$\overset{1}{1} \to \overset{6}{\underline{6}} \to \overset{2}{2} \to \overset{3}{3} \to \overset{4}{4} \to \overset{5}{5} \to \overset{6}{6}$ 掷第几次时才出现所有点数呢？

此时，并非第 7 次，而是第 6 次就已经掷出了所有点数。当掷出 $\overset{5}{5}$ 后，就已经掷出了所有点数。也就是说，在这种情况下不能将次数计为 $X=7$，必须计为 $X=6$。

这个问题可真是棘手啊……

而且，如果研究 $Pr(X=8)$ 的话，重复的数字又要增加了！

啊，真是头疼。话说回来，按这种方法思考下去，真的能求出对于任

意 k 的 $Pr(X = c_k)$ 吗？如果求不出来，期望 $E[X]$ 的计算也就无从谈起。

我摸索到很晚，但还是没有发现明确的突破口。正当我打算放弃，转而通过大量计算来解题时，一阵困意袭来。

我在梦中不知掷了多少次骰子。

不可思议的是，梦中的骰子竟然变成了硬币的形状。

"不是硬币，是骰子哦。"我说。

"这个骰子，是硬币哦。"米尔嘉说。

5.4.3　运用学到的知识

"学长！早上好！"充满活力的少女泰朵拉冲我打招呼。

"早啊。"我回道。

在去学校的路上，我和泰朵拉并排行走着。她走路的速度有点快。

"学长，你解出米尔嘉学姐的问题了吗？"

"没，我撞进了计算的迷宫里。"我说。

"我还没做到计算那一步呢。"泰朵拉一边摇头一边说，"因为我还不知道要划分为怎样的和来思考比较好。"

"诶……？"我停住脚步。

"诶？"泰朵拉也停住脚步，"怎么了学长？"

"你刚刚说 —— 划分为怎样的和比较好是吗？"

"嗯，嗯…… 因为要用到'和的期望等于期望的和'吧？"

我难道是个笨蛋吗。

期望的线性法则。

米尔嘉讲解了那么多，甚至给出了'和的期望等于期望的和'这样的口诀，泰朵拉还举了具体示例。

而我却只想到直接通过定义来求期望。

　　我甚至都没有尝试将"不断掷骰子，直到掷出所有点数时，掷骰子的次数"这一随机变量 X "划分为和的形式"这条路。

　　我⋯⋯ 不就是个笨蛋吗？

　　"学长？"泰朵拉略微不安地看着我。

　　"抱歉，泰朵拉。你什么都没做错。只是我有点震惊于自己的笨蛋程度罢了。"我大口地做着深呼吸，"我把期望的线性法则忘得一干二净了 —— 泰朵拉你思考到哪一步了？"

　　她这才露出放心的表情，我们继续迈开步子。

　　"呃⋯⋯ 我也不是特别明白。为了运用期望的线性法则，我想到将掷骰子的次数划分为和的形式。因此我试着举出一些例子，可我还是不知道该怎么着手。不过我画了'幸福的台阶'哦。"

　　"幸福的台阶？"

　　"嗯，就是这个。"

　　我们又一次停下脚步。她从包里拿出作业纸。

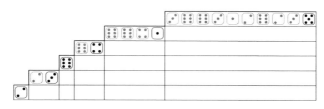

与掷骰子相关的"幸福的台阶"

　　"这个图怎么看呢？"我感受到心跳加速，隐约察觉到图里描述了什么重要的东西。

　　"嗯。从左边按顺序看。"泰朵拉指着图说，"从台阶的第 1 层开始，掷出了 ⚁，上一个台阶；在第 2 层掷出了 ⚁ → ⚂，再上一个台阶；在第 3 层掷出了 ⚅，又上一个台阶。也就是说，如果掷出之前掷出了的点数的话，就在当前台阶保持不动；如果掷出了新的点数，就上一个台阶。"

"哦哦，原来如此。"

"因此，平缓的台阶说明连续掷出了重复的点数，并在最右边出现了新的点数。"

"泰朵拉，为什么这个是'幸福的台阶'呢？"

"嗯……因为如果出现了新的点数，就会向着山顶更进一步，感觉会很幸福吧。"

"……"

"不过我真的很惊讶。这个示例是将

$$\sqrt{5} = 2.\underline{2}3\underline{6}0\underline{6}7\underline{9}77\underline{4}997\underline{8}9\underline{6}9\underline{6}4\underline{0}9\underline{1}7\underline{3}6\underline{6}8\underline{7}3\underline{1}2\underline{7}6\underline{2}35\ldots$$

当作骰子点数的队列的……第 1 次掷出 5 的情况竟然是在小数点之后的 36 位！学长你知道吗？"

虽然很对不住泰朵拉，我其实没有认真听。

"泰朵拉……你已经找到了。"

"啊？"泰朵拉眨着水汪汪的大眼睛。

"将掷骰子次数划分为和的形式的方法呀。"

"……？"

"泰朵拉的'幸福的台阶'已经画得很清楚了。这个台阶整体的长度是'掷出所有点数时，掷骰子的次数'。而台阶整体的长度就是各个'高度相同的层的长度'的总和啊！"

"……！"

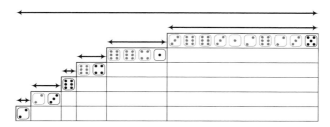

将"掷出所有点数时，掷骰子的次数"划分为和的形式

5.4.4 尽全力

这里是教室，现在已经放学了。

我站在讲台上。

泰朵拉和米尔嘉坐在第一排。

以"幸福的台阶"为切入点，我和泰朵拉解出了这次的问题 —— 求掷出所有点数时，掷骰子的次数的期望。

我正在向米尔嘉说明。

◎　　◎　　◎

将"掷出所有点数时，掷骰子的次数"设为随机变量 X。

X 等于泰朵拉的"幸福的台阶"的整体长度。

接着，建立随机变量 X_j。它的定义有点复杂，它表示"假设已经出现了 j 种点数，直到掷出没出现过的点数时，掷骰子的次数"。

也就是说，X_j 表示"幸福的台阶"的第 $j+1$ 层的长度。

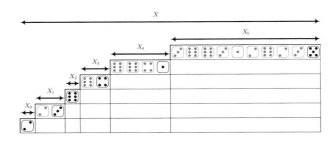

可以用 X_j 的和来表示 X。j 的取值范围为 0 到 5。

$$X = X_0 + X_1 + X_2 + X_3 + X_4 + X_5$$

因为想求期望 $E[X]$，所以使用"和的期望等于期望的和"吧。

$$E[X] = E[X_0 + X_1 + X_2 + X_3 + X_4 + X_5]$$
$$= E[X_0] + E[X_1] + E[X_2] + E[X_3] + E[X_4] + E[X_5]$$

接下来，我们进入对随机变量 X_j 的讨论。

我们可以将最开始 —— 还没有掷骰子的情况，当作出现了 0 种点数。在这种情况下掷一次骰子，一定会出现之前没出现过的点数，因此

$$X_0 = 1$$

成立。

掷骰子时，需要考虑以下两种情况。

· 掷出了没出现过的点数
· 掷出了出现过的点数

在已经出现 j 种点数的情况下，"掷出没出现过的点数的概率"是多少呢？

如果已经出现了 j 种点数，也就是说，还有 $6 - j$ 种点数没有出现。

因此设"掷出没出现过的点数的概率"为 p_j，下面的等式

$$p_j = \frac{6-j}{6} = 1 - \frac{j}{6}$$

成立。

那么，在已经出现过 j 种点数的情况下，"掷出出现过的点数的概率"是多少呢？将这个概率设为 q_j 吧。骰子的点数一共有 6 种，其中已经出现了 j 种。因此

$$q_j = \frac{j}{6}$$

成立。

在"幸福的台阶"的第 $j+1$ 层，下一步会依据概率 p_j 和 q_j 而定。当掷出没出现过的点数时，就上一个台阶，此时下一步的依据就是 p_{j+1} 和 q_{j+1} 了。

当然，对于任意 j，$p_j + q_j = 1$ 都成立。

我正讲到此处，米尔嘉打了个响指。

"我们正在抛概率变化的硬币哦。"

我猛地吸了一口气。

"……这样啊！我们不是在掷骰子而是在抛硬币，指的是这么一回事啊！"

"什么意思？"泰朵拉一边记笔记一边问。

"在这个问题里，已经可以抛弃掷骰子这个概念了。"我说，"把它想成抛硬币，**硬币出现正面的概率为 p_j，出现反面的概率为 q_j** 就可以了。然后，每当硬币出现正面时就可以上一个台阶。"

每当硬币出现正面时就可以上一个台阶。

每当出现正面时就上一个台阶。同时，每当上一个台阶，出现正面的概率就会降低。因为这个硬币是下面这样的。

- 出现正面的概率是 $p_j = 1 - \frac{j}{6}$
- 出现反面的概率是 $q_j = \frac{j}{6}$

既然已经明白了幸福的台阶的性质，我们来看一看随机变量 X_j 吧。随机变量 X_j 是第 $j+1$ 层的长度，这个长度等于 k 的概率 $Pr(X_j = k)$ 是多少呢？

概率 $Pr(X_j = k)$ 等于，连续抛硬币"在出现了 $\underline{k-1\ 次反面}$ 后，出现 $\underline{1\ 次正面}$ 的概率"。

用米尔嘉告诉我的硬币模型来讲解真方便啊……

因此，下式成立。

$$
\begin{aligned}
Pr(X_j = k) &= q_j^{k-1} \cdot p_j && \text{连续出现 } k-1 \text{ 次反面后，出现 1 次正面的概率} \\
&= q_j^{k-1} \cdot (1 - q_j) && \text{利用 } p_j = 1 - q_j \\
&= q_j^{k-1} - q_j^k && \text{展开}
\end{aligned}
$$

这样，在 $j = 0, 1, 2, 3, 4, 5$ 以及 $k = 1, 2, 3, \cdots$ 的条件下，$Pr(X_j = k)$ 已确定，也就能计算随机变量 X_j 的期望 $E[X_j]$ 了。对于任意的 n 的取值，我们求出 $k = 1, 2, 3, \cdots, n$ 的部分和 $\sum_{k=1}^{n} k \cdot Pr(X_j = k)$，然后取 $n \to \infty$ 时的极限就可以了。

$$
\begin{aligned}
\sum_{k=1}^{n} k \cdot Pr(X_j = k) = {}& 1 \cdot Pr(X_j = 1) \\
& + 2 \cdot Pr(X_j = 2) \\
& + 3 \cdot Pr(X_j = 3) \\
& + \cdots
\end{aligned}
$$

$$+ n \cdot Pr(X_j = n)$$
$$= 1 \cdot (q_j^0 - q_j^1)$$
$$+ 2 \cdot (q_j^1 - q_j^2)$$
$$+ 3 \cdot (q_j^2 - q_j^3)$$
$$+ \cdots$$
$$+ n \cdot (q_j^{n-1} - q_j^n)$$
$$= 1 \cdot q_j^0 - 1 \cdot q_j^1$$
$$+ 2 \cdot q_j^1 - 2 \cdot q_j^2$$
$$+ 3 \cdot q_j^2 - 3 \cdot q_j^3$$
$$+ \cdots$$
$$+ n \cdot q_j^{n-1} - n \cdot q_j^n$$
$$= q_j^0 + q_j^1 + q_j^2 + q_j^3 + \cdots + q_j^{n-1} - n \cdot q_j^n$$

这可以用等比数列的和来计算。

$$= \frac{1 - q_j^n}{1 - q_j} - n \cdot q_j^n$$

然后只要取极限就可以了。因为 $q_j = \frac{j}{6}$，所以 $0 \leqslant q_j < 1$ 成立，因此极限存在。

$$E[X_j] = 1 \cdot Pr(X_j = 1)$$
$$+ 2 \cdot Pr(X_j = 2)$$
$$+ 3 \cdot Pr(X_j = 3)$$
$$+ \cdots$$
$$+ k \cdot Pr(X_j = k)$$
$$+ \cdots$$
$$= \lim_{n \to \infty} \sum_{k=1}^{n} k \cdot Pr(X_j = k)$$
$$= \lim_{n \to \infty} \left(\frac{1 - q_j^n}{1 - q_j} - n \cdot q_j^n \right)^{①}$$
$$= \frac{1}{1 - q_j}$$
$$= \frac{1}{1 - \frac{j}{6}} \qquad 将 q_j = \frac{j}{6} 代入$$
$$= \frac{6}{6 - j}$$

也就是说第 $j + 1$ 层的长度的期望是

$$E[X_j] = \frac{6}{6 - j}$$

这样，我们终于可以开始求台阶整体的长度的期望了。

---

① 我们来证明，当 $0 \leqslant q_j < 1$ 时，$\lim\limits_{n \to \infty} n \cdot q_j^n = 0$。如果 $q_j = 0$，结论显然成立。如果 $0 < q_j < 1$，设 $\alpha = \frac{1}{q_j}$，则 $\alpha > 1$，把 n 看作实数，$\lim\limits_{n \to \infty} n \cdot q_j^n = \lim\limits_{n \to \infty} \frac{n}{\alpha^n} = \lim\limits_{n \to \infty} \frac{n'}{(\alpha^n)'} = \lim\limits_{n \to \infty} \frac{1}{\alpha^n \ln \alpha} = 0$。结论对实数 n 成立，那么对自然数 n 也成立。——译者注

$$E[X] = E[X_0 + X_1 + X_2 + X_3 + X_4 + X_5]$$
$$= E[X_0] + E[X_1] + E[X_2] + E[X_3] + E[X_4] + E[X_5]$$
$$= \frac{6}{6-0} + \frac{6}{6-1} + \frac{6}{6-2} + \frac{6}{6-3} + \frac{6}{6-4} + \frac{6}{6-5}$$
$$= \frac{6}{6} + \frac{6}{5} + \frac{6}{4} + \frac{6}{3} + \frac{6}{2} + \frac{6}{1}$$
$$= 6 \cdot \left(\frac{1}{6} + \frac{1}{5} + \frac{1}{4} + \frac{1}{3} + \frac{1}{2} + \frac{1}{1} \right)$$
$$= 6 \cdot \left(\frac{1}{1} + \frac{1}{2} + \frac{1}{3} + \frac{1}{4} + \frac{1}{5} + \frac{1}{6} \right)$$

因此，不断掷骰子，直到骰子的所有点数都至少出现一次时，掷骰子的次数的期望 $E[X]$ 等于——

$$E[X] = 6 \cdot \left(\frac{1}{1} + \frac{1}{2} + \frac{1}{3} + \frac{1}{4} + \frac{1}{5} + \frac{1}{6} \right)$$

得到了一个干净漂亮的式子呀。

◎　◎　◎

"得到了一个干净漂亮的式子呀。"我说。

"真不错。"米尔嘉一脸满足地说。

"计算下来，$E[X] = 14.7$。"泰朵拉说，"这也就是说，平均掷 14.7 次骰子，才能掷出所有的点数。意料之外地多呀！"

解答 5-3（直到出现所有点数的期望）

所求的期望是

$$E[X] = 6 \cdot \left(\frac{1}{1} + \frac{1}{2} + \frac{1}{3} + \frac{1}{4} + \frac{1}{5} + \frac{1}{6} \right) = 14.7$$

"顺利解出来了呢。"我说 [1]。

"用调和数 harmonic number 来表示吧。"米尔嘉说。

"harmonic number 是什么来着?"泰朵拉问。

米尔嘉在我的笔记本上写下式子给泰朵拉看,我也从讲台上回到座位观看。

$$H_n = \frac{1}{1} + \frac{1}{2} + \frac{1}{3} + \cdots + \frac{1}{n}$$

"用 H_n 来表示 X 的期望的话,可以写作

$$E[X] = 6 \cdot H_6$$

这种形式。"米尔嘉说,"这次的问题可以轻松地一般化。我们可以想象骰子并非只有 6 个面,而是有 n 个面。这样,通过相同的计算能得出

$$E[X] = n \cdot H_n$$

这个公式。"

---

[1] 问题 5-3 为期望的经典问题,它被称作"赠券收集问题"(the coupon collector problem)。严格来说当概率空间为无限集合时必须进行标准化。

求掷出所有点数时掷骰子的次数的期望（旅行地图）

设掷骰子的次数的随机变量为 X

通过"幸福的台阶"将 X 划分为和的形式

$$X = X_0 + X_1 + \cdots + X_5$$

"和的期望等于期望的和"

$$E[X] = E[X_0] + E[X_1] + \cdots + E[X_5]$$

$\xrightarrow{\ E[X_j]\ \text{是?}\ }$

期望的定义

$$E[X_j] = \sum_{k=0}^{\infty} k \cdot Pr(X_j = k)$$

$\downarrow$

当作抛硬币来思考
硬币出现正面的概率为 p_j
出现反面的概率为 q_j

$$Pr(X_j = k) = q_j^{k-1} \cdot p_j$$

$\downarrow$

$$E[X_j] = q_j^0 + q_j^1 + \cdots$$

$\downarrow$

等比级数

$$E[X_j] = \frac{1}{1 - q_j}$$

$\downarrow$

$$E[X] = 6 \cdot \left(\frac{1}{1} + \frac{1}{2} + \frac{1}{3} + \frac{1}{4} + \frac{1}{5} + \frac{1}{6} \right) \longleftarrow$$

$$E[X_j] = \frac{6}{6 - j}$$

$\downarrow$

$$E[X] = 6 \cdot H_6$$

5.4.5　意料之外的事情

"能和大家一起解出问题真开心!"泰朵拉说。

"我能解出来可多亏了泰朵拉的'幸福的台阶'呀。"

"我发现了规律,却解不出答案⋯⋯"

在一片轻松的氛围中,我们有说有笑。

"好了,这样我们的工作就告一段落了。"

心情大好的米尔嘉,立起食指说着和往常一样的台词。

但是⋯⋯

但是,今天的米尔嘉 ——

多说了一句话。

"看,这不是做得挺好的嘛,哥哥。"

一瞬间,时间仿佛被冻结了。

沉默的我。

沉默的泰朵拉。

沉默的,米尔嘉。

哥哥。

米尔嘉是这样说的。

谁都有疏忽大意、说话不经思考的时候。

即便是 No Miss・Perfect 的米尔嘉也一样。

哥哥。

米尔嘉是这样说的。

谁都有叫错人的时候。

即便对方是儿时就已经去世的哥哥。

不久，冰封的时间终于解冻。

米尔嘉把笔记本狠狠地摔在我的脸上，跑出教室。

如果我们想要理解一个给定随机变量的典型性状，
常常会问及它的"平均"值。[1]

——《具体数学：计算机科学基础（第2版）》[8]

---

[1] 引用自《具体数学：计算机科学基础（第2版）》（ Ronald L.Graham、Donald E.Knuth、Oren Patashnik 著，张明尧、张凡译，人民邮电出版社，2013年4月）第323页。——译者注

No.

Date ． ．

我的笔记（二项分布与样本空间）

在问题 5-2（二项分布的期望）中，我们求得了抛 n 次硬币时出现正面的次数的期望。当时我们思考了随机变量的和（5.3.3 节），那么它背后的样本空间是怎样的呢？

如果把抛 n 次硬币作为一次随机试验的话，样本空间 Ω 可以像这样表示。

$$\Omega = \left\{ (u_1, u_2, \cdots, u_n) \mid u_k \in \{ \text{正}, \text{反} \}, 1 \leqslant k \leqslant n \right\}$$

假设 $n = 3$，样本空间 Ω 如下所示。

$$\begin{aligned} \Omega &= \left\{ (u_1, u_2, u_3) \mid u_k \in \{ \text{正}, \text{反} \}, 1 \leqslant k \leqslant 3 \right\} \\ &= \left\{ (\text{正},\text{正},\text{正}), (\text{正},\text{正},\text{反}), (\text{正},\text{反},\text{正}), (\text{正},\text{反},\text{反}), \right. \\ &\quad \left. (\text{反},\text{正},\text{正}), (\text{反},\text{正},\text{反}), (\text{反},\text{反},\text{正}), (\text{反},\text{反},\text{反}) \right\} \end{aligned}$$

我们设随机变量 X 为抛 n 次硬币时出现正面的次数，并建立指示器随机变量 X_k，当第 k 次抛硬币时，如果出现正面则 X_k 为 1，如果出现反面则 X_k 为 0。根据这些就可以画出下面这样的表格。

ω	$X(\omega)$	$X_1(\omega)$	$X_2(\omega)$	$X_3(\omega)$
（正，正，正）	3	1	1	1
（正，正，反）	2	1	1	0
（正，反，正）	2	1	0	1
（正，反，反）	1	1	0	0
（反，正，正）	2	0	1	1
（反，正，反）	1	0	1	0
（反，反，正）	1	0	0	1
（反，反，反）	0	0	0	0

根据这张表格我们可以明确地发现，对于任何 $\omega \in \Omega$，都有

$$X(\omega) = X_1(\omega) + X_2(\omega) + X_3(\omega)$$

成立。

第6章

难以捉摸的未来

我找了很久，才找到那个木匠的工具箱，

这份厚礼的确对我太有用了，

在当时比一船黄金还要贵重得多。[①]

——《鲁滨逊漂流记》

6.1 约定的记忆

河畔

"明明你说了明天继续的。"她说。

我追着米尔嘉来到河畔。

她和我并排蹲下身，仰望着天空。

两只乌鸦飞过。

西边天空慢慢出现晚霞。

电车的声音从远处隐约传来。

周围一个人也没有。

有点儿风，但并不冷。

---

① 引用自《鲁滨逊飘流记》(丹尼尔·笛福著，鹿金译，中国宇航出版社，2017年7月)第60页。——译者注

"明明你说了明天继续的。"她重复着。

谁？我不由自主地想问，但还是把话咽了下去。

"明天继续吧，今天你先回家 —— 明明你在医院是这么说的。"

她的声音与以往不同。

"明明说好了明天再见，一起研究数学的啊。"

她的声音非常柔软，而且稚嫩。

"我真的想留在你身边啊。"

说着，她将身体微微靠向我，我伸出手臂搂住，任由她将头靠在我的肩膀上，我闻到一如既往的橘子香。

（真暖和）

沉默的时间。

我追着从教室里飞奔出去的她来到这里。被笔记本打中的鼻梁还隐隐作痛，但这些都不算什么。

我悄悄瞄了她一眼，她正安静地闭着眼睛。

她内心想的不是我。她只是想着她的哥哥。反反复复，反反复复。

我不清楚什么是正确的，究竟什么是标准答案。但我就应该在这里吧，就在她的身边 —— 现在。

天空已被晚霞浸透，夜幕即将来临。

过了许久，她长舒一口气站起身来，掸掉制服上的灰尘。

我也站起身来，注视着她。

我们两人面对面。

她沉默不语。

我也沉默不语。

我伸出手慢慢抹去她脸颊上残留的泪痕。

她突然抓住我的手 —— 狠狠地咬了下去。

"人家，明明想一直留在你身边啊！"

6.2 阶

6.2.1 更快的算法

从那之后过了几天。

世人在欢度黄金周。

应考生可没有那份闲暇。

上午去听了面向应考生的特别课程，下午我就在这里 —— 学校的图书室做模拟题。不知做了多少道题，正当我喘口气休息的时间，抬头看到泰朵拉和理纱坐在不远处。也许高一、高二也有特别课程吧。她们正热火朝天地讨论着……严格来说，热火朝天的只有泰朵拉一个人，理纱只是一边点着头或摇头，一边和往常一样，无声地敲击着她的鲜红的笔记本电脑。

"学长！"泰朵拉冲我挥手打招呼。

"还在学习算法吗？"我走到两人旁边。

"嗯，与其说是学习……不如说是在思考算法的'速度'。"泰朵拉一边看着笔记本一边说，"前几天，我们不是分析了顺序查找以及'带有哨兵'的修正版的顺序查找这两个算法嘛。无论哪一个算法，都是当输出为'无法找到'时最耗费时间。此时它们的最大运行步数是这样的。"

算法	最大运行步数
LINEAR-SEARCH	$T_L(n) = 4n + 5$
SENTINEL-LINEAR-SEARCH	$T_S(n) = 3n + 7$

最大运行步数（n 是数列的大小）

"是呢。"我发现泰朵拉把算法工整地整理成笔记，"这个 $T_L(n)$ 是？"

"因为有点杂乱，所以我给它们的最大运行步数起了名字。我将 LINEAR-SEARCH 的最大运行步数命名为 $T_L(n)$，将 SENTINEL-

LINEAR-SEARCH 的最大运行步数命名为 $T_S(n)$。"

"n 指的是数列的大小对吧？"

"嗯，没错。通过它来比较算法的速度。"

"比较两个式子的大小时，只要使用减法就可以了，对吧？"我说，"我们常用的办法是将两个式子相减，比较差的正负。也就是这么一回事，当 n 为自然数时……

$$T_L(n) - T_S(n) = (4n + 5) - (3n + 7)$$
$$= 4n - 3n + 5 - 7$$
$$= n - 2$$

这样，我们得出当 $n > 2$ 时 $T_L(n) - T_S(n) > 0$ 成立。接下来将 $T_S(n)$ 移到右边，得到这个不等式。"

$$T_L(n) > T_S(n) \qquad （当 n > 2 时）$$

"嗯，这我明白。也就是说，当选择带有哨兵的顺序查找算法时，只要 $n > 2$，最大运行步数就会比顺序查找算法小 —— 也就是更快对吧？但是，嗯…… 当时米尔嘉学姐说 ——"泰朵拉将食指点在嘴唇上，努力回想着什么，"米尔嘉学姐说过，分析复杂问题的时候，可以使用渐近分析的方法，对吧？可明明我们已经有了可靠的不等式，还会有更精确的比较方法吗？学长你有什么线索吗？"

"没有，我也不知道啊。"我回答，"我觉得泰朵拉的观点是正确的，也可以通过画图来理解。"

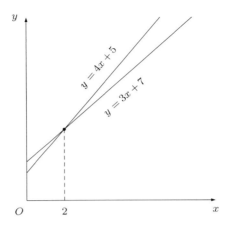

"当 $n > 2$ 时，$y = 3x + 7$ 的图像总在 $y = 4x + 5$ 下方。因此，我们认为跟顺序查找算法相比，带有哨兵的顺序查找算法的运行步数更少。"

"是啊！图像真是方便理解。"泰朵拉说。

"呀！"理纱突然叫了一声。

米尔嘉像风一样悄然现身，玩弄着理纱的头发。理纱则好像不耐烦似地拨开米尔嘉的手。

6.2.2 至多为 n 阶

"米尔嘉学姐，"泰朵拉问，"怎么才能得到比 $T_{\mathrm{L}}(n) = 4n + 5$、$T_{\mathrm{S}}(n) = 3n + 7$ 还要精确的分析呢？"

"分析未必都要朝更精确的方向发展。"

米尔嘉一边扫视着我们，一边快速简洁地说明 —— 她与前几天在河边时判若两人。

"要是对算法分析感兴趣的话，就来学一学大 O 表示法吧。"

◎　　◎　　◎

来学一学大 O 表示法吧。为了表示函数 $T(n)$，我们采用

$$T(n) = O(n)$$

这样的表示方法，称作**大 O 表示法**。

大 O 表示法表示当 n 的值增加时，函数 $T(n)$ 的增长趋势。

$T(n)$ 表示算法的运行步数，也可以把它当作运行时间。我们可以用大 O 表示法，定量地表示当输入的 n 变大时，运行速度变慢了多少。

$T(n) = O(n)$ 表示，存在自然数 N 与正数 C，对于大于等于 N 的所有整数 n，都有

$$|T(n)| \leqslant Cn$$

成立。也可以像下面这样用逻辑表达式来定义。

$$\exists N \in \mathbb{N} \ \ \exists C > 0 \ \ \forall n \geqslant N \ \big[\, |T(n)| \leqslant Cn \,\big]$$

此时我们说"函数 $T(n)$ 至多为 n 阶"。

◎　　◎　　◎

"抱歉……"泰朵拉举手打断了米尔嘉的话，"虽然我已经熟悉逻辑表达式了，但还是会觉得有点紧张。而且还出现了 N 啦 C 啦这样的字母…… 请让我静下心来想一想。"

"这不是什么难事。让我们思考 $T(n) \geqslant 0$ 的情况吧。$T(n) = O(n)$ 表示，存在确定的常数 N 与 C，使得'对于大于等于 N 的 n，函数 $y = T(n)$ 的图像在函数 $y = Cn$ 的图像之下'。"

米尔嘉说着画了一个简单的图。

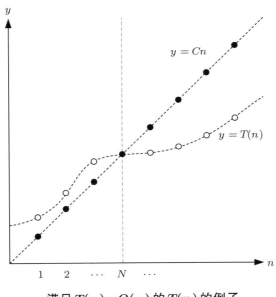

满足 $T(n)=O(n)$ 的 $T(n)$ 的例子

"$T(n)$ 的大小被 n 的常数倍从上方限制住，这就是 $T(n) = O(n)$ 这个式子的意义。"

"…… 这也就是说，$T(n)$ '不会变得特别大' 是吗？"泰朵拉一边记笔记一边问。

"没错。但是 '不会变得特别大' 这种表述方法有两个错误。第一，提到 '不会变得特别大' 会使人产生 $T(n)$ 不会超过某一个常数的误解。但是，当 $n \to \infty$ 时，$T(n) \to \infty$ 也没问题。第二，'不会变得特别大' 这一表述让我们为了实行定量化而付出的努力付诸东流。如果非要用词语来表述的话，可以说 '$T(n)$ 的增加程度，至多与 n 的常数倍相同'。一般我们称之为 '$T(n)$ 至多为 n 阶' 或者只说 '$T(n)$ 为 n 阶'"

"至多 …… 用英语来说是 at most 吧？"

"没错，表示 '无论变得多大，充其量为……' 的意思。"

"为什么要使用字母 O 来表示呢？"泰朵拉接着问。

"order of growth—— 增加的程度。"米尔嘉不假思索地回答。

大 O 表示法（至多为 n 阶）

$$T(n) = O(n)$$

$$\Longleftrightarrow \exists N \in \mathbb{N} \ \ \exists C > 0 \ \ \forall n \geqslant N \ \big[\, |T(n)| \leqslant Cn \,\big]$$

$$\Longleftrightarrow \text{函数 } T(n) \text{ 至多为 } n \text{ 阶}$$

6.2.3 出题

"我来出题喽。"米尔嘉说，"以顺序查找算法的最大运行步数 $T_{\mathrm{L}}(n)$ 为例，用大 O 表示法表示 $4n + 5$ 写作

$$4n + 5 = O(n)$$

这是为什么？"米尔嘉指向泰朵拉问。

"嗯…… 因为被从上方限制住了…… 啊…… 我不明白。"

"嗯。那你来答。"米尔嘉指向我。

"只要回到定义来思考就可以了。"我说，"比如说，我们可以设 $N = 5, C = 5$。也就是说，对于所有大于等于 5 的 n，都有

$$|4n + 5| \leqslant 5n$$

成立，因此由定义得出 $4n + 5 = O(n)$ 成立。"

"啊，确实如此呢。定义、定义、定义！我没能'回到定义'去思考啊……"

"下一题。下面的式子成立吗？"

$$n + 1000 = O(n)$$

"······嗯，这次我会做。"泰朵拉说，"只要设 $N = 1000, C = 2$ 就可以了。对于大于等于 1000 的所有 n，都有

$$|n + 1000| \leqslant 2n$$

成立，也就是说 $n + 1000 = O(n)$ 成立。"

"这就可以了。设 $N = 2, C = 1000$ 也没问题。"米尔嘉点点头。

"啊，还能这样做！还可以用像 $1000n$ 这么大的函数来限制啊。"

"下一题。下面的式子成立吗？"

$$n^2 = O(n)$$

"嗯，左边是 n^2，也就是 $1, 4, 9, 16, 25, \cdots$ 诶？是不是无法用 Cn 来限制啊？"

"就是那样。"米尔嘉说，"$n^2 = O(n)$ 不成立。我们无法用 n 的常数倍限制像 n^2 这样的二次函数。无论想用怎样大的 C 去限制，都会出现一个足够大的 n，使 $n^2 > Cn$。也就是说，我们不能认为二次函数'至多为 n 阶'。三次函数、四次函数······也是一样。另一方面 ——"

这时米尔嘉看着我的脸，放慢了语气。

"我们可以认为 n、$n + 1000$，以及 $4n + 5$'至多为 n 阶'。"

"啊，函数的分类呀！"我恍然大悟，"通过是否'至多为 n 阶'，将函数分为两种！"

"没错。"米尔嘉打了个响指，"在'至多为 n 阶'这一基准下，我们可以无视 n、$n + 1000$，以及 $4n + 5$ 中 n 的系数、常数项的差异，将它们同等看待。分析未必要以精确化为目的。"

"无视差异，同等看待……"泰朵拉小声嘟囔着。

"已经熟悉了大 O 表示法，再来看看顺序查找算法和带有哨兵的顺序查找算法，你们发现了什么？"

$$T_\mathrm{L}(n) = 4n + 5$$
$$T_\mathrm{S}(n) = 3n + 7$$

"啊啊……双方都是'至多为 n 阶'对吧？"

$$T_\mathrm{L}(n) = 4n + 5 = O(n)$$
$$T_\mathrm{S}(n) = 3n + 7 = O(n)$$

"嗯……但这又是怎么一回事呢？"

"添置哨兵确实减少了顺序查找的最大运行步数。但是，无论哪一种方法的运行步数都是 $O(n)$。可以说，我们未能使算法产生让阶数变化的本质上的修正……当然这也和'本质上的'的定义相关。"

"诶？阶数可以是 n 以外的东西吗？"

"可以，大 O 表示法的阶数并非只有 n，我们可以在 $O(\ )$ 中放入任意的函数。"米尔嘉说。

6.2.4 至多为 $f(n)$ 阶

米尔嘉继续说道。

"我们可以在 $O(\ )$ 中放入任意的函数，也就是可以写成 $T(n) = O(f(n))$ 的形式。"

大 O 表示法（至多为 $f(n)$ 阶）

$$T(n) = O(\underline{f(n)})$$

$$\Longleftrightarrow \exists N \in \mathbb{N} \ \exists C > 0 \ \forall n \geqslant N \ \big[\, |T(n)| \leqslant C\underline{f(n)} \,\big]$$

$$\Longleftrightarrow 函数 T(n) \ 至多为 \ \underline{f(n)} \ 阶$$

"试着举几个例子吧。"

$$n = O(n) \qquad n \ 至多为 \ n \ 阶$$
$$2n = O(n) \qquad 2n \ 至多为 \ n \ 阶$$
$$4n + 5 = O(n) \qquad 4n + 5 \ 至多为 \ n \ 阶$$
$$1000n = O(n) \qquad 1000n \ 至多为 \ n \ 阶$$
$$n^2 = O(n^2) \qquad n^2 \ 至多为 \ n^2 \ 阶$$
$$2n^3 + 3n^2 + 4n + 5 = O(n^3) \qquad 2n^3 + 3n^2 + 4n + 5 \ 至多为 \ n^3 \ 阶$$
$$0.000\,01n^{1000} = O(n^{1000}) \quad 0.000\,01n^{1000} \ 至多为 \ n^{1000} \ 阶$$

"啊，只要无视系数，利用 n 的最大次数项就可以了啊。"

"对于现在的例子是没问题。只是要注意，大 O 表示法的定义中使用了像 $|T(n)| \leqslant Cf(n)$ 这样的不等式。也就是说，通过 $f(n)$ 进行评估时，$Cf(n)$ 比 $|T(n)|$ 大多少都没问题。"

"这是什么意思？"

"比如说，使用大 O 表示法，以下等式也成立。"

$$n = O(n^2)$$

"诶！n 为 n^2 阶吗？"

"就像刚刚说的那样，n 至多为 n^2 阶。"

"啊，即便很大也可以啊……那么这样的等式也正确吗？"

$$n = O(n^{1000})$$

"正确。"米尔嘉说。

"这么说来，把我们刚刚提到的 $T_L(n) = 4n + 5 = O(n)$ 改写成这样

$$T_L(n) = 4n + 5 = O(n^{1000})$$

也没问题喽？"

"在定义上完全正确。"米尔嘉回答。

"……！"一直默默不语敲打键盘的理纱惊讶地抬起头。

米尔嘉瞧了一眼惊讶的理纱，继续解释。

"当然，明知道能用 $O(n)$ 表示，却使用 $O(n^{1000})$ 来表示，等于白白丢掉了好不容易获得的信息……但是 $4n + 5 = O(n^{1000})$ 是完全正确的。"

"我、我刚刚嘴上还一直说着'至多为'，心里却把 $O(f(n))$ 当作'恰好为' $f(n)$ 阶了……"

"如果想表达'恰好为 $f(n)$ 阶'，用 Θ 来代替 O 就可以了。"米尔嘉将 Θ 读作"theta"。

"还有'恰好为'的表示方法呀。"

"也有'至少为'的表示方法，用 Ω 表示。$T(n) = O(f(n))$ 和 $T(n) = \Omega(f(n))$ 两者都成立是 $T(n) = \Theta(f(n))$ 成立的充分必要条件，这表示被常数倍的曲线上下夹住的情况。"

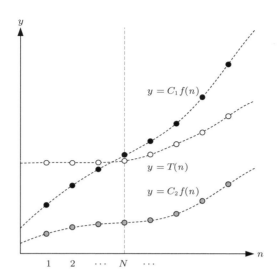

通过 $T(n) = O(f(n))$ 和 $T(n) = \Omega(f(n))$ 确定 $T(n) = \Theta(f(n))$

Θ 表示法 (恰好为 $f(n)$ 阶)

$\qquad T(n) = \Theta(f(n))$

$\Longleftrightarrow \quad T(n) = O(f(n)) \wedge T(n) = \Omega(f(n))$

$\Longleftrightarrow \quad \exists N \in \mathbb{N} \; \exists C_1 > 0 \; \exists C_2 > 0 \; \forall n \geqslant N \big[C_2 f(n) \leqslant T(n) \leqslant C_1 f(n) \big]$

$\Longleftrightarrow \quad$ 函数 $T(n)$ 恰好为 $f(n)$ 阶

Ω 表示法 (至少为 $f(n)$ 阶)

$\qquad T(n) = \Omega(f(n))$

$\Longleftrightarrow \quad \exists N \in \mathbb{N} \; \exists C > 0 \; \forall n \geqslant N \big[T(n) \geqslant C f(n) \big]$

$\Longleftrightarrow \quad$ 函数 $T(n)$ 至少为 $f(n)$ 阶

> **O 表示法的朋友们**
>
> $T(n) = O(f(n))$　　　函数 $T(n)$ 至多为 $f(n)$ 阶
>
> $T(n) = \Theta(f(n))$　　　函数 $T(n)$ 恰好为 $f(n)$ 阶
>
> $T(n) = \Omega(f(n))$　　　函数 $T(n)$ 至少为 $f(n)$ 阶

"那么，我来出题喽。"米尔嘉指着泰朵拉。

$$T(n) = O(n^2) \text{ 与 } T(n) = O(3n^2) \text{ 等价，对还是错？}$$

"系数为 3，所以不……不不不，是对的。两个式子等价。"

"这就可以了。如果 $T(n) = O(n^2)$ 成立，则 $T(n) = O(3n^2)$ 也成立；反过来也同样成立。依此类推，$T(n) = O(n^2)$ 与 $T(n) = O(3n^2 + 2n + 1)$ 也等价。"

"嗯，我明白。"

"下一题。"米尔嘉乐在其中。

$$T(n) = O(1) \text{ 成立时，} T(n) \text{ 是怎样的函数呢？}$$

"诶？没有 n……啊，我明白了。这里要回到大 O 表示法的定义——

$$T(n) = O(1) \quad \Longleftrightarrow \quad \exists N \in \mathbb{N} \ \exists C > 0 \ \forall n \geqslant N \big[|T(n)| \leqslant C \cdot 1 \big]$$

就是这样。$T(n)$ 是常数函数！"

"错了。"米尔嘉一口否决，"如果 $T(n)$ 是常数函数的话，我们确实可以说 $T(n) = O(1)$。但是，$T(n)$ 未必是常数函数。"

"上界。"理纱说。我们不由地看向她。

"没错。"米尔嘉肯定道,"$T(n) = O(1)$ 时,无论 n 有多么大,函数 $T(n)$ 都不会比某一个常数大。也就是说,$T(n)$ 存在上界。只要不超过上界,即便函数值发生变化也没问题。"

"不超过某一个常数,也就是说 $T(n)$ 在 $n \to \infty$ 时存在极限是吗?"

"错了。"米尔嘉不假思索地回答,"$T(n)$ 可能会在不超过某一个常数的情况下不断波动,比如像 $T(n) = (-1)^n$ 那样。因此,不是说 $T(n) = O(1)$ 就一定表示当 $n \to \infty$ 时存在极限。"

我……听着她们的对话,心里有种说不出的愉悦。以大 O 表示法为素材,以数学公式与逻辑为线索,我们反复进行着数学的讨论。我就在这样的对话中感受着深深的愉悦 —— 即便在专家看来,我们讨论的内容可能不值一提。

6.2.5 log n

"从 $T(n) = O(n)$ 与 $T(n) = O(3n)$ 等价可知……嗯……总而言之,大 O 表示法是下面这些情况中的一种吧?"泰朵拉说。

$$O(1), O(n), O(n^2), O(n^3), O(n^4), \cdots$$

"不止这些。"米尔嘉说,"比如说,1 阶和 n 阶之间就有无数个阶。$\log n$ 阶就是一个典型的例子,也就是

$$O(\log n)$$

这个式子。$\log n$ 阶比 n 阶还要小。对于一个足够大的 n 来说,最大运行步数为 $\log n$ 阶的算法是非常优秀的。"

米尔嘉一边用食指比划着圈圈一边说明。

"同样的,在 n 阶和 n^2 阶之间,也有 $n \log n$ 阶。"

$$O(n \log n)$$

"$n \log n$ 并不是 $n \times \log \times n$，它表示 $n \times \log(n)$ 的意思。"我说。

"啊，这我明白。log 指的是对数······ 没错吧？"

"$\log n$ 是对数函数。"米尔嘉说，"它是通过 n 求得 n 的对数的函数。提到对数时，我们不能忘记对数的底，像 $\log_2 n$、$\log_{10} n$ 或者 $\log_e n$ 这样。但是，在大 O 表示法中使用对数函数时，可以不在意底。因为，所有的对数函数就算进行底的变换，其结果的差异也一定只是常数倍的。"

"底的变换······ 就像是这样。"我说。

$$\log_A x = \log_A B^{\log_B x} \qquad \text{因为 } x = B^{\log_B x} \text{ ①}$$

$$= (\log_B x) \cdot (\log_A B) \qquad \text{因为 } \log_A B^{\alpha} = \alpha \cdot \log_A B \text{ ②}$$

$$\log_A x = \underbrace{(\log_A B)}_{\text{常数}} \cdot (\log_B x) \qquad \log_A x \text{ 与 } \log_B x \text{ 的差异是常数倍}$$

"没错。"米尔嘉点头肯定。

$$T(n) = O(\log_2 n)$$

$$\Longleftrightarrow T(n) = O(\log_{10} n)$$

$$\Longleftrightarrow T(n) = O(\log_e n)$$

"因此，使用大 O 表示法时，写作 $T(n) = O(\log n)$，不去在意对数的底也没问题。"

"原来如此。"我说。

---

① 按照对数的定义，如果 $x = B^{\alpha}$（$B > 0$ 且 $B \neq 1$），则 α 称为以 B 为底的 x 的对数，记作 $\alpha = \log_B x$，把它代入 $x = B^{\alpha}$ 即得。——译者注

② 设 $B = A^m$，则 $m = \log_A B$，又 $B^{\alpha} = (A^m)^{\alpha} = A^{m\alpha} = A^{\alpha m}$，所以 $\alpha m = \log_A B^{\alpha}$，把 $m = \log_A B$ 代入即得。——译者注

"那么我们继续。对数函数是指数函数的反函数。指数函数的曲线上升极端快速；与之相反，对数函数上升极端缓慢。例如，当底为 2 时，即便 n 像 $2^1 = 2$ 倍、$2^2 = 4$ 倍、$2^3 = 8$ 倍这样成倍增加，$\log_2 n$ 也只是像 $+1$、$+2$、$+3$ 这样一点点增加。如果函数 $T(n)$ 被像 $\log_2 n$ 这样一点点增长的函数 —— 也就是 order of growth 很小的函数 —— 限制的话，即便输入的 n 很大，最大运行步数也只会增加一点点。对于一个足够大的 n 来说，这是非常快速的算法了。"

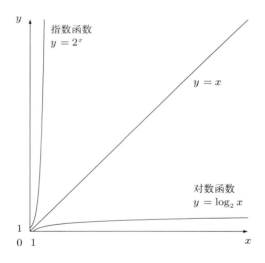

"存在最大运行步数为 $O(\log n)$ 的算法吗？"泰朵拉问。

"当然。比如二分查找这个算法，正好能以 $\log n$ 阶的运行步数找出目标元素。"

"啊！稍等一下。"我说，"查找的次数至多为 $\log n$ 阶……不是很奇怪吗？你看，当在一个数列中'无法找到'某一个数时，不是必须比较全部的 n 个数吗？这样来看，阶数是绝对不可能比 $O(n)$ 小的啊。"

"只要有附加条件，就能降低算法的时间复杂度。泰朵拉，你的卡片里有关于二分查找的卡片么?"米尔嘉问。

"啊！肯定有。"

泰朵拉在村木老师给的卡片中翻找，一会儿抽出一张写有"二分查找"的卡片。

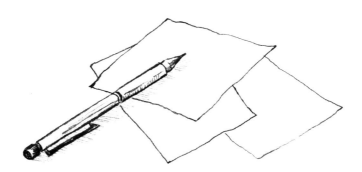

6.3 查找

6.3.1 二分查找

> **二分查找算法（输入与输出）**
>
> **输入**
> - 数列 $A = \{A[1], A[2], A[3], \cdots, A[n]\}$，
>   假定 $A[1] \leqslant A[2] \leqslant A[3] \leqslant \cdots \leqslant A[n]$
> - 数列的大小 n
> - 要查找的数 v
>
> **输出**
> 在 A 中能找到与 v 相同的数时，
> 输出"能找到"。
> 在 A 中未能找到与 v 相同的数时，
> 输出"无法找到"。

"这就是二分查找算法的输入与输出。"泰朵拉说，"因为也是从数列 A 中查找数 v，所以和顺序查找算法是一样的吧？"

"不一样哦，泰朵拉。"我指着卡片说，"你忽视了条件，要注意写有'假定'的地方呀。"

"啊！还真是，抱歉……不过，这个条件的意义是？"

$$A[1] \leqslant A[2] \leqslant A[3] \leqslant \cdots \leqslant A[n]$$

"这个条件说明数列中的数按**升序**排列。"我指出，"也就是说，数列中后面的数要大于 —— 严格来说是大于等于 —— 前面的数。"

"啊……这个条件对于降低时间复杂度很重要吗？啊，这张卡片上写有二分查找算法的流程。"

二分查找算法（流程）

```
C1:    procedure BINARY-SEARCH(A, n, v)
C2:        a ← 1
C3:        b ← n
C4:        while a ⩽ b do
C5:            k ← ⌊ (a+b)/2 ⌋
C6:            if A[k] = v then
C7:                return "能找到"
C8:            else-if A[k] < v then
C9:                a ← k + 1
C10:           else
C11:               b ← k − 1
C12:           end-if
C13:       end-while
C14:       return "无法找到"
C15:   end-procedure
```

我和泰朵拉开始阅读二分查找算法的流程，理纱瞄了一眼卡片就回到了笔记本电脑前，而米尔嘉，她一边用食指比划着圈圈，一边望向窗外。

"好难啊……"泰朵拉说，"果然，不进行逐行调试的话就什么也弄不明白。"

"你知道行 C5 什么意思吗？"米尔嘉没回头，继续望着窗外。

"嗯……知道。$k \leftarrow \lfloor \frac{a+b}{2} \rfloor$ 是将 a 与 b 的平均值赋值给 k。"

"你忽视了向下取整符号'⌊ ⌋'——这个符号读作 floor—— $\frac{a+b}{2}$ 是连结 a 与 b 的线段的中点。如果没有'⌊ ⌋'，$a + b$ 等于奇数时，k 便不等于整数。"米尔嘉指出。

"啊……'⌊ ⌋'是向下取整符号啊。floor……是指地板吗？"

"对。⌊x⌋表示不超过 x 的最大整数。如果 x 为整数，那么 ⌊x⌋ 就等于 x 自身。就像 ⌊3⌋ = 3，⌊2.5⌋ = 2，⌊−2.5⌋ = −3，⌊π⌋ = 3 这样。"

"嗯，那么，就利用测试用例来进行逐行调试吧。"泰朵拉"唰"地将笔记本翻到新的一页。

6.3.2 实例

过了一会儿，泰朵拉从笔记本中抬起头来，"通过对二分查找算法进行逐行调试，我的理解透彻多了。"

◎　　◎　　◎

我的理解透彻多了。比如采用这样的测试用例。

$$A = \{26, 31, 41, 53, 77, 89, 93, 97\}, n = 8, v = 77$$

也就是，在数列 A 中寻找数 77。

C1:	procedure BINARY-SEARCH(A, n, v)	①		
C2:	$a \leftarrow 1$	②		
C3:	$b \leftarrow n$	③		
C4:	while $a \leqslant b$ do	④	⑪	⑱
C5:	$k \leftarrow \left\lfloor \frac{a+b}{2} \right\rfloor$	⑤	⑫	⑲
C6:	if $A[k] = v$ then	⑥	⑬	⑳
C7:	return "能找到"			㉑
C8:	else-if $A[k] < v$ then	⑦	⑭	
C9:	$a \leftarrow k + 1$	⑧		
C10:	else			
C11:	$b \leftarrow k - 1$		⑮	
C12:	end-if	⑨	⑯	
C13:	end-while	⑩	⑰	
C14:	return "无法找到"			
C15:	end-procedure			㉒

逐行调试二分查找算法

（输入为 $A = \{26, 31, 41, 53, 77, 89, 93, 97\}, n = 8, v = 77$）

在第 ⑤ 步，$a = 1, b = 8$，$k = \left\lfloor \frac{1+8}{2} \right\rfloor = \lfloor 4.5 \rfloor = 4$。接着在第 ⑥、⑦ 步，比较 $A[k] = A[4] = 53$ 与 $v = 77$。

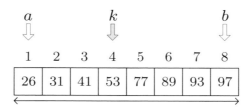

从第 ⑦ 步开始就变得有趣了哦。因为 $53 < 77$，所以 $A[k] < v$ 成立。满足第 ⑦ 步的条件，因此第 ⑧ 步运行 $a \leftarrow k + 1$ 这一赋值语句。这一语句的目的是增大 a，从而缩小必须比较的范围哦！

$A[k] < v$ 表示，如果存在 v，那么它一定在 $A[k]$ 的右边。也就是说，

不再需要再比较 $A[k]$ 左边的数。

接着在第 ⑫ 步，$a=5, b=8$，$k=\left\lfloor\frac{5+8}{2}\right\rfloor=\lfloor 6.5\rfloor=6$。然后在第 ⑬ 步与第 ⑭ 步，比较 $A[k]=A[6]=89$ 与 $v=77$。

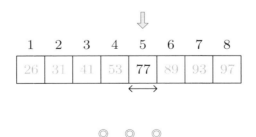

因为 $77<89$，所以 $v<A[k]$ 成立。不满足第 ⑬ 步与第 ⑭ 步的条件，我们来到第 ⑮ 步运行赋值语句 $b\leftarrow k-1$。这也是为了缩小必须比较的范围，不过和刚才相反，我们这次要减小 b。

最后在第 ⑲ 步，$a=5, b=5$，$k=\left\lfloor\frac{5+5}{2}\right\rfloor=\lfloor 5\rfloor=5$。接下来在第 ⑳ 步比较 $A[k]=A[5]=77$ 与 $v=77$，这样我们就发现了目标数 v。可喜可贺，可喜可贺。

1	2	3	4	5	6	7	8
26	31	41	53	77	89	93	97

◎　◎　◎

"可喜可贺，可喜可贺。"泰朵拉说。

"感觉好麻烦啊。"我说，"运行速度真的变快了吗？"

"就像泰朵拉刚刚说明的那样，a 与 b 之间的查找范围是算法的关键。"米尔嘉说,"通过观察 $A[k]$ 与 v 的比较次数,我们立刻就能得出运行速度变快的结论。每进行 1 次比较,查找的范围就缩小了 $\frac{1}{2}$。也就是说,如果增加 1 次比较次数,我们就能检索大小为原数列 2 倍的数列。反过来说,当数列的大小为 n 时,比较次数被 $\log_2 n$ 限制住。二分查找算法是非常优秀的算法。"

"原来如此。但是……运行步数真的是 $O(\log n)$ 吗?"

6.3.3 分析

> **问题 6-1(二分查找算法的运行步数)**
>
> 二分查找算法 BINARY-SEARCH 的运行步数真的是 $O(\log n)$ 吗?

"没有数学公式就很难让你信服呢。"米尔嘉笑眯眯地看着我,"那么,让我们来分析二分查找算法吧。"

"已经完成了。"理纱说着把屏幕转向我们。

	运行次数	二分查找算法
C1:	1	**procedure** BINARY-SEARCH(A, n, v)
C2:	1	$a \leftarrow 1$
C3:	1	$b \leftarrow n$
C4:	$M + 1$	**while** $a \leqslant b$ **do**
C5:	$M + S$	$k \leftarrow \left\lfloor \frac{a+b}{2} \right\rfloor$
C6:	$M + S$	**if** $A[k] = v$ **then**
C7:	S	**return** "能找到"
C8:	M	**else-if** $A[k] < v$ **then**
C9:	X	$a \leftarrow k + 1$
C10:	0	**else**
C11:	Y	$b \leftarrow k - 1$
C12:	M	**end-if**
C13:	M	**end-while**
C14:	$1 - S$	**return** "无法找到"
C15:	1	**end-procedure**

二分查找算法 BINARY-SEARCH 的分析

二分查找算法的运行步数

$$= C1 + C2 + C3 + C4 + C5 + C6 + C7 + C8 + C9 + C10$$
$$\quad + C11 + C12 + C13 + C14 + C15$$
$$= 1 + 1 + 1 + (M + 1) + (M + S) + (M + S) + S + M + X + 0$$
$$\quad + Y + M + M + (1 - S) + 1$$
$$= 6M + X + Y + 2S + 6$$

"干得不错，理纱。"米尔嘉夸奖道，"不过，因为 $X + Y = M$ 成立，我们还能再归纳一步。"

二分查找算法的运行步数 $= 7M + 2S + 6$

"像这样，二分查找算法的运行步数为 $7M + 2S + 6$。S 是'能找到时为 1'的指示器，它的值是 0 或 1。支配运行步数大小的是 M 的值，它与行 C8 的比较次数相等。因此，我们只要证明行 C8 的最大比较次数 M 为 $O(\log n)$ 即可。"

"证明 M 为 $O(\log n)$ 吗……"我说，"米尔嘉，等一下。因为 M 根据输入数列大小 n 的值改变，所以写成像 $M(n)$ 这样的函数形式会更好吧？"

"的确。"米尔嘉点点头，"假设行 C8 的最大比较次数为 $M(n)$，我们想证明的式子如下。"

$$M(n) = O(\log n)$$

"我知道学长学姐想证明 $M(n) = O(\log n)$……可 $M(n)$ 是一个怎样的函数呢？"泰朵拉问。

"这里就该泰朵拉出场了。"米尔嘉微笑着说。

"诶？啊……我知道了。用具体的例子来思考对吧？那么，现在让我思考 $M(1), M(2), M(3), \cdots$ 的具体的值！"

"泰朵拉，稍等一下。"我打断干劲满满的泰朵拉，"如果想进行合适的逐行调试，就必须采用利于思考行 C8 的最大比较次数的测试用例。要是毫无计划地选取测试用例，很有可能凑巧以很少的比较次数找到目标数。"

"啊，那没关系。"泰朵回答，"只要找数列中没有的数就好了，这样一来，比较次数就是最大比较次数了吧？"

"不不，不行不行。你看行 C5。行 C5 通过 $k \leftarrow \left\lfloor \frac{a+b}{2} \right\rfloor$ 缩小了接下来比较的范围，因此要达到使比较次数最大的目的，必须查找比数列中任何数都大的数。这样一来，流程会不断查找数列剩下的右半部分，这样的比较次数一定是最大比较次数。"

"哇……确实啊。学长说得太对了，因为右半边整体比左半边大呀。

那么，我来试着找比数列中任何一个数都大的数。"

"嗯，我也来试试。"

过了一会儿，泰朵拉叫出声来。

"学长！我发现了一个有趣的规律！比如说，在 $n = 16$ 时，如果我们查找比数列中任何一个数都大的 v 的话，二分查找算法就会按这样的顺序对数列中的元素进行比较！"

我和泰朵拉列了一张表，给出当 n 比较小的时候函数 $M(n)$ 的值。我们出乎意料地一下子就找到了规律，并没有花费太多的时间。

n	作为比较对象的元素的位置（■）	$M(n)$（■ 的个数）
1	■	1
2	■■	2
3	□■■	2
4	□■■■	3
5	□□■■■	3
6	□□■□■■	3
7	□□□■□■■	3
8	□□□■□■□■	4
9	□□□□■□■■	4
10	□□□□■□□■■	4
11	□□□□■□■□■■	4
12	□□□□■□■□■■	4
13	□□□□□■□■□■■	4
14	□□□□□■□■□□■■	4
15	□□□□□■□■□■■■	4
16	□□□□□□■□■□□■□■■■	5
⋮	⋮	⋮

输入的数列大小 n 与行 C8 上的最大比较次数 $M(n)$ 的关系

"表中清楚地反映出了规律。"米尔嘉说。

"嗯，确实如此。"我也表示认同，"能发现 n 与 $M(n)$ 之间有这样一种关系。"

$$2^{M(n)-1} \leqslant n$$

"诶？"泰朵拉来回比较表格和式子，"啊……嗯……确实是这样。我要是能一下子想出这样的式子就好了……"

"不等式两边同时取以 2 为底的对数，不等式就会接近目标式子了。"我说。

$$2^{M(n)-1} \leqslant n \qquad\qquad 猜想$$
$$\log_2 2^{M(n)-1} \leqslant \log_2 n \qquad\qquad 取以 2 为底的对数$$
$$M(n) - 1 \leqslant \log_2 n \qquad\qquad 根据对数的定义得出$$
$$M(n) \leqslant 1 + \log_2 n \qquad\qquad 将 1 移到不等式右边$$
$$M(n) \leqslant O(\log_2 n) \qquad\qquad 无视常数项$$
$$M(n) \leqslant O(\log n) \qquad\qquad 无视对数的底$$

"诶，这样就完成证明了吗？"泰朵拉问。

"还需要证明 $2^{M(n)-1} \leqslant n$ 这一猜想，也就是证明 $M(n) \leqslant 1 + \log_2 n$。虽然现在规律已经很清晰了，不过我们还能用数学归纳法证明。"我说。

◎　　◎　　◎

现在我们来证明，$M(n) \leqslant 1 + \log_2 n$ 在 $n = 1, 2, 3, \cdots$ 时成立。

首先，当 $n = 1$ 时命题成立，因为左边 $= M(1) = 1$，右边 $= 1 + \log_2 1 = 1$。

接着，假设 $n = 1, 2, 3, \cdots, j$ 时命题成立，我们来证明 $n = j + 1$ 时命题也成立。

为了便于说明，将 $n = j + 1$ 按奇偶分类讨论吧。

当 $n = j + 1$ 为偶数时：

$$\underbrace{\square\square \cdots \square\blacksquare}_{\frac{j+1}{2}}\underbrace{\square\square \cdots \square\square}_{\frac{j+1}{2}}$$

首先在"■"处进行一次比较，之后在右半部分的 $\frac{j+1}{2}$ 个元素中继续查找，接着得到下面的不等式。

$$
\begin{aligned}
M(j+1) &\leqslant 1 + M(\frac{j+1}{2}) \qquad && \text{比较 1 次 + 查找右半部分}\\
&\leqslant 1 + (1 + \log_2 \frac{j+1}{2}) \qquad && \text{根据数学归纳法的假设得出}\\
&= 2 + \log_2(j+1) - \log_2 2 \qquad && \text{根据对数的性质得出}\\
&= 1 + \log_2(j+1)
\end{aligned}
$$

因此，不等式

$$M(j+1) \leqslant 1 + \log_2(j+1)$$

成立。

当 $n = j + 1$ 为奇数时：

$$\underbrace{\square\square \cdots \square\square}_{\frac{j}{2}}\blacksquare\underbrace{\square\square \cdots \square\square}_{\frac{j}{2}}$$

首先在"■"处进行一次比较，之后在右半部分的 $\frac{j}{2}$ 个元素中继续查找，接着得到下面的不等式。

$$M(j+1) \leqslant 1 + M\left(\frac{j}{2}\right) \qquad \text{比较1次＋查找右半部分}$$

$$\leqslant 1 + \left(1 + \log_2 \frac{j}{2}\right) \qquad \text{根据数学归纳法的假设得出}$$

$$= 2 + \log_2 j - \log_2 2 \qquad \text{根据对数的性质得出}$$

$$= 1 + \log_2 j$$

$$\leqslant 1 + \log_2(j+1)$$

因此，不等式

$$M(j+1) \leqslant 1 + \log_2(j+1)$$

成立。因为无论奇偶，不等式

$$M(j+1) \leqslant 1 + \log_2(j+1)$$

都成立，所以根据数学归纳法，可以说对于所有的自然数 n，都有

$$M(n) \leqslant 1 + \log_2 n$$

成立。

　　证明完毕。

解答6-1（二分查找算法的运行步数）

　　二分查找算法 BINARY-SEARCH 的运行步数是 $O(\log n)$。

　　"这就能说明二分查找算法的运行步数至多为 $\log n$ 阶，对吧？"泰朵拉说。

6.3.4 前往排序

"彩虹。"

理纱看着窗外冷不丁地说道。

"诶！真的吗？"泰朵拉跑到窗边。虽说颜色淡得好像马上就要消失，但彩虹确实挂在天空上。

"因为刚刚稀稀落落的太阳雨呀。"米尔嘉说。

"彩虹是'约定的印记'喔。"泰朵拉说。

"约定？"我不明白。

"这是诺亚方舟的典故呀。诺亚带着家人还有许多动物一起乘上方舟，在那之后下起了要冲垮大地似的暴雨。经过四十日四十夜，洪水退去，大家才从方舟上回到陆地。雨过天晴后天上的彩虹，便是神的祝福与约定的印记。"

"哦……"我再一次仔细端详彩虹，这就是约定的印记吗？

定下约定，遵守约定，打破约定…… 人们为什么要定下约定啊？

> "明明说好了明天再见，一起研究数学的啊。"

"啊！大发现大发现！"泰朵拉突然发言，"二分查找算法是阶数被约定为 $O(\log n)$ 的优秀算法，但它的前提是输入的数列是一个有序数列。也就是说，只要将得到的数列排序后再进行查找就能得到快速的查找算法呀！"

"因为排序也需要花费时间，所以这谈不上是快速的查找算法。"米尔嘉说。

"啊……是，是哦。"

"但是，如果要进行多次查找的话，提前进行排序便行之有效。排序算法也是多种多样的，你有关于排序算法的卡片吗？"

泰朵拉像翻开扑克牌似的将卡片逐一翻开。

"有的，比如这个算法就叫作冒泡排序。"

6.4　排序

6.4.1　冒泡排序

"话说回来，所谓排序就是按大小顺序进行排列吧？"泰朵拉问。

"这没问题。来看看泰朵拉的卡片上的输入与输出吧。"

冒泡排序算法（输入与输出）

输入

· 数列 $A = \{A[1], A[2], A[3], \cdots, A[n]\}$

· 数列的大小 n

输出

将输入的数列升序排序后的数列

$$A[1] \leqslant A[2] \leqslant A[3] \leqslant \cdots \leqslant A[n]$$

"在这里用数学公式表示了要求为升序排序。"米尔嘉说。

$$A[1] \leqslant A[2] \leqslant A[3] \leqslant \cdots \leqslant A[n]$$

"为了满足这一要求而改变数列元素的顺序，这就是排序。"

"好的……那么，我来读一读流程。"

冒泡排序算法（流程）

```
B1:    procedure BUBBLE-SORT(A, n)
B2:        m ← n
B3:        while m > 1 do
B4:            k ← 1
B5:            while k < m do
B6:                if A[k] > A[k + 1] then
B7:                    A[k] ↔ A[k + 1]
B8:                end-if
B9:                k ← k + 1
B10:           end-while
B11:           m ← m − 1
B12:       end-while
B13:       return A
B14:   end-procedure
```

"嗯……行 B7 的 $A[k] \leftrightarrow A[k+1]$ 指的是……"泰朵拉反复读着笔记，"啊，我明白了。交换两个变量的值——也就是交换了 $A[k]$ 与 $A[k+1]$ 的值啊。"

在我们的沉默中，时间悄悄地流逝。

我们对冒泡排序进行逐行调试，思考这个算法究竟做了怎样的工作。

"先想象自己变成了计算机先生，然后再去运行代码会更好。"

只有当笨拙地运行时，自己才会有深刻的理解……应该是这样的。

6.4.2 实例

"我好像有点明白了。"泰朵拉说，"这个算法会重复 $n-1$ 次找到大小颠倒的相邻元素组后进行交换这个工作。例如，我们将 $A = \{53, 89,$

41, 31, 26}，$n=5$ 作为测试用例，运行 BUBBLE-SORT 算法，就像这样。"泰朵拉说着打开笔记本，将逐行调试后的结果给我们看。

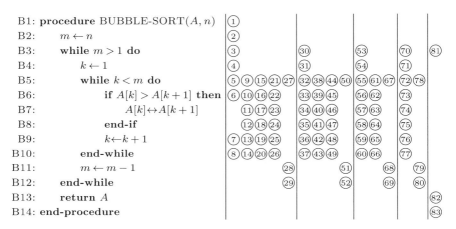

逐行调试冒泡排序

（输入为 $A = \{53, 89, 41, 31, 26\}$，$n = 5$）

"为什么要用 bubble——'泡泡'来命名呢？"

"因为大的数会像泡泡一样从水底浮上来呀。"米尔嘉答道。

	m=5				m=4			m=3		m=2	
	k=1	k=2	k=3	k=4	k=1	k=2	k=3	k=1	k=2	k=1	
A[5]	26	26	26	26	89	89	89	89	89	89	89
A[4]	31	31	31	89	26	26	26	53	53	53	53
A[3]	41	41	89	31	31	31	53	26	26	41	41
A[2]	89 → 89		41	41	41	53	31	31	41	26	31
A[1]	53 → 53		53	53	53	41	41	41	31	31	26

6.4.3 分析

"冒泡排序也能被分析吗?"我说。

"其实,我做到一半就做不下去了……"泰朵拉的声音低落下来,"这里是我'不明白的第一线'。"

	运行次数	冒泡排序算法
B1:	1	**procedure** BUBBLE-SORT(A, n)
B2:	1	$m \leftarrow n$
B3:	n	**while** $m > 1$ **do**
B4:	$n - 1$	$k \leftarrow 1$
B5:		**while** $k < m$ **do**
B6:		**if** $A[k] > A[k+1]$ **then**
B7:		$A[k] \leftrightarrow A[k+1]$
B8:		**end-if**
B9:		$k \leftarrow k + 1$
B10:		**end-while**
B11:	$n - 1$	$m \leftarrow m - 1$
B12:	$n - 1$	**end-while**
B13:	1	**return** A
B14:	1	**end-procedure**

BUBBLE-SORT流程的分析(未完成版)

"诶?用 n 来表示行 B3 的运行次数就可以吗?"我问。

"嗯……我觉得没问题吧。"泰朵拉一边指着卡片一边说明,"<u>在运行行 B3 之前</u>,计算机先生一定正在运行行 B2 或者行 B12。因此,行 B2 与 B12 的运行次数之和就等于行 B3 的运行次数。因为从 B2 到 B3 的情况有 1 次,从 B12 回到 B3 的情况有 $n - 1$ 次,所以一共 n 次对吧?这样就完成了行 B3 的<u>进入次数</u>的调查。"

"哦?"我对泰朵拉的解释充满好奇。

"接着,反过来观察<u>刚刚运行完行 B3 后</u>,计算机先生要运行行 B4

或者行 B13。从 B3 到 B4 的情况有 $n-1$ 次，从 B3 跳到 B13 的情况有 1 次。所以一共有 n 次。这样就完成了行 B3 的<u>离开次数</u>的调查。因为'进入次数应该与离开次数一致'，所以行 B3 的运行次数是 n 次无误。"

"喔……"我十分佩服泰朵拉清晰的说明，"原来如此啊。

'进入次数应该与离开次数一致'

这虽然是一目了然的性质，却十分有趣。"

"基尔霍夫定律 [1]。"理纱嘟囔了一句。

"啊，原来有名字啊。"我向理纱搭话，但没得到任何回复。

"对了，行 B5 不是运行了 $n-1$ 次吗？"我问泰朵拉。

"不对，不对。从行 B5 到行 B10，因为包含 **while** 语句，所以重复的次数相当多哦。"

"啊啊，的确如此。"我说，"不知道我们能不能定量表示这个'相当'。"

问题6-2（分析冒泡排序算法的最大运行步数）

当数列的大小为 n 时，用大 O 表示法表示流程 BUBBLE-SORT 的最大运行步数。

我看着泰朵拉的笔记本说："要是横向观察行 B5 的话，重复的次数会以 5 次 → 4 次 → 3 次 → 2 次这样的规律逐渐减少啊。"

---

[1] 基尔霍夫定律（Kirchhoff laws）是电路中电压和电流所遵循的基本规律，1845 年由德国物理学家古斯塔夫・罗伯特・基尔霍夫（Gustav Robert Kirchhoff，1824—1887）提出，包括基尔霍夫电流定律（KCL）和基尔霍夫电压定律（KVL）。基尔霍夫电流定律的内容是"所有进某结点的电流之和等于所有离开该结点的电流之和"。——译者注

"的确呀…… 这是因为 m 的值会从 n 开始不断减小 1 吧。"

"嗯，因此行 B5 的运行次数应该是 $n + (n-1) + (n-2) + \cdots + 3 + 2$ 这样的和的形式。"

"没错！从 2 到 n 的和……"泰朵拉说。

"是呀，这样原式可以用 $\frac{n(n+1)}{2} - 1$ 表示。"我说。

行 B5 的运行次数

$$= n + (n-1) + (n-2) + \cdots + 3 + 2$$

$$= \frac{n(n+1)}{2} - 1$$

$$= \frac{1}{2}n^2 + \frac{1}{2}n - 1$$

"啊，知道行 B5 的运行次数的话，应该就能求出行 B6 到行 B10 的运行次数。"

"是的呀。以泰朵拉的测试用例为例，虽然第一次没有进行行 B7 的交换，但如果要思考最大运行步数的话，也必须要包含这一次…… 那么，我们就将行 B5 的运行次数设为 B 吧。"

$$B = \frac{1}{2}n^2 + \frac{1}{2}n - 1$$

如此一来，运行步数就很容易表示了。假设从行 B6 到行 B10 的所有运行次数都是 $B - (n-1)$[①] $= B - n + 1$。"

---

① 每当行 B5 的 k 增加到等于 m 时，行 B6 到行 B10 不被运行，这等于从行 B4 进入行 B5 次数 (也就是 $n-1$ 次)。所以，行 B6 到行 B10 的运行次数都等于行 B5 的运行次数减掉 $n-1$ 次。——译者注

	运行次数	冒泡排序算法
B1:	1	**procedure** BUBBLE-SORT(A, n)
B2:	1	$m \leftarrow n$
B3:	n	**while** $m > 1$ **do**
B4:	$n - 1$	$k \leftarrow 1$
B5:	B	**while** $k < m$ **do**
B6:	$B - n + 1$	**if** $A[k] > A[k + 1]$ **then**
B7:	$B - n + 1$	$A[k] \leftrightarrow A[k + 1]$
B8:	$B - n + 1$	**end-if**
B9:	$B - n + 1$	$k \leftarrow k + 1$
B10:	$B - n + 1$	**end-while**
B11:	$n - 1$	$m \leftarrow m - 1$
B12:	$n - 1$	**end-while**
B13:	1	**return** A
B14:	1	**end-procedure**

BUBBLE-SORT 流程的分析 (最大运行步数)

冒泡排序算法的最大运行步数

$$= B1 + B2 + B3 + B4 + B5 + B6 + B7$$
$$\quad + B8 + B9 + B10 + B11 + B12 + B13 + B14$$
$$= 1 + 1 + n + (n - 1) + B + (B - n + 1) + (B - n + 1)$$
$$\quad + (B - n + 1) + (B - n + 1) + (B - n + 1) + (n - 1) + (n - 1) + 1 + 1$$
$$= 6B - n + 6$$
$$= 6 \left(\frac{1}{2}n^2 + \frac{1}{2}n - 1 \right) - n + 6 \qquad (因为 B = \tfrac{1}{2}n^2 + \tfrac{1}{2}n - 1)$$
$$= 3n^2 + 2n$$

"$3n^2 + 2n$ 也就是至多为 $O(n^2)$。"我说。

$$冒泡排序算法的最大运行步数 = O(n^2)$$

"终于求出来了啊……"泰朵拉说。

解答 6-2（分析冒泡排序算法的最大运行步数）

当数列的大小为 n 时，用大 O 表示法表示流程 BUBBLE-SORT 的最大运行步数是 ——

$$O(n^2)$$

6.4.4 大 O 表示法的层级

"话说回来，当使用大 O 表示法时，不能交换等号的两边。"米尔嘉说，"比如说，即使 $4n + 5 = O(n)$ 与 $3n + 7 = O(n)$ 都成立，我们也不能说 $4n + 5 = 3n + 7$。"

"确实是那样。"我也表示赞同。

"也就是说，我们在使用大 O 表示法时用到的等号，与平时遇到的等号意思不同喽？"泰朵拉说。

"是的。因为 $O(f(n))$ 这个记法表示'函数的集合'。"

"函数的集合……吗？"泰朵拉还没明白。

"$O(f(n))$ 表示满足 $|T(n)| \leqslant Cf(n)$ 这一条件的函数 $T(n)$ 的集合。用集合的形式来表示的话，$O(f(n))$ 和下面这个集合等价。"

$$\{g(n) \mid \exists N \in \mathbb{N} \ \exists C > 0 \ \forall n \geqslant N \ [\,|g(n)| \leqslant Cf(n)\,]\}$$

"既然它是集合……那么，$T(n) = O(f(n))$ 就是 $T(n) \in O(f(n))$ 了吗？"我问。

"就是那样。把等号看作 $\in$ 的话，也就不难理解为什么大 O 表示法的等号（$=$）左右不能交换了。"

"原来如此……是这么一回事啊。"泰朵拉说。

"把大 O 表示法看作集合的话，集合的包含关系便能原封不动地反映在大 O 表示法的层级上。"米尔嘉继续说明。

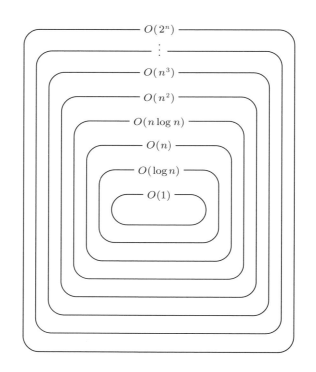

　　"通过大 O 表示法，我们得到了表示算法的'速度'的词语。它有可能与在计算机上实际运行程序的'速度'不同，因为大 O 表示法无视了系数与常数项。但是，通过用大 O 表示法归纳总结算法，我们可以描述当输入的规模非常大时算法的状态，也就是算法的**渐近的状态**。用某一种伪代码写出的算法运行步数为 $4n + 5$，换另一种伪代码来写，可能运行步数就变成了 $3n + 1$。但是算法的阶不会改变，无论哪种写法，它们的阶都是 $O(n)$。通过 $O(n)$ 这种表达方式，我们可以将算法的渐近的状态转述给他人。"

6.5 动态视角、静态视角

6.5.1 需要比较多少次呢

"虽然我也说不太清楚；不过我发现逐行调试算法时我用到的大脑部分，和使用数学公式表示最大运行步数时用到的大脑部分，这两者不太一样。"泰朵拉说。

"啊，是啊。我也有同感。"我说。

"一般来说，比起分析动态的东西，分析静态的东西更为容易。"米尔嘉一语道破。

"动态……指的是？"

"简单来说，就是像逐行调试这样，必须遵循时间或者顺序的东西。与之相对，即便不遵循时间与顺序，也能将全体的构造一览无余的就是静态的东西。"

"将问题落实到数学公式上会让人放心，也是因为这样就可以将全体一览无余吧。"我自言自语。

"我们有时会将研究对象由动态化为静态，之后再进行分析。抛弃时间与顺序，将问题转化为易于处理的构造。这种方法运用得当的话，会让我们事半功倍。"米尔嘉一口气讲完。

"将动态的东西转化为静态……吗？"泰朵拉说。

"对的……那么，我出一个著名的问题吧。"米尔嘉说。

问题 6-3（对比较排序算法最大比较次数的评估）

　　对大小为 n 的数列进行比较排序时，最大比较次数是否至少为 $n \log n$ 阶？换言之，是否可以认为，如果设最大比较次数为 $T_{\max}(n)$，那么，对于任意比较排序算法，都有

$$T_{\max}(n) = \Omega(n \log n)$$

成立？补充条件：数列的元素全部不同。

　　"比较排序是什么？"

　　"比较排序是只通过比较任意两元素的大小从而进行排序的算法。比如冒泡排序就是比较排序的一种。"

　　"原来如此！我明白了。那先让我数一下比较次数！请给我一点时间，用不了多久——"

　　"哎哎哎哎，泰朵拉！"我急忙叫住她。

　　"说了四次'哎'……不是质数。学长你想说什么？"

　　"你想怎么计数啊？"

　　"呃……研究冒泡排序就好了吧？"

　　"不行哦。我们要判断的是任意比较排序的最大比较次数是否为 $\Omega(n \log n)$，单单讨论冒泡排序没有意义呀。"

　　"啊……"

　　"所以说，泰朵拉，这个问题是想让我们证明——无论天才程序员写出怎样出色的算法，都不能使算法的最大比较次数小于 $n \log n$ 阶。"

　　"原、原来如此！无论怎样的天才来写，都不能让阶数降低……"

　　"把问题限定在比较排序的范围内也就是说——"米尔嘉开始解释，"其基本操作就是'比较两个元素，判断哪一个元素更小'。因为算法会

根据判断的结果动态地改变运行路线，所以我们难以调查所有的情况分支。为了能静态地把握住这种算法，我们可以引入比较树。"

6.5.2　比较树

"我们可以引入比较树。"米尔嘉说。

"比较树……是什么东西呀？"

"比方说，我们用比较排序算法来排序三个元素 $A[1]$, $A[2]$, $A[3]$。对应 $A[1]$, $A[2]$, $A[3]$ 的大小关系，我们可以建立如下的比较树。"

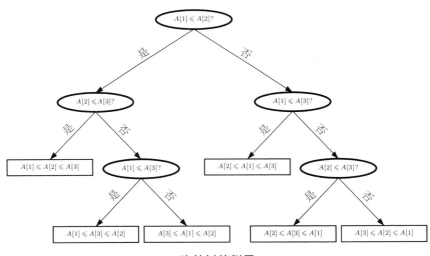

比较树的例子

"比较树中的内部结点（椭圆形）表示第几个元素与第几个元素比较。比较树顶端的内部结点称为**根结点**。从根结点按顺序向下前进，等价于通过比较排序算法进行元素之间的比较。比较树只关注比较哪两个元素并确定元素间的顺序，不关注元素怎样在数列内移动。可以说比较树静态地表示了元素间的比较过程。"

"……"

"比较树下端的外部结点（长方形）即**叶子结点**，表示所有元素的顺序。通过比较树从'根'到'叶子'的流程，可以确定元素的顺序。因为无论给定怎样的数列，比较树都要进行排序，所以，比较树的'叶子'必须包含数列的所有排列，否则会出现无法排序的数列。"

米尔嘉扫视我们后接着说：

"比较树从'根'到'叶子'的内部结点数相当于比较次数。当讨论比较树从'根'到'叶子'的所有路线时，要关注内部结点数最多的路线。这个内部结点数的最大值，也就是算法的最大比较次数，我们将这个值称作比较树的'高度'。比较树的'高度'，是从'根'到'叶子'途经的内部结点数的最大值，它与比较排序算法的最大比较次数相等，例如刚才的比较树的'高度'为 3。这样一来，动态的比较排序算法就可以转化为静态的比较树了。"

"原来如此，我们已经不需要对比较排序算法进行分情况讨论了。"我佩服地说道，"作为替代方案，我们要去调查比较树的构造……"

"如果对比较树有了初步的认识，接下来就简单了。在比较树中，每一个结点都会产生 2 根分权。那么，当比较树的高度为 h 时，它会有多少个外部结点呢？因为至多产生 h 次 2 根分权，所以外部结点的个数至多为 2^h 个。另一方面，大小为 n 的数列共有 $n!$ 个排列。因为比较树的'叶子'必须包含数列的所有排列，所以下面的不等式必然成立。

$$2^h \geqslant n!$$

不等式两边同时取底为 2 的对数。因为底大于 1 的对数函数 $y = \log_2 x$ 是单调递增函数，不等号方向不变，下面的不等式成立。

$$\log_2 2^h \geqslant \log_2 n!$$

这样我们就可以认为不等式

$$h \geqslant \log_2 n!$$

成立。话说回来，因为比较树的高度 h 等于比较排序算法的最大比较次数，所以，如果想证明 $h = \Omega(n \log n)$，只需证明 $\log_2 n! = \Omega(n \log n)$。"

"原来如此 ……"我说。

6.5.3　log $n!$ 的评估

"如果想要评估 $\log_2 n!$，只要评估 $n!$ 就可以了对吧？叫什么来着 …… 啊，用斯特林公式 [①] 就可以了吧，但是 …… 我不记得公式了啊 ……"

"我们的目的是证明

$$\log_2 n! = \Omega(n \log n)$$

而证明的过程不需要斯特林公式。因为非常粗略的评估，都足以证明 $\log_2 n! = \Omega(n \log n)$。"米尔嘉说。

"不好意思 …… '评估'是什么意思啊？"泰朵拉问。

"在这里表示对大小的评估。"我回答。

"为了泰朵拉，我具体说一说吧。"米尔嘉说，"比如我们要评估 $\log 6!$ 的大小，就可以把 $6!$ 写成这样的形式。"

$$6! = 6 \cdot 5 \cdot 4 \cdot 3 \cdot 2 \cdot 1$$

"嗯，确实是这样。"

---

① 斯特林公式（Stirling's approximation）用于评估 $n!$ 的近似值，它的精度非常高，即便 n 很小，其取值也十分准确。斯特林公式的典型形式是 $\ln n! = n \ln n - n + O(\log n)$，或换成以 2 为底的对数形式 $\log_2 n! = n \log_2 n - (\log_2 e)n + O(\log n)$，用于评估比较排序算法的最大比较次数。更精确的形式是 $n! \sim \sqrt{2\pi n} \left(\frac{n}{e}\right)^n$，符号"$\sim$"读作"渐近于"，表示当 n 趋向于无穷时，其两端式子的比值趋向于 1。—— 译者注

"我们想用比这个数更小的数来评估，也就是从下评估 6!。比如，取 6, 5, 4, 3, 2, 1 中央的数 3，用 3 个 3 相乘来评估。"

$$6! = 6 \cdot 5 \cdot 4 \cdot 3 \cdot 2 \cdot 1 \geqslant 6 \cdot 5 \cdot 4 \geqslant 3 \cdot 3 \cdot 3 = 3^3$$

"嗯……这是举例说明对吧？"

"没错。如此一来，下面的不等式成立。"

$$6! \geqslant 3^3$$

"确实呀。"

"接着两边同时取对数，就像这样。"

$$6! \geqslant 3^3$$
$$\log 6! \geqslant \log 3^3 \qquad 两边同时取对数$$
$$\log 6! \geqslant 3 \log 3 \qquad 因为 \log 3^3 = 3 \log 3$$

"为一般化作准备，这里将 3 表示为 $\frac{6}{2}$，得到下面的式子。"

$$\log 6! \geqslant \frac{6}{2} \log \frac{6}{2}$$

"根据以上讨论的结果，将底数设为 2，当 $n \geqslant 4$ 时可以进行一般化。"

$$\log_2 n! \geqslant \frac{n}{2} \log_2 \frac{n}{2}$$

"在这里，当 $n \geqslant 4$ 时，因为 $\log_2 \frac{n}{2} \geqslant \frac{1}{2} \log_2 n$ [①]，所以我们能得到下面的式子。"

---

① 这是因为，$n \geqslant 4 > 0$，$n^2 \geqslant 4n > 0$，$n \geqslant 2\sqrt{n} = 2n^{\frac{1}{2}}$，$\frac{n}{2} \geqslant n^{\frac{1}{2}}$，注意到底大于 1 的对数函数是单调递增函数，两边同时取以 2 为底的对数即得。——译者注

$$\log_2 n! \geqslant \frac{n}{2} \log_2 \frac{n}{2}$$

$$\geqslant \frac{n}{2} \frac{1}{2} \log_2 n \quad \text{因为} \log_2 \frac{n}{2} \geqslant \frac{1}{2} \log_2 n$$

$$= \frac{1}{4} n \log_2 n$$

因此，下面的式子成立。

$$\log_2 n! \geqslant \frac{1}{4} n \log_2 n \qquad (n \geqslant 4)$$

换言之，下面的式子成立。

$$\log_2 n! = \Omega(n \log_2 n)$$

也就是，

$$\log n! = \Omega(n \log n)$$

成立。这就是我们想证明的东西。

好啦，这样工作就完成了。

解答 6-3（对比较排序算法最大比较次数的评估）

通过对比较树 "高度" 的评估，我们得出结论，对大小为 n 的数列进行比较排序时，最大比较次数可以表示为——

$$T_{\max}(n) = \Omega(n \log n)$$

"嗯……" 泰朵拉牢牢地抓着笔记本小声嘀咕，"$n \geqslant 4$ 时，为什么 $\log_2 \frac{n}{2} \geqslant \frac{1}{2} \log_2 n$ 呢？"

"只要求差，观察结果的正负就能明白了哦。" 我说，"这就像定式一样。"

$$\log_2 \frac{n}{2} - \frac{1}{2}\log_2 n = (\log_2 n - \log_2 2) - \frac{1}{2}\log_2 n \qquad \text{根据对数的性质}$$

$$= \frac{1}{2}\log_2 n - \log_2 2 \qquad \text{合并}\log_2 n\text{的项}$$

$$= \frac{1}{2}\log_2 n - 1 \qquad \text{因为}\log_2 2 = 1$$

"因为当 $n \geqslant 4 = 2^2$ 时,注意到 $y = \log_2 x$ 是单调递增函数,所以 $\log_2 n \geqslant 2$,因此下面的式子成立。"

$$\frac{1}{2}\log_2 n - 1 \geqslant \frac{1}{2} \cdot 2 - 1 = 0$$

"所以,$\log_2 \frac{n}{2} - \frac{1}{2}\log_2 n \geqslant 0$,最终得出下面的式子成立。"

$$\log_2 \frac{n}{2} \geqslant \frac{1}{2}\log_2 n$$

"谢谢学长。我得复习下对数的部分了……"泰朵拉说。

"综上所述,我们可以说当进行比较排序时,比较次数至少为 $n\log n$ 阶。"我说。

"嗯。"米尔嘉点了点头,"这个话题有趣的地方在于,我们无须将算法具体化即可进行证明。我们着眼于'比较'这一操作,通过比较树这一静态构造对算法进行评估。"

米尔嘉顿了顿接着说:

"刚才我们已经用比较树证明了**比较排序算法**的最大比较次数至少为 $n\log n$ 阶。同样的,我们也能证明**比较查找算法**—— 也就是只采用比较的方法从数列 [1] 中查找元素的算法 —— 的最大比较次数是 $\Omega(\log n)$。二分查找算法的最大比较次数是 $O(\log n)$,也就是说,二分查找的时间复杂度为 $\Theta(\log n)$,从渐近的角度来说,二分查找算法是最有效的算

---

[1] 应为有序数列。如果输入的数列未排序,比较查找算法的最大比较次数至少为 n 阶。——译者注

法，不存在比二分查找算法更快的比较查找算法。"

"原来如此。"我说。

"刚才米尔嘉用到的比较树，还有在情况数问题中用到的树形图，无论哪个都是'树'啊。我们不经意间嘣地发现了相似的概念，这可真有趣。"泰朵拉说。

"确实是这样呀。"我说，"对于带有一定结构的研究对象来说，或许用树来整理会比较方便。"

6.6　传递和学习

6.6.1　传递

"那个……"泰朵拉一副认真的表情，"为了把工作传达给计算机先生，我们必须把工作转化为程序的形式。无论是对人也好、对计算机也罢，将想法传递给对方真是非常重要啊。"

"是啊。"我说。泰朵拉瞄了我一眼，随之嫣然一笑，接着又摆回严肃的表情。

"我……我从学长那里学到了'数学公式就是信息'。我通过读书和教材，从写下数学公式的人那里得到信息。但总有一天，

我自己也会成为信息的发送者。

我想，这一天会来到吧……"

"泰朵拉，我最近也在思考同样的事情。我不打算只是解答被给予的问题，我希望有一天自己能成为信息的发送者。"

"是啊……"泰朵拉一边思考一边说，"我在思考数学公式的时候，就会想象'遥远的世界'，遥远指的是时间上的遥远。"

"遥远的世界？"

"嗯。即便我离开这个世界 —— 即便在我肉体已经消失的未来，我依然想给那个时代的人们传递些什么，传递到'遥远的世界'，传递到我已不在的未来！"

泰朵拉双手紧握在胸前。

我说不出话。

实在是……泰朵拉可实在是令人佩服。身材虽然小巧，思想却很伟大。但我们怎样才能把信息传递到超越自己生命的未来呢？

"用论文吧。"米尔嘉说。

"论文？"这真是个让我意外的答案啊。

"通过……论文来传递吗？"泰朵拉叹了一口气，"这可真难啊。我必须……"

"泰朵拉，论文的本质并不是难。"

> 正确地记录有传递价值的事情。
>
> 　　这，是论文的本质。
>
> 将自己的新发现累积在前人们的发现之上。
>
> 　　这，是研究的本质。
>
> 在过去之上筑就现在，展望未来。
>
> 　　这，是学问的本质。

米尔嘉干脆地说：

"站在巨人的肩上吧。"

6.6.2　学习

"米尔嘉学姐，你是从哪里学到这些东西的啊？"泰朵拉问。

"当然是通过书和论文，还有老师。"

"老师？学校里可没讲过那种事情啊。"我有些好奇。

"比如我从双仓博士 —— 理纱的母亲那里就学到了很多东西。"

"诶？"

"因为我经常会去参加双仓图书馆举办的研讨会呀。双仓博士每次从美国回来后，都会举办开放式的研讨会。我在那里了解到了许多有趣的问题以及解答，知晓了学习的意义，明白了读书与论文的态度，学到了很多很多……"

"我什么都没学到。"我们一齐看向突然发声的理纱。

电脑屏幕后面的她抬起头，说话时火红的头发在颤动。

"我从那个人那里什么都没学到，那个人没有教会我任何东西。"理纱剧烈地咳嗽着，眼睛死死地盯着米尔嘉。

"我学到了。"米尔嘉的语气毫不留情，"我从未见过你参加研讨会。明明你就住在双仓图书馆附近，研讨会在你眼前频繁地举办，是否利用这个学习的机会是你的自由，但你没理由抱怨学不到知识。"

"不对，我去过。"理纱说完又咳嗽起来。

"可你后来再也没去过。"米尔嘉依然咄咄逼人，"为什么？"

"因为……"

"也不用在意什么研讨会。"米尔嘉穷追不舍，"你有很多和双仓博士交谈的机会吧？她就是你的母亲，你想什么时候请教她都没问题。你提问了吗？还是说博士没有讲解给你听？"

"……"理纱什么都没有说。

"你从父母那里什么都学不到吗？你从未珍惜眼前的机会，抱怨起来倒是悠然自得啊。"

"反正……"理纱强忍着咳嗽，"反正我不善于表达……咳咳……也不能正常地发声……咳咳……我自己总是抓不住机会，现在已经来不及了，我只能一个人去做。"

"认为自己错过机会是你的自由,"米尔嘉说,"认为为时已晚是你的自由,在一旁冷嘲热讽也是你的自由。你开心就好。你对于'学习'的态度可见一斑。归根结底,和解谜相比,你更热衷于守护自己心中的围城罢了。"

米尔嘉的话语是火辣的,声音是冰冷的。

"啊,那个!不、不要吵架了……我们都是'欧拉老师的弟子'对吧!"

泰朵拉来回观察着理纱和米尔嘉的表情,不知所措地来回摆手,做出斐波那契手势[1] —— 数学爱好者之间的手势。但是,对峙着的两人没有看泰朵拉一眼。

"我并不是在吵架。"米尔嘉回答泰朵拉,视线却没从理纱脸上移开。

理纱转过头避过米尔嘉的目光,面对着电脑屏幕戴上耳机,便再没有朝我们这里看一眼。

用语言表达的话,
$O(f(n))$ 读作"至多为 $f(n)$ 阶",
$\Omega(f(n))$ 读作"至少为 $f(n)$ 阶",
$\Theta(f(n))$ 读作"恰好为 $f(n)$ 阶"。
——高德纳[2]

---

[1] 首次出现在《数学女孩》中,是泰朵拉想出来的数学爱好者之间的问候语。若看到对方打出这个手势,自己就要做出"石头剪刀布"中的"布"的手势去回应。这是因为在斐波那契数列中,$1, 1, 2, 3$ 的后面是 5,与做"布"的手势时伸出的手指数相同。——译者注

[2] 出自 *Selected Papers on Analysis of Algorithms* 第 35 页。

因为我的船上没有带罗盘，

所以一但看不见那座岛，

我就再也无法知道该怎样向它驶去了。

——《鲁滨逊漂流记》

7.1 图书室

7.1.1 瑞谷老师

"哪位同学能帮我个忙？"图书室里传来瑞谷女史的声音。

我和泰朵拉都吓了一跳。

我们正待在图书室，现在已经放学了。

图书管理员瑞谷老师身穿套裙，戴着深色的眼镜。我和泰朵拉听到老师的声音，赶紧看了眼时间。平时，老师总会站在图书室的中央，像电脑一样精准地宣布放学时间。难道现在已经那么晚了吗？

"哪位同学能帮我个忙？"

瑞谷女史重复着同样的台词。哪位同学能帮忙？老师对谁说呢？环顾四周，图书室里只有我和泰朵拉。看来老师是在叫我们。

"我来！"泰朵拉举起手。

老师说的帮忙，指的是整理书库的工作。我们跟随瑞谷老师走进书库，这是我第一次走进书库内部。一进门我就仿佛走进森林一样，闻到一股独特味道。书库里排满了天花板高的书架。这么多书，这么多时间的沉淀······我不由得暗自感叹。书的味道让我回想起双仓图书馆，那里的书香混合着大海的气息。

瑞谷老师布置完工作后便回到管理员办公室，我和泰朵拉两人开始将堆在架子上的书摆放到书架上。

7.1.2　TETRALIANE

"学长你知道 tetraliane [①] 吗？"

泰朵拉说着递给我一本《有机化学》。

"是泰朵拉的粉丝吗？"

"喊，不是啦。嗯······tetraliane 指的是碳原子个数为 4000 的饱和碳氢化合物'四千烷'。包含 400 个碳原子的碳氢化合物是四百烷，英文叫作 tetractane。"

"碳原子的个数啊······化学的话题？"我一边把书摆上书架一边说。

"嗯。如果有 40 个碳原子就是四十烷，英文称为 tetracontane。"

"诶？像是在图谋不轨呀。"

"为什么这么说？"

"泰朵拉阴谋。"

"真是的！"

"四千烷是 tetraliane、四百烷是 tetractane、四十烷是 tetracontane······那么 4 个碳原子的时候怎么说？"

---

① 在日语中，tetraliane 与"泰朵拉的粉丝"的发音相近；后文的 tetracontane 与"泰朵拉阴谋"的发音相似。——译者注

"我······不是很想说①。"

"怎么了？甲烷是 methane、乙烷是 ethane、丙烷是 propane、丁烷是 butane······"

"答对了，是 butane，至少叫 tetratane② 也好呀。"

我们一边笑，一边收拾书。

"这是最后一本书了。"泰朵拉说，"嗯······《线性代数》，诶诶诶？原来是线'性'代数啊，我还以为是线'形'代数呢。"

"是'线性'哦，可不要记错成'线形'啦。"

"诶······啊呀！"

一不留神泰朵拉手中的书滑落到地上。

"啊。"

我们同时蹲下身捡书。

"哎呀！"

"好痛！"

两人的额头结结实实地碰了个正着。

"哎呦······撞到额头了呢。"

泰朵拉一边揉着额头，一边拾起《线性代数》，害羞地笑了。

"好痛啊。"我说。

"没事吧？"

泰朵拉踮起脚尖伸出没有抱着书的右手 —— 像是要抚摸我的额头。

和往常一样的甜甜的味道变得更加清晰。

她睁着水灵的大眼睛看着我。

我也看着她。

---

① 4 个碳原子的丁烷 butane 与日语中的"猪"发音近似。—— 译者注
② tetratane 与"泰朵拉碳"的日语发音相近，听上去可爱一些。—— 译者注

"……"

"……"

时间在沉默中流逝。

我像着了魔似的，将双手搭在她的肩上。

"诶？学长？"

泰朵拉将书护在胸前，歪着脑袋。

"……"

我没有回答 ——

想抱住泰朵拉 ——

咚！

泰朵拉一把将我推开。

"不是的！"

泰朵拉说着跑出书库。

只留下我…… 拿着手中的《线性代数》呆在原地。

7.2　尤里

7.2.1　无解

　　"不是的！"尤里对着笔记本叫道，"…… 好了，这样就行了。作业完成喽。哥哥，你有什么有意思的习题吗？"

　　今天是周六，尤里和往常一样来我的房间玩。"今天我是来学习的哦。"来了之后她这样说，然后便一直埋头学习到现在。她把树脂边框的眼镜摘下来叠好，装进胸前的口袋。

我从世界史的参考书中抬起头，叹了一口气。

"我正学习呢……你要试试解联立方程式吗？"

我随手拿了一张张纸写下联立方程式递给尤里。

$$\begin{cases} 2x + 4y = 7 & \cdots\cdots ① \\ x + 2y = 4 & \cdots\cdots ② \end{cases}$$

"解这种方程还不是轻而易举。"尤里说，"首先啊，为了消去 x，我们在方程式②的左右两边都乘以 2，将乘以 2 后的方程式设为③……看，出现 $2x$ 了吧。"

$$2x + 4y = 8 \qquad \cdots\cdots ③（将方程式②的左右两边都乘以 2）$$

"嗯，接着呢？"我催促尤里继续。

"接着只要用③减去①，就能消去 x。"

$$\begin{array}{r} 2x + 4y = 8 \quad \cdots\cdots ③ \\ -)\quad 2x + 4y = 7 \quad \cdots\cdots ① \\ \hline 0 + 0 = 1 （？） \end{array}$$

"接着呢？"我坏笑着说。

"哎呀，怎么 y 也被消去了啊？ $0 + 0 = 1$？这真奇怪……"

"尤里，怎么了？"

"呜呜呜……哥哥你耍赖。这种联立方程式根本解不出来嘛。你看，明明在方程式①中 $2x + 4y$ 等于 7，而在方程式③中，同样的 $2x + 4y$ 却等于 8 了。我就说嘛，怎么可能有那样的 x 和 y 啊。"

"是呀。因此，我们把无法解出联立方程式的这种情况称为——**无解**。"

"无解？"

"没错。无解表示联立方程式的解不存在。"

"哦……"

7.2.2 无穷多解

我又拿出一张纸,写下新的联立方程式。

"将方程式①中的 7 换成 8,这就成了一个新的问题。"我说。

"哦哦。"

$$\begin{cases} 2x + 4y = 8 & \cdots\cdots ⓐ \\ x + 2y = 4 & \cdots\cdots ⓑ \end{cases}$$

"就像尤里刚刚做的那样,将方程式ⓑ的左右两边都乘以 2,这样一来……"

$$2x + 4y = 8 \qquad \cdots\cdots 将方程式ⓑ的左右两边都乘以 2$$

"啊呀? 这次出现了和ⓐ一模一样的方程式呀。"

"嗯,因此,ⓐ与ⓑ的联立方程式实际上只是一个方程式哦。只要是满足 $2x + 4y = 8$ 的 x、y 的组合,都是联立方程式ⓐⓑ的解。像 $(x, y) = (0, 2), (2, 1), (\frac{1}{2}, \frac{7}{4}), \cdots$ 这样,联立方程式ⓐⓑ的解有无穷多个。"

"原来如此……"

"像这样无法确定联立方程式的解的情况,我们称联立方程式有**无穷多解**。"

"无穷多解?"

"对,无穷多解表示满足联立方程式的解存在无数个。"

"嗯,无解与无穷多解……"

尤里突然沉默不语。她慢慢地晃着脑袋,栗色的马尾随之摇摆,头发随着摇摆闪着金色的光泽 —— 尤里陷入思考状态了，这种时候还是不要和她搭话为好。

"……"

"哥哥！你刚刚建立了无解和有无穷多解的联立方程式，可是常见的联立方程式不是只有一组解吗？那在什么情况下才能确定联立方程式的解只有一组喵？"

"嗯……这真是个好问题，尤里。"

"是吗？"

尤里非常喜欢推理，她好像很喜欢打破砂锅问到底的感觉。

"当联立方程式的解只有一组时，我们称这个联立方程式有**唯一解**。"

"唯一解？"

"嗯。不知道你在学校有没有学过'唯一解'这个概念。不过尤里你刚才提出了

'联立方程式有唯一解的条件是什么？'

这样一个问题……"

"我知道了。说到条件的话，联立方程式的 2 和 4……"

"希望你能把它们叫作 x 与 y 的系数呀，尤里。"

$$\underline{2}x + \underline{4}y = 7 \qquad （系数）$$

"如果某个方程式的系数被放大一定倍数后，和其他方程式的系数相同了，那么联立方程式的解不唯一。"

"嗯……尤里，哥哥知道'尤里明白了'，但是别人听不懂你的说明呀。如果无法让不懂的人也能理解，就不能说你真正地明白了。"

"喔，可就算哥哥你这么说……"尤里一个劲儿地用指甲尖敲着虎牙。

"那么我们来一起思考'联立方程式有唯一解的条件'这个问题吧。"

7.2.3　唯一解

"我已经将联立方程式的系数一般化为 a, b, c, d 这样的形式了。你试着用这个来解释一下什么时候联立方程式有唯一解。"

$$\begin{cases} ax + by & = s \\ cx + dy & = t \end{cases}$$

"啊……不要，让我用联立方程式①②或者ⓐⓑ来说明嘛。"

"好吧，这样也行。"

$$(\text{无解}) \quad \cdots\cdots \begin{cases} 2x + 4y & = 7 \quad \cdots\cdots ① \\ x + 2y & = 4 \quad \cdots\cdots ② \end{cases}$$

$$(\text{无穷多解}) \quad \cdots\cdots \begin{cases} 2x + 4y & = 8 \quad \cdots\cdots ⓐ \\ x + 2y & = 4 \quad \cdots\cdots ⓑ \end{cases}$$

"$x + 2y$ 实际上就是 $1x + 2y$，因此 x 的系数是 1 对吧？将①或者ⓐ的系数 2 与 4 折半，它们就会变成②或者ⓑ的系数。这时联立方程式无解或者有无穷多解。"

"嗯……基本上没什么问题。但是呀，既然已经用 $a, b, c, d,$ 这样的字母写出了方程式，你直接解这个方程式不就好了吗？"

"诶？直接解字母方程式？怎么解呢？"

"就像这样。"

现在开始解下面的联立方程式。

$$\begin{cases} ax + by = s & \cdots\cdots ⓐ \\ cx + dy = t & \cdots\cdots ⓑ \end{cases}$$

为了消去 y，计算 ⓐ $\times d - b \times$ ⓑ。

设 ⓐ $\times d$ 为 ⓒ

$$adx + bdy = sd \qquad\qquad \cdots\cdots ⓒ$$

设 $b \times$ ⓑ 为 ⓓ

$$bcx + bdy = bt \qquad\qquad \cdots\cdots ⓓ$$

然后通过计算 ⓒ $-$ ⓓ 就能消去 y。

$$\begin{array}{r} adx + bdy = sd \quad\cdots\cdots ⓐ \times d \\ -)\quad\ bcx + bdy = \quad\ bt \ \cdots\cdots b \times ⓑ \\ \hline (ad - bc)x \quad\quad = sd - bt \end{array}$$

因此，只要 $ad - bc \neq 0$，就可以像下面这样求出 x。

$$(ad - bc)x = sd - bt \qquad \text{根据上面的计算}$$
$$x = \frac{sd - bt}{ad - bc} \qquad \text{两边除以 } ad - bc$$

"那么，接下来……"

"我明白了。刚刚我们已经求得了 x，只要把 x 带入到Ⓐ中就能求出 y 了吧？"尤里说。

"嗯，你这么做也没问题。但是，我们也可以像刚刚消去 y 那样，通过仔细观察方程式消去 x。"

"诶？怎么做呢？"

◎　◎　◎

就像这样。

$$\begin{cases} ax + by &= s \quad \cdots\cdots Ⓐ \\ cx + dy &= t \quad \cdots\cdots Ⓑ \end{cases}$$

这次为了消去 x，计算 $a \times Ⓑ - Ⓐ \times c$。

$$
\begin{array}{r}
acx + \quad ady = at \qquad \cdots\cdots a \times Ⓑ \\
-) \quad acx + \quad bcy = \quad sc \cdots\cdots Ⓐ \times c \\
\hline
(ad - bc)y = at - sc
\end{array}
$$

因此，只要 $ad - bc \neq 0$，我们就可以像下面这样求出 y。

$$(ad - bc)y = at - sc \qquad \text{根据上面的计算}$$
$$y = \frac{at - sc}{ad - bc} \qquad \text{两边除以 } ad - bc$$

根据上面的结果，当条件 $ad - bc \neq 0$ 成立时，联立方程式仅仅有如下一组解。

$$x = \frac{sd - bt}{ad - bc}, \quad y = \frac{at - sc}{ad - bc}$$

因此，联立方程式有唯一解的条件是 ——

$$ad - bc \neq 0$$

◎　　◎　　◎

"嗯，这就可以啦。"我看着尤里说。

"不行哦，"尤里说，"逻辑上有漏洞呀……"

尤里一边玩弄发梢一边思考，而我则在一旁等待。最近尤里真是越来越有韧劲了。前段时间还一遇到难题就喊着"我不明白"半途而废，最近确实能踏实思考了呀。就好像是——没错，就好像是受到了泰朵拉的影响一样。

"那个……哥哥，我的确明白'如果 $ad - bc \neq 0$，则联立方程式有唯一解'，但是啊，我发现我们还没有证明'如果 $ad - bc = 0$，则联立方程式没有唯一解'。如果不考虑 $ad - bc = 0$ 的情况，总让人感觉疏忽了什么。"

"你还真注意到了呀，尤里。那么我们从起初的联立方程式开始，重新思考是否可以肯定'如果 $ad - bc = 0$，则联立方程式没有唯一解'吧。"

话虽如此，但仅仅通过方程的变形来推导，还是很难让尤里理解。这时我想起米尔嘉的话。

"你的弱点是不肯画图。"

"其实，"我说，"当把满足 $ax + by = s$ 的所有 (x, y) 点画在直角坐标系上，你就会发现它是一条直线。"

"直线？"

"嗯。$ax + by = s$ 也好，$cx + dy = t$ 也好，它们都是直线。我们可以利用图形来思考联立方程式的解，利用图形来分析能让我们的解题过程一目了然。先试着画一下 $ax + by = s$ 的直线吧。"

$$ax + by = s \qquad\qquad \text{联立方程式中的一个方程式}$$

$$by = -ax + s \qquad\qquad \text{将} ax \text{移项到右边}$$

$$y = \underbrace{-\frac{a}{b}}_{\text{斜率}}\, x + \underbrace{\frac{s}{b}}_{y\text{轴截距}} \qquad\qquad \text{假定} b \neq 0, \text{等号两边同时除以} b$$

因此，$ax + by = s$ 表示'斜率'为 $-\frac{a}{b}$，'y 轴截距'为 $\frac{s}{b}$ 的直线。y 轴截距指的是直线与 y 轴交点的 y 坐标。你看图就能明白啦。"

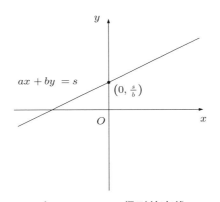

由 $ax + bt = s$ 得到的直线

"嗯……"

"你现在应该明白'平面直角坐标系上的点 (x, y) 的集合是一个图形'是什么意思了吧？在这里，'满足 $ax + by = s$ 这一方程式的点的集合'建立了'直线这个图形'对吧？"

"这我当然知道啦。可刚刚我们不是睁一只眼闭一只眼地假设 $b \neq 0$ 了嘛，人家一直在意的是那个呀。"

"这样啊……尤里还真是喜欢对条件刨根问底呢。那么我们来细致地分情况讨论吧，然后观察在不同情况下 $ax + by = s$ 能作出怎样的图形。"

"嗯!"

◎　　◎　　◎

▶ **在 $a = 0 \wedge b = 0 \wedge s = 0$ 的情况下**

方程式 $ax + by = s$ 为如下形式。

$$0x + 0y = 0$$

任意 (x, y) 都满足这个方程式。也就是说满足 $ax + by = s$ 的图形是整个平面。

▶ **在 $a = 0 \wedge b = 0 \wedge s \neq 0$ 的情况下**

方程式 $ax + by = s$ 为如下形式。

$$0x + 0y = s \qquad (s \neq 0)$$

任何 (x, y) 都不满足这个方程式，对吧? 因为等号左边为 0 而右边非 0。也就是说，没有图形满足 $ax + by = s$。从集合的角度来看，满足 $ax + by = s$ 的点的集合是一个空集。

▶ **在 $a = 0 \wedge b \neq 0$ 的情况下**

方程式 $ax + by = s$ 为如下形式。

$$0x + by = s$$

因为 $b \neq 0$，所以方程式可改写成这样。

$$y = \frac{s}{b}$$

无论 x 取何值，只要 $y = \frac{s}{b}$，$0x + by = s$ 就成立。也就是说，满足方程式 $ax + by = s$ 的图形是平行于 x 轴的直线，也就是水平线。它与 y 轴的交点是 $\left(0, \frac{s}{b}\right)$ 哦。

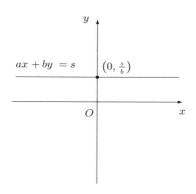

在 $a = 0 \land b \neq 0$ 的情况下 $ax + by = s$ 是水平线

▶ **在 $a \neq 0 \land b = 0$ 的情况下**

方程式 $ax + by = s$ 变为如下形式。

$$ax + 0y = s$$

因为 $a \neq 0$ 所以方程式可改写成这样。

$$x = \frac{s}{a}$$

无论 y 取何值，只要 $x = \frac{s}{a}$，$ax + 0y = s$ 就成立。也就是说，满足方程式 $ax + by = s$ 的图形是平行于 y 轴的直线，也就是铅垂线。与 x 轴的交点是 $\left(\frac{s}{a}, 0\right)$。这和刚刚求出水平线的思路相同。

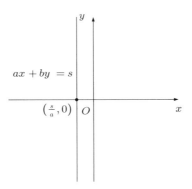

在 $a \neq 0 \wedge b = 0$ 的情况下 $ax + by = s$ 是铅垂线

▶ 在 $a \neq 0 \wedge b \neq 0$ 的情况下

方程式 $ax + by = s$ 变为如下形式。

$$y = -\frac{a}{b}x + \frac{s}{b}$$

也就是说，满足方程式 $ax + by = s$ 的图形是斜率为 $-\frac{a}{b}$，y 轴截距为 $\frac{s}{b}$ 的直线。这条直线既不是水平线也不是铅垂线，而是一条<u>倾斜的直线</u>。

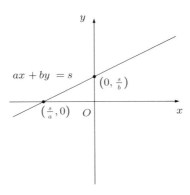

在 $a \neq 0 \wedge b \neq 0$ 的情况下 $ax + by = s$ 是倾斜的直线

◎　　◎　　◎

"真～麻～烦～"尤里说,"但是,不同的情况各自对应不同的图形,这真有趣。"

"我们也要分情况讨论 $cx + dy = t$。不过分情况讨论的步骤和刚才相同,在这里我们将结果整理成表格吧。'不存在的图形'没有名字,这里就写作空集吧。"

	$ax + by = s$	$cx + dy = t$
整个平面	$a = 0 \wedge b = 0 \wedge s = 0$	$c = 0 \wedge d = 0 \wedge t = 0$
空集	$a = 0 \wedge b = 0 \wedge s \neq 0$	$c = 0 \wedge d = 0 \wedge t \neq 0$
水平线	$a = 0 \wedge b \neq 0$	$c = 0 \wedge d \neq 0$
铅垂线	$a \neq 0 \wedge b = 0$	$c \neq 0 \wedge d = 0$
倾斜的直线	$a \neq 0 \wedge b \neq 0$	$c \neq 0 \wedge d \neq 0$

"哦哦!感觉不错哦。"

"这个联立方程式的解就是同时满足两个方程式的 (x, y),联立方程式的解是由各方程式作出的不同图形的交集。我们把图形看作是点的集合。"

"哦哦,原来如此!"

"我们一边看表格,一边将图形两两组合,就像'整个平面和水平线''倾斜的直线和水平线'这样。然后去调查在什么样的情况下'两个图形的交集是一个点',这样我们就能明白在什么情况下'联立方程式'有唯一解。"

"呜呜……真麻烦啊!"

"呃……试着做一下,就会发现也没那么麻烦啦。因为许多情况都能归纳为一种情况。比如说,'整个平面和水平线'的组合,它们的交集就是水平线本身。一般来说，'整个平面和某某东西'的交集就是'某某东西'本身。"

"这样啊……"

"当然也有需要再分情况讨论的时候。比如'水平线和水平线'的组合，它们的交集可能是空集，也可能是水平线。如果两水平线相分离，它们的交集就是空集；如果两水平线重合，它们的交集就是水平线本身。"

"'铅垂线和水平线'的组合的交集是一个点呀！"

"对对，你不是挺清楚的嘛。"

我和尤里一起列出了表示图形两两组合的表格。

	整个平面	空集	水平线	铅垂线	倾斜的直线
整个平面	整个平面	空集	水平线	铅垂线	倾斜的直线
空集	空集	空集	空集	空集	空集
水平线	水平线	空集	空集 / 水平线	一点	一点
铅垂线	铅垂线	空集	一点	空集 / 铅垂线	一点
倾斜的直线	倾斜的直线	空集	一点	一点	?

两个图形的交集

"然后呢、然后呢？接下来干什么呀？"

"接下来，要把 $ad - bc$ 的值整理成表格。比如说，设 $ax + by = s$ 为铅垂线（$a \neq 0 \land b = 0$），$cx + dy = t$ 为水平线（$c = 0 \land d \neq 0$），尤里你知道这时 $ad - bc$ 的值是什么吗？"

"诶？$ad - bc$ 呀……我知道了！因为 $a \neq 0$ 且 $d \neq 0$，所以 ad 也不等于 0，因为 $b = 0$ 且 $c = 0$，所以 bc 等于 0。因此 $ad - bc$ 不等于 0！"

"对对。我们就这样判断 $ad - bc$ 是否为 0。"

"我明白了！"

	整个平面	空集	水平线	铅垂线	倾斜的直线
整个平面	0	0	0	0	0
空集	0	0	0	0	0
水平线	0	0	0	非0	非0
铅垂线	0	0	非0	0	非0
倾斜的直线	0	0	非0	非0	?

$$ad - bc\text{的值}$$

"比较刚做出的两个表我们不难发现，当两个图形的交集为一点时，$ad - bc$ 恰好**不等于** 0。"

"太神奇了，完全吻合！唉，只是有一栏我们还没有填上，'倾斜的直线和倾斜的直线'这一栏还是一个问号呀。"

"嗯，这里是一个问号。当两个图形都为倾斜的直线时，直线 $ax + by = s$ 的斜率为 $-\frac{a}{b}$，直线 $cx + dy = t$ 的斜率为 $-\frac{c}{d}$。你来求两个图形的斜率的差吧。"

"斜率的差啊……要用减法对吧？"

$$
\begin{aligned}
&（直线 ax + by = s\text{的斜率}）-（直线 cx + dy = t\text{的斜率}）\\
&= \left(-\frac{a}{b}\right) - \left(-\frac{c}{d}\right)\\
&= -\frac{a}{b} + \frac{c}{d}\\
&= -\frac{ad}{bd} + \frac{bc}{bd}\\
&= -\frac{ad - bc}{bd}
\end{aligned}
$$

"尤里你看，这里出现了 $ad - bc$，当 $ad - bc = 0$ 时，它有什么意义呢？"

"$ad - bc = 0$ 时，

$$（直线 ax + by = s\text{的斜率}）-（直线 cx + dy = t\text{的斜率}）= 0$$

对吧?"尤里说。

"没错。我们也可以说,

$$(\text{直线 } ax + by = s \text{ 的斜率}) = (\text{直线 } cx + dy = t \text{ 的斜率})$$

也就是说,$ad - bc = 0$ 这个式子表示'两条直线的斜率相等',$ad - bc \neq 0$ 这个式子表示'两条直线的斜率不相等'。然后,仅当'两条直线的斜率不相等'时,倾斜的两条直线的交集才是'一点'。如果两条直线的斜率相等,它们的位置关系只能是平行或者重合。"

"啊,原来如此!"

"嗯。如果两条直线平行,它们的交集就是空集;如果两条直线重合,它们的交集就是倾斜的直线本身。到此为止,我已经解答了你所有的疑问。刚才我们已经调查了所有可能出现的情况,所以得出了'如果 $ad - bc = 0$,则联立方程式没有唯一解;如果 $ad - bc \neq 0$,则联立方程式有唯一解'的结论。"

"哦哦……原来如此啊!"

"这样我们便能证明

$$ad - bc \neq 0 \iff \text{联立方程式有唯一解}$$

是成立的。"

解答 7-1(联立方程式有唯一解的条件)

建立关于 x, y 的联立方程式

$$\begin{cases} ax + by = s \\ cx + dy = t \end{cases}$$

上述方程式有唯一解的条件是

$$ad - bc \neq 0$$

7.2.4　信

尤里从我的桌子上拿了一颗柠檬糖放入口中。

"哥哥，我从泰朵拉那里听说了。"

我心里咯噔一下。

"什、什么事？"难道尤里说的是前几天发生在书库里的事吗？

"泰朵拉告诉我，只要努力思考，用笔工工整整地写下自己最真实的想法就足够了。至于要不要把信交给对方，等写完再去考虑。将心意整理成语言才是真正重要的。"

"尤里……你到底在说什么呀？"

"都说了啦！是写信的事！因为那家伙要转校了……"

那家伙。

他是尤里的朋友，即将转校的男同学。

"哦哦，是这么一回事啊。"

泰朵拉应该是给消沉的尤里提了"写信试试吧"这样的建议。原来如此，还真是像泰朵拉会做的事情啊。泰朵拉也喜欢写信，喜欢文字。

"那个……其实我原以为泰朵拉只是冒冒失失的学姐，可我发现我弄错了，泰朵拉是非常靠得住的大姐姐呀。"尤里说。

"哎，尤里。"

"嗯？"

"要是尤里……和朋友之间有了隔阂，你会怎么做？"

"诶，刚刚不是说了嘛哥哥。不需要用多么复杂、多么帅气的话语，能将心意传达给对方的话语就是最好的。要是不能把心意传达给对方不就没意义了嘛！"

"……说的是啊。"

7.3 泰朵拉

7.3.1 图书室

周一放学后 —— 图书室里。

我走近充满活力的少女,她正拼命地在笔记本上写着什么。

她抬起头。

我迅速地递给她一张纸。

纸上是这样写着的。

> "上次的事,对不起。"

她飞快地看了我一眼,在纸上写下一句话,然后把纸还给我。

> "没关系,你不要太在意。"

我看着她。

她看着我…… 然后,莞尔一笑。

那张笑脸,让我心头的雾霾烟消云散。

泰朵拉的笑容为什么有这样强的力量啊。

7.3.2 行与列

"在练习旋转变换吗?"我看着泰朵拉的笔记本问。

"旋转变换?不是,我还没弄明白矩阵…… 正在做课堂复习呢。"

泰朵拉有着非常棒的直觉。她在学习数学时,不把全部的知识装进心里决不罢休。她把这种感觉称为"明白了的感觉"。只要没牢牢抓住"明白了的感觉",她就不会感到安心;只有抓住"明白了的感觉",她才会继续前进。

"话说回来矩阵到底是什么东西呀?还有矩阵的计算我也不太明白,

题倒是会做，但是经常会犯错……"

"原来是这样啊。那么，我们来聊聊？"我指着自己。

"嗯，拜托啦！关于矩阵，我能借着这个机会从最基础的部分问起吗？"泰朵拉说。

"当然可以啦。"

"其实……我怎么也分不清矩阵的'行'与'列'！"

"啊，原来如此。矩阵的横方向是行，纵方向是列。"

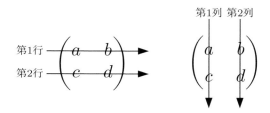

"嗯……这样是没错。可是……"

"也有参考书写着这样的记忆方法。"

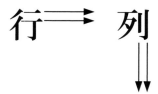

"啊，汉字的形状啊，这样记起来就方便多了……仔细想一想，只要画十字就能记住了呀。横着'咻'地一下就是'行'，竖着'咻'地一下就是'列'。"

泰朵拉一边口中念着行、列，一边在半空中画着十字。确实如此……

7.3.3 矩阵与向量的积

"你知道矩阵与向量的积吧？"我说着写下式子。

$$\begin{pmatrix} a & b \\ c & d \end{pmatrix} \begin{pmatrix} x \\ y \end{pmatrix} = \begin{pmatrix} ax + by \\ cx + dy \end{pmatrix}$$

"嗯，差不多。但……我经常弄错。"

"在这里出现了 $ax + by$ 和 $cx + dy$ 这样的式子。"

"嗯。"

"先将 a 与 x 相乘，再将 b 与 y 相乘，接着将 ax 与 by 相加。希望你能记住像'相乘、相乘、再相加'——这种'乘积和'的形式。"

$$\underbrace{\overbrace{ax}^{相乘} + \overbrace{by}^{相乘}}_{相加}$$

"'相乘、相乘、再相加'啊……"

"我们会得到两个乘积和哦。先看第一个。"

$$\begin{pmatrix} a & \cdot \\ \cdot & \cdot \end{pmatrix} \begin{pmatrix} x \\ \cdot \end{pmatrix} = \begin{pmatrix} ax \cdots\cdots \\ \cdot \end{pmatrix} \qquad 相乘\cdots\cdots$$

$$\begin{pmatrix} \cdot & b \\ \cdot & \cdot \end{pmatrix} \begin{pmatrix} \cdot \\ y \end{pmatrix} = \begin{pmatrix} \cdots\cdots by \\ \cdot \end{pmatrix} \qquad 相乘\cdots\cdots$$

$$\begin{pmatrix} a & b \\ \cdot & \cdot \end{pmatrix} \begin{pmatrix} x \\ y \end{pmatrix} = \begin{pmatrix} ax + by \\ \cdot \end{pmatrix} \qquad 再相加$$

"确实是这样啊。那么，我来写另一个。"

$$\begin{pmatrix} \cdot & \cdot \\ c & \cdot \end{pmatrix} \begin{pmatrix} x \\ \cdot \end{pmatrix} = \begin{pmatrix} \cdot \\ cx \cdots\cdots \end{pmatrix} \qquad 相乘\cdots\cdots$$

$$\begin{pmatrix} \cdot & \cdot \\ \cdot & d \end{pmatrix} \begin{pmatrix} \cdot \\ y \end{pmatrix} = \begin{pmatrix} \cdot \\ \cdots\cdots dy \end{pmatrix} \qquad 相乘\cdots\cdots$$

$$\begin{pmatrix} \cdot & \cdot \\ c & d \end{pmatrix} \begin{pmatrix} x \\ y \end{pmatrix} = \begin{pmatrix} \cdot \\ cx + dy \end{pmatrix} \qquad 再相加$$

"嗯，很好。将它们整理一下，就完成了。"

$$\begin{pmatrix} a & b \\ c & d \end{pmatrix} \begin{pmatrix} x \\ y \end{pmatrix} = \begin{pmatrix} ax + by \\ cx + dy \end{pmatrix}$$

"稍、稍等一下，我能先练习一会儿吗？"

泰朵拉在笔记本上反复地练习着。

"嗯，这下我明白多了。计算的时候会有这样一种变化……"

$$\begin{pmatrix} \Rightarrow & \Rightarrow \\ \cdot & \cdot \end{pmatrix} \begin{pmatrix} \Downarrow \\ \Downarrow \end{pmatrix} = \begin{pmatrix} ax + by \\ \cdot \end{pmatrix}$$

$$\begin{pmatrix} \cdot & \cdot \\ \Rightarrow & \Rightarrow \end{pmatrix} \begin{pmatrix} \Downarrow \\ \Downarrow \end{pmatrix} = \begin{pmatrix} \cdot \\ cx + dy \end{pmatrix}$$

仅看参考书的话，我很难理解如何计算，可是自己动手实践后，就能切身体会到该用哪一项去乘哪一项，该用哪一项去加哪一项。"

"没错，试着动手计算就能发现数学公式中的模式。"我也表示赞同。

"嗯……"泰朵拉小声说，"在学习新的计算方法时，自己动手计算是非常重要的啊。"

"泰朵拉，这可不是新的计算方法哦，在初中也出现过的。"

"诶！初中不会接触矩阵吧？"

"虽说在初中不会出现矩阵这个名字，但会出现这种形式的计算方法。"

"是、是这样的吗？"

"是哦，它被称作**联立方程式**。"

"什么？"

7.3.4 联立方程式与矩阵

"比如说，有这样的联立方程式。"我说。

$$\begin{cases} 3x + y = 7 \\ x + 2y = 4 \end{cases}$$

"嗯……我初中的时候经常做，要解它吗？"

"不，仔细观察这个联立方程式。比如

$$3x + y = 7$$

你发现这里隐藏的模式了吗？"

"呃……"

"嗯，这样写可能更容易明白吧。"

$$\underbrace{\overbrace{3 \cdot x}^{相乘} + \overbrace{1 \cdot y}^{相乘}}_{相加} = 7$$

"啊！相乘、相乘、再相加。这是……'乘积和'对吧？"

"对。因此可以用矩阵来表示联立方程式。"

$$\begin{cases} 3x + y = 7 \\ x + 2y = 4 \end{cases} \quad \longleftarrow \dashrightarrow \quad \begin{pmatrix} 3 & 1 \\ 1 & 2 \end{pmatrix} \begin{pmatrix} x \\ y \end{pmatrix} = \begin{pmatrix} 7 \\ 4 \end{pmatrix}$$

"原来如此！可以用矩阵来表示联立方程式啊。"

"如果写成一般形式的话，联立方程式与矩阵的关系就像下面这样。"

$$\begin{cases} ax + by & = s \\ cx + dy & = t \end{cases} \quad \longleftrightarrow \quad \begin{pmatrix} a & b \\ c & d \end{pmatrix} \begin{pmatrix} x \\ y \end{pmatrix} = \begin{pmatrix} s \\ t \end{pmatrix}$$

"嗯，我明白了。可以用矩阵和向量的积来表示联立方程式！"

7.3.5　矩阵的积

我继续讲解。

"我们把像 $\begin{pmatrix} a & b \\ c & d \end{pmatrix}$ 这样有 2 行 2 列的矩阵称为 2×2 矩阵，也称 2 阶方阵。然后我们将像 $\begin{pmatrix} x \\ y \end{pmatrix}$ 这样有 2 行 1 列的矩阵称为 2×1 矩阵，也称为列向量。虽然它和表示组合数的 $\binom{n}{k}$ 写法相同，但它们是完全不同的东西。一般我们可以通过上下文来区分。"

$$\begin{pmatrix} a & b \\ c & d \end{pmatrix} \quad 2 \times 2 矩阵（2 阶方阵）$$

$$\begin{pmatrix} a \\ b \end{pmatrix} \quad 2 \times 1 矩阵（列向量）$$

$$\begin{pmatrix} a & b \end{pmatrix} \quad 1 \times 2 矩阵（行向量）$$

"嗯。"

"如果熟悉了'相乘、相乘、再相加'这样的模式，不仅能理解矩阵与向量的乘积，还能理解矩阵之间的乘积。"

$$\begin{pmatrix} a & b \\ c & d \end{pmatrix} \begin{pmatrix} x & s \\ y & t \end{pmatrix} = \begin{pmatrix} ax + by & as + bt \\ cx + dy & cs + dt \end{pmatrix}$$

"嗯⋯⋯哦哦，就像下面这样吧？"

$$\begin{cases} \begin{pmatrix} a & b \\ c & d \end{pmatrix} \begin{pmatrix} x \\ y \end{pmatrix} = \begin{pmatrix} ax + by \\ cx + dy \end{pmatrix} \\ \begin{pmatrix} a & b \\ c & d \end{pmatrix} \begin{pmatrix} s \\ t \end{pmatrix} = \begin{pmatrix} as + bt \\ cs + dt \end{pmatrix} \end{cases} \quad \leftarrow\text{-----}\rightarrow \quad \begin{pmatrix} a & b \\ c & d \end{pmatrix} \begin{pmatrix} x & s \\ y & t \end{pmatrix} = \begin{pmatrix} ax + by & as + bt \\ cx + dy & cs + dt \end{pmatrix}$$

"对对。你渐渐熟练了吧？"

"嗯······ 是啊。虽然字母多得眼花缭乱，但只要像这样一步一步锲而不舍地计算，就没问题了对吧？"

"对，计算的过程中还要注意公式的模式。"

"嗯······ 许多地方都会出现'相乘、相乘、再相加'这种模式呢。"

泰朵拉一个劲儿地点头，来回看着笔记本。

"'相乘、相乘、再相加'这个模式叫向量的**内积**哦。"

"内积······"泰朵拉麻利地记下笔记。

比方说，$(a_1 \ a_2)$ 与 $\begin{pmatrix} b_1 \\ b_2 \end{pmatrix}$ 这两个向量的内积，就是

$$a_1 b_1 + a_2 b_2$$

所表示的数。看，这就是"相乘、相乘、再相加"的模式对吧？在矩阵乘法中，经常出现"内积"运算。

"内积······'相乘、相乘、再相加'，原来这个模式有名字的啊。"

7.3.6 逆矩阵

"我们来想一想如何用矩阵表示'解联立方程式'吧。"

"嗯······ 好的。"泰朵拉有些困惑地点点头。

"刚才我们用矩阵和向量的积来表示联立方程式了，对吧？"

$$\begin{pmatrix} a & b \\ c & d \end{pmatrix} \begin{pmatrix} x \\ y \end{pmatrix} = \begin{pmatrix} s \\ t \end{pmatrix}$$

"嗯，是的。"

"只要能从这个式子导出下面这样的式子，我们就能解出联立方程式了。"

$$\begin{pmatrix} x \\ y \end{pmatrix} = \begin{pmatrix} \cdots\cdots \\ \cdots\cdots \end{pmatrix}$$

"嗯嗯，的确如此，因为我们要求解的是未知数 x 和 y。"

"我们先用普通方法求解联立方程式吧。"我说。然后就像之前做给尤里看过的那样，我着手计算 x 与 y。

◎　◎　◎

现在求解下面的联立方程式。

$$\begin{cases} ax + by &= s \quad\cdots\cdots \text{Ⓐ} \\ cx + dy &= t \quad\cdots\cdots \text{Ⓑ} \end{cases}$$

首先，为了求出 x，我们要计算 Ⓐ $\times\, d - b \times$ Ⓑ，对吧？让我们通过这个计算观察 Ⓐ 与 Ⓑ 的左边会怎样吧。

$$\begin{aligned}
\text{Ⓐ的左边} \times d - b \times \text{Ⓑ的左边} &= d \times \text{Ⓐ的左边} + (-b) \times \text{Ⓑ的左边} \\
&= d(ax + by) + (-b)(cx + dy) \\
&= dax + dby + (-b)cx + (-b)dy \\
&= (da + (-b)c)x + (db + (-b)d)y \\
&= (da + (-b)c)x + \underbrace{(db - bd)y}_{\text{值为0}} \\
&= \underaccent{\sim}{(da + (-b)c)x}
\end{aligned}$$

你看你看！这里出现了"相乘、相乘、再相加"的模式了对吧？

$$\underbrace{\overbrace{da}^{相乘} + \overbrace{(-b)c}^{相乘}}_{相加}$$

这是 $(d \ -b)$ 与 $\binom{a}{c}$ 的内积。

同样地，为了求出 y 需要计算 $a \times ⑧ - ⓐ \times c$，我们来观察ⓐ⑧的左边。

$$\begin{aligned}
a \times ⑧ \text{的左边} - ⓐ \text{的左边} \times c &= (-c) \times ⓐ \text{的左边} + a \times ⑧ \text{的左边} \\
&= (-c)(ax + by) + a(cx + dy) \\
&= (-c)ax + (-c)by + acx + ady \\
&= \big((-c)a + ac\big)x + \big((-c)b + ad\big)y \\
&= \underbrace{(-ca + ac)}_{值为0}x + \big((-c)b + ad\big)y \\
&= \big((-c)b + ad\big)y
\end{aligned}$$

这里也出现了"相乘、相乘、再相加"这种模式。

$$\underbrace{\overbrace{(-c)b}^{相乘} + \overbrace{ad}^{相乘}}_{相加}$$

这是 $(-c \ a)$ 与 $\binom{b}{d}$ 的内积。

你能从两组内积中看出矩阵 $\left(\begin{smallmatrix} d & -b \\ -c & a \end{smallmatrix}\right)$ 吗，泰朵拉?

$$\begin{cases} (d \ -b) \text{ 与 } \binom{a}{c} \text{ 的内积} \\ (-c \ a) \text{ 与 } \binom{b}{d} \text{ 的内积} \end{cases} \longleftrightarrow \begin{pmatrix} d & -b \\ -c & a \end{pmatrix} \begin{pmatrix} a & b \\ c & d \end{pmatrix}$$

我们试着计算一下矩阵的积 $\left(\begin{smallmatrix} d & -b \\ -c & a \end{smallmatrix}\right) \left(\begin{smallmatrix} a & b \\ c & d \end{smallmatrix}\right)$。

$$\begin{pmatrix} d & -b \\ -c & a \end{pmatrix}\begin{pmatrix} a & b \\ c & d \end{pmatrix} = \begin{pmatrix} da-bc & db-bd \\ -ca+ac & -cb+ad \end{pmatrix}$$

$$= \begin{pmatrix} ad-bc & 0 \\ 0 & ad-bc \end{pmatrix}$$

$$= (ad-bc)\begin{pmatrix} 1 & 0 \\ 0 & 1 \end{pmatrix} \text{①}$$

因此，当 $ad-bc \neq 0$ 时，下面的式子成立。

$$\frac{1}{ad-bc}\begin{pmatrix} d & -b \\ -c & a \end{pmatrix}\begin{pmatrix} a & b \\ c & d \end{pmatrix} = \begin{pmatrix} 1 & 0 \\ 0 & 1 \end{pmatrix}$$

刚才做出的 $\frac{1}{ad-bc}\begin{pmatrix} d & -b \\ -c & a \end{pmatrix}$ 这个矩阵，称为矩阵 $\begin{pmatrix} a & b \\ c & d \end{pmatrix}$ 的**逆矩阵**。

"稍、稍等一下，学长······我跟不上了。"泰朵拉喊了暂停，"我们本来是想解联立方程式的对吧？怎么出现了奇怪的计算······逆矩阵和联立方程式之间又有着怎样的关系呢？"

"嗯，逆矩阵是解联立方程式的钥匙。联立方程式是下面这样的，对吧？

$$\begin{pmatrix} a & b \\ c & d \end{pmatrix}\begin{pmatrix} x \\ y \end{pmatrix} = \begin{pmatrix} s \\ t \end{pmatrix}$$

我们在等式两边从左侧②乘上逆矩阵试试。"

---

① 一个数乘以一个矩阵，结果是一个矩阵，等于这个数乘在矩阵的每一个元素上。

　　——译者注

② 注意，矩阵乘法不满足交换律，一般来说，左乘和右乘是不一样的。并且，一个 $m \times n$ 矩阵和一个 $p \times q$ 矩阵相乘，要求 $n=p$ 才可以进行。列向量可以看作 $m \times 1$ 矩阵，行向量可以看作 $1 \times n$ 矩阵。——译者注

$$\begin{pmatrix} a & b \\ c & d \end{pmatrix} \begin{pmatrix} x \\ y \end{pmatrix} = \begin{pmatrix} s \\ t \end{pmatrix}$$

$$\underbrace{\frac{1}{ad-bc} \begin{pmatrix} d & -b \\ -c & a \end{pmatrix} \begin{pmatrix} a & b \\ c & d \end{pmatrix}} \begin{pmatrix} x \\ y \end{pmatrix} = \underbrace{\frac{1}{ad-bc} \begin{pmatrix} d & -b \\ -c & a \end{pmatrix}} \begin{pmatrix} s \\ t \end{pmatrix}$$

$$\frac{1}{ad-bc} \begin{pmatrix} ad-bc & 0 \\ 0 & ad-bc \end{pmatrix} \begin{pmatrix} x \\ y \end{pmatrix} = \frac{1}{ad-bc} \begin{pmatrix} d & -b \\ -c & a \end{pmatrix} \begin{pmatrix} s \\ t \end{pmatrix}$$

$$\begin{pmatrix} 1 & 0 \\ 0 & 1 \end{pmatrix} \begin{pmatrix} x \\ y \end{pmatrix} = \frac{1}{ad-bc} \begin{pmatrix} d & -b \\ -c & a \end{pmatrix} \begin{pmatrix} s \\ t \end{pmatrix}$$

$$\begin{pmatrix} 1 & 0 \\ 0 & 1 \end{pmatrix} \begin{pmatrix} x \\ y \end{pmatrix} = \frac{1}{ad-bc} \begin{pmatrix} sd-bt \\ at-sc \end{pmatrix}$$

$$\begin{pmatrix} x \\ y \end{pmatrix} = \frac{1}{ad-bc} \begin{pmatrix} sd-bt \\ at-sc \end{pmatrix}$$

"诶？等式变成了 $\begin{pmatrix} x \\ y \end{pmatrix} = \cdots$ 的形式 —— 我们解出联立方程式了！"

"嗯。这就是用'乘逆矩阵'这种操作解出联立方程式。"

"可是，这个答案好复杂呀……"泰朵拉面露难色。

"即便遇到看起来复杂的式子，也不要气馁呀。"我说，"比如…… 我们来寻找式子中'共通的模式'吧。"

"共通的模式…… 指的是？"泰朵拉问。

"就是 $ad-bc$、$sd-bt$、$at-sc$ 这种模式哦。我们将 $ad-bc$ 称为矩阵 $\begin{pmatrix} a & b \\ c & d \end{pmatrix}$ 的**行列式**，写作 $\begin{vmatrix} a & b \\ c & d \end{vmatrix}$。"

$$\begin{vmatrix} a & b \\ c & d \end{vmatrix} = ad-bc$$

$$\begin{vmatrix} s & b \\ t & d \end{vmatrix} = sd-bt$$

$$\begin{vmatrix} a & s \\ c & t \end{vmatrix} = at-sc$$

"行列式……"

"通过行列式，我们可以更简单地写出联立方程式的解。"

$$\begin{pmatrix} x \\ y \end{pmatrix} = \frac{1}{ad-bc} \begin{pmatrix} sd-bt \\ at-sc \end{pmatrix} \Leftrightarrow \begin{pmatrix} x \\ y \end{pmatrix} = \frac{1}{\begin{vmatrix} a & b \\ c & d \end{vmatrix}} \left(\frac{\begin{vmatrix} s & b \\ t & d \end{vmatrix}}{\begin{vmatrix} a & s \\ c & t \end{vmatrix}} \right)$$

"这、这很简单吗？"

"我们用 s 与 t 替换了行列式 $\begin{vmatrix} a & b \\ c & d \end{vmatrix}$ 的一部分哦。"

$$\begin{pmatrix} x \\ y \end{pmatrix} = \frac{1}{\begin{vmatrix} a & b \\ c & d \end{vmatrix}} \left(\frac{\begin{vmatrix} \textcircled{s} & b \\ \textcircled{t} & d \end{vmatrix}}{\begin{vmatrix} a & \textcircled{s} \\ c & \textcircled{t} \end{vmatrix}} \right)$$

"啊，那个……学长，虽然我还没彻底理解矩阵与行列式，但是我感觉到有许多有趣的东西隐藏在其中。"泰朵拉说，"我不能一看到有很多变量就变得畏手畏脚，不管是做内积还是做行列式，它们都是很棒的解决办法。我必须仔细观察数学公式，发现变量之间的模式。"

泰朵拉诚挚地说道。

7.4　米尔嘉

7.4.1　看穿隐藏的谜题

第二天放学后，我和往常一样去图书室。

泰朵拉和米尔嘉正在图书室里讨论着什么。

我久违地在图书室看到了理纱的身影。不过她一人坐在窗边面对着笔记本电脑，座位和泰朵拉她们离得很远。大概因为前不久和米尔嘉吵架，两人的关系还很尴尬吧……

"我从村木老师那里得到了卡片。"米尔嘉说。

问题 7-2（矩阵的乘方）

$$\begin{pmatrix} 1 & 1 \\ 1 & 0 \end{pmatrix}^{10}$$

"这个问题是让我们求矩阵 $\begin{pmatrix} 1 & 1 \\ 1 & 0 \end{pmatrix}$ 的 10 次方吧？"我说。

"非常有趣。"米尔嘉说。

"你已经解出来了吗？"我很惊讶。米尔嘉经常这样，在从教室到图书室的路程中，就已经在脑海里解出了数学题。

"别说！先别说答案！"

泰朵拉正在拼命地计算。

我也展开笔记本着手计算。矩阵的 10 次方，也就是要计算

$$\underbrace{\begin{pmatrix} 1 & 1 \\ 1 & 0 \end{pmatrix}\begin{pmatrix} 1 & 1 \\ 1 & 0 \end{pmatrix}\begin{pmatrix} 1 & 1 \\ 1 & 0 \end{pmatrix}\begin{pmatrix} 1 & 1 \\ 1 & 0 \end{pmatrix}\begin{pmatrix} 1 & 1 \\ 1 & 0 \end{pmatrix}\begin{pmatrix} 1 & 1 \\ 1 & 0 \end{pmatrix}\begin{pmatrix} 1 & 1 \\ 1 & 0 \end{pmatrix}\begin{pmatrix} 1 & 1 \\ 1 & 0 \end{pmatrix}\begin{pmatrix} 1 & 1 \\ 1 & 0 \end{pmatrix}\begin{pmatrix} 1 & 1 \\ 1 & 0 \end{pmatrix}}_{10 \text{个矩阵的乘积}}$$

这个式子。嗯，依次计算 2 次方、3 次方……像这样计算下去找出共通的模式是最直接的解题方法吧。

$$\begin{pmatrix} 1 & 1 \\ 1 & 0 \end{pmatrix}^1 = \begin{pmatrix} 1 & 1 \\ 1 & 0 \end{pmatrix}$$

$$\begin{aligned} \begin{pmatrix} 1 & 1 \\ 1 & 0 \end{pmatrix}^2 &= \begin{pmatrix} 1 & 1 \\ 1 & 0 \end{pmatrix} \begin{pmatrix} 1 & 1 \\ 1 & 0 \end{pmatrix} \\ &= \begin{pmatrix} 1 \times 1 + 1 \times 1 & 1 \times 1 + 1 \times 0 \\ 1 \times 1 + 0 \times 1 & 1 \times 1 + 0 \times 0 \end{pmatrix} \\ &= \begin{pmatrix} 1+1 & 1+0 \\ 1+0 & 1+0 \end{pmatrix} \\ &= \begin{pmatrix} 2 & 1 \\ 1 & 1 \end{pmatrix} \end{aligned}$$

$$\begin{aligned} \begin{pmatrix} 1 & 1 \\ 1 & 0 \end{pmatrix}^3 &= \begin{pmatrix} 2 & 1 \\ 1 & 1 \end{pmatrix} \begin{pmatrix} 1 & 1 \\ 1 & 0 \end{pmatrix} \\ &= \begin{pmatrix} 2 \times 1 + 1 \times 1 & 2 \times 1 + 1 \times 0 \\ 1 \times 1 + 1 \times 1 & 1 \times 1 + 1 \times 0 \end{pmatrix} \\ &= \begin{pmatrix} 2+1 & 2+0 \\ 1+1 & 1+0 \end{pmatrix} \\ &= \begin{pmatrix} 3 & 2 \\ 2 & 1 \end{pmatrix} \end{aligned}$$

$$\begin{aligned} \begin{pmatrix} 1 & 1 \\ 1 & 0 \end{pmatrix}^4 &= \begin{pmatrix} 3 & 2 \\ 2 & 1 \end{pmatrix} \begin{pmatrix} 1 & 1 \\ 1 & 0 \end{pmatrix} \\ &= \begin{pmatrix} 3 \times 1 + 2 \times 1 & 3 \times 1 + 2 \times 0 \\ 2 \times 1 + 1 \times 1 & 2 \times 1 + 1 \times 0 \end{pmatrix} \\ &= \begin{pmatrix} 3+2 & 3+0 \\ 2+1 & 2+0 \end{pmatrix} \\ &= \begin{pmatrix} 5 & 3 \\ 3 & 2 \end{pmatrix} \end{aligned}$$

"我明白了！"我说。

"再等等！再等等！"泰朵拉叫起来。

诶？抬起头的我察觉到了理纱座位的变化 —— 虽然她依然面对着电脑毫无表情，不过不知何时，她已经挪到了我们身边的座位。她……对我们正在做的事情很感兴趣吧。

"理纱不试着解一下吗？"我向她搭话。

"已经解出来了。"理纱说着把屏幕转向我。

> POWER(MATRIX(1,1,1,0),10) ↵
> ⇒ MATRIX(89,55,55,34)

"我明白了！答案是 $\left(\begin{smallmatrix}89&55\\55&34\end{smallmatrix}\right)$！"泰朵拉说。

"答对了。你看穿'隐藏的谜题'了吗？"米尔嘉问。

"诶？啊……是的！'隐藏的谜题'是 ——"

"停。"米尔嘉打断了想要说出答案的泰朵拉，转而指向理纱，"理纱看穿了'隐藏的谜题'了吗？"

"……"理纱无声地摇头。

米尔嘉像指挥家一样又指向泰朵拉。

"那么，泰朵拉你来回答。"

"好的！"泰朵拉充满干劲地回答，"这个矩阵会产生斐波那契数列！"

◎　　◎　　◎

斐波那契数列指的是像

$$1,\ 1,\ 2,\ 3,\ 5,\ 8,\ 13,\ \cdots$$

这样的数列。我们用 F_n 来表示这个数列的第 n 项。就像这样，$F_1 = 1$，$F_2 = 1$，$F_3 = 2$，$F_4 = 3$，$F_5 = 5$，$\cdots$，如此一来，这个矩阵与斐波那契数

列之间就有了

$$\begin{pmatrix} 1 & 1 \\ 1 & 0 \end{pmatrix}^n = \begin{pmatrix} F_{n+1} & F_n \\ F_n & F_{n-1} \end{pmatrix}$$

这样的关系。用数学归纳法就可以很容易地证明这个关系。呃……证明的关键部分是这样的——我们要证明，如果$n = k$时命题成立，那么$n = k + 1$命题也成立，对吧？

$$\begin{aligned} \begin{pmatrix} 1 & 1 \\ 1 & 0 \end{pmatrix}^{k+1} &= \begin{pmatrix} 1 & 1 \\ 1 & 0 \end{pmatrix}^k \begin{pmatrix} 1 & 1 \\ 1 & 0 \end{pmatrix} \\ &= \begin{pmatrix} F_{k+1} & F_k \\ F_k & F_{k-1} \end{pmatrix} \begin{pmatrix} 1 & 1 \\ 1 & 0 \end{pmatrix} \\ &= \begin{pmatrix} F_{k+1} \times 1 + F_k \times 1 & F_{k+1} \times 1 + F_k \times 0 \\ F_k \times 1 + F_{k-1} \times 1 & F_k \times 1 + F_{k-1} \times 0 \end{pmatrix} \\ &= \begin{pmatrix} F_{k+1} + F_k & F_{k+1} \\ F_k + F_{k-1} & F_k \end{pmatrix} \\ &= \begin{pmatrix} F_{k+2} & F_{k+1} \\ F_{k+1} & F_k \end{pmatrix} \quad \text{利用} F_{k+2} = F_{k+1} + F_k, F_{k+1} = F_k + F_{k-1} \end{aligned}$$

矩阵的积与斐波那契数列的递推公式相匹配，对吧？

$$\begin{cases} F_1 & = 1 \\ F_2 & = 1 \\ F_n & = F_{n-1} + F_{n-2} \qquad (n \geqslant 3) \end{cases}$$

然后只要求出$\begin{pmatrix} 1 & 1 \\ 1 & 0 \end{pmatrix}^{10} = \begin{pmatrix} F_{11} & F_{10} \\ F_{10} & F_9 \end{pmatrix}$就可以了。

n	1	2	3	4	5	6	7	8	9	10	11	$\cdots$
F_n	1	1	2	3	5	8	13	21	34	55	89	$\cdots$

○　　○　　○

解答 7-2（矩阵的乘方）

$$\begin{pmatrix} 1 & 1 \\ 1 & 0 \end{pmatrix}^{10} = \begin{pmatrix} 89 & 55 \\ 55 & 34 \end{pmatrix}$$

"泰朵拉看穿了这个问题中隐藏的谜题 —— 斐波那契数列，这要归功于她亲自动手计算了。"米尔嘉淡淡地说，"理纱用电脑一口气求出结果，这并不是坏事，但理纱没能注意到隐藏在问题中的谜题。"

理纱皱了皱眉，瞬间恢复到面无表情的样子，接着说：

"的确。"

米尔嘉推了推眼镜，对理纱的话回以微笑。

"心算、笔算、用电脑算，不管用哪一种方法都能解出问题。但比起解题，察觉到隐藏的谜题更为有趣，看透隐藏的构造更为有趣。"

米尔嘉这样说着，晃着手指比划出 1, 1, 2, 3 的手势。

我和泰朵拉张开一只手，用 5 回应。

"什么？"理纱问。

"这是斐波那契手势。"泰朵拉回答，"看到 1, 1, 2, 3 的手势，就要摆出 5 来回应。1, 1, 2, 3, 5, … 是斐波那契数列。我们把数学爱好者们热爱着的数列变成手势了，这是数学爱好者之间打招呼的方式哦。"

泰朵拉说着，晃着手指比划出 1, 1, 2, 3 的手势。

"这样？"理纱举起右手，张开的右手弯下大拇指与中指。

"诶？这是……什么？"

"00101"理纱回答。

"这是 5 吗？"泰朵拉问。

"二进制。"理纱回答。

7.4.2　线性变换

"来谈谈线性变换的话题吧。"米尔嘉说,"我们可以将'矩阵与 vector 的积'看作'点的移动'。"

米尔嘉总是把向量叫作 vector。

◎　　◎　　◎

矩阵 $\left(\begin{smallmatrix} a & b \\ c & d \end{smallmatrix}\right)$ 与 vector $\left(\begin{smallmatrix} x \\ y \end{smallmatrix}\right)$ 的积就像下面这样。

$$\begin{pmatrix} a & b \\ c & d \end{pmatrix} \begin{pmatrix} x \\ y \end{pmatrix} = \begin{pmatrix} ax + by \\ cx + dy \end{pmatrix}$$

我们可以把它们的积看作

将点 (x, y) 移动到点 $(ax + by, cx + dy)$

这样的操作。我们把这一操作称为"通过矩阵 $\left(\begin{smallmatrix} a & b \\ c & d \end{smallmatrix}\right)$ 进行的**线性变换**"。

比如说,我们以矩阵 $\left(\begin{smallmatrix} 2 & 1 \\ 1 & 2 \end{smallmatrix}\right)$ 为例。

$$\begin{pmatrix} 2 & 1 \\ 1 & 2 \end{pmatrix} \begin{pmatrix} x \\ y \end{pmatrix} = \begin{pmatrix} 2x + y \\ x + 2y \end{pmatrix}$$

表示矩阵 $\left(\begin{smallmatrix} 2 & 1 \\ 1 & 2 \end{smallmatrix}\right)$ 将点 (x, y) 移动到点 $(2x + y, x + 2y)$。如果像

$$(x, y) \mapsto (2x + y, x + 2y)$$

用"$\mapsto$"来表示点的移动,那么就可以像下面这样。

$$(0,0) \mapsto (0,0) \qquad 因为 \begin{pmatrix} 2 & 1 \\ 1 & 2 \end{pmatrix}\begin{pmatrix} 0 \\ 0 \end{pmatrix} = \begin{pmatrix} 0 \\ 0 \end{pmatrix}$$

$$(1,0) \mapsto (2,1) \qquad 因为 \begin{pmatrix} 2 & 1 \\ 1 & 2 \end{pmatrix}\begin{pmatrix} 1 \\ 0 \end{pmatrix} = \begin{pmatrix} 2 \\ 1 \end{pmatrix}$$

$$(0,1) \mapsto (1,2) \qquad 因为 \begin{pmatrix} 2 & 1 \\ 1 & 2 \end{pmatrix}\begin{pmatrix} 0 \\ 1 \end{pmatrix} = \begin{pmatrix} 1 \\ 2 \end{pmatrix}$$

$$(1,1) \mapsto (3,3) \qquad 因为 \begin{pmatrix} 2 & 1 \\ 1 & 2 \end{pmatrix}\begin{pmatrix} 1 \\ 1 \end{pmatrix} = \begin{pmatrix} 3 \\ 3 \end{pmatrix}$$

$$(-1,-1) \mapsto (-3,-3) \qquad 因为 \begin{pmatrix} 2 & 1 \\ 1 & 2 \end{pmatrix}\begin{pmatrix} -1 \\ -1 \end{pmatrix} = \begin{pmatrix} -3 \\ -3 \end{pmatrix}$$

$$(2,1) \mapsto (5,4) \qquad 因为 \begin{pmatrix} 2 & 1 \\ 1 & 2 \end{pmatrix}\begin{pmatrix} 2 \\ 1 \end{pmatrix} = \begin{pmatrix} 5 \\ 4 \end{pmatrix}$$

$$(100,10) \mapsto (210,120) \qquad 因为 \begin{pmatrix} 2 & 1 \\ 1 & 2 \end{pmatrix}\begin{pmatrix} 100 \\ 10 \end{pmatrix} = \begin{pmatrix} 210 \\ 120 \end{pmatrix}$$

到这里都理解了吧?

◎　◎　◎

"到这里都理解了吧?"米尔嘉问。

"勉、勉勉强强……"泰朵拉回答,"我总觉得矩阵和向量的积是非常复杂的话题,让人有点心慌啊。"

"平面不外乎就是点的集合。"米尔嘉接着说,"既然我们能通过矩阵移动点,就也可以通过矩阵让整个平面变形。接下来让理纱帮忙吧。"

米尔嘉对理纱耳语几句,理纱立刻领会地点头,然后在电脑上操作起来。过了一会儿,一个点阵浮现在计算机屏幕上。

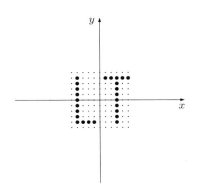

"为了方便观察通过线性变换进行的平面变形，我在平面上设了很多点。"米尔嘉说，"不过仅仅观察随机分布的点还不够清晰，因此在点阵上画出了两个字母'LT'，它取自 Linear Transfer 的首字母。理纱做得真快呀。"

"Linear Transfer 就是'线性变换'的意思吧？"

米尔嘉点头回应泰朵拉的疑问，继续说道：

"比如说，矩阵 $\begin{pmatrix} 2 & 1 \\ 1 & 2 \end{pmatrix}$ 会使平面产生这样的变形。"

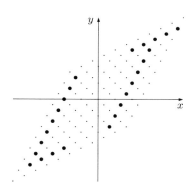

通过矩阵 $\begin{pmatrix} 2 & 1 \\ 1 & 2 \end{pmatrix}$ 进行的线性变换

"啊，点阵……被压扁了呢。"

"因为我们使用了矩阵 $\begin{pmatrix} 2 & 1 \\ 1 & 2 \end{pmatrix}$，所以点阵会产生这样的变形。使用不同的矩阵会产生不同的变形。"

"哦哦……的确是这样呢。平面根据矩阵的不同产生不同的变化啊。"

"那么，我要出题了。泰朵拉你来回答，下面这个矩阵会使整个平面产生怎样的变形呢？"

$$\begin{pmatrix} 1 & 0 \\ 0 & 1 \end{pmatrix}$$

"嗯，只要考虑点 (x, y) 被移动到哪里就好了吧……

$$\begin{pmatrix} 1 & 0 \\ 0 & 1 \end{pmatrix} \begin{pmatrix} x \\ y \end{pmatrix} = \begin{pmatrix} x \\ y \end{pmatrix}$$

呃……诶？点的位置和之前一样。"

$$(x, y) \mapsto (x, y)$$

"所以呢？"米尔嘉立刻追问道。

"所以……整个平面完全没有变形。"

"很好。单位矩阵 $\begin{pmatrix} 1 & 0 \\ 0 & 1 \end{pmatrix}$ 并未使平面产生变形，这是恒等变换。"

"嗯。"

"下一题。下面这个矩阵让整个平面产生怎样的变形呢？"

$$\begin{pmatrix} 0 & -1 \\ 1 & 0 \end{pmatrix}$$

"嗯，只要考虑矩阵与点的乘积就好了吧……

$$\begin{pmatrix} 0 & -1 \\ 1 & 0 \end{pmatrix} \begin{pmatrix} x \\ y \end{pmatrix} = \begin{pmatrix} -y \\ x \end{pmatrix}$$

呃，这个矩阵首先交换了 x 与 y，然后改变了其中一方的符号呀。"

$$(x, y) \mapsto (-y, x)$$

"所以呢？"米尔追问道。

"所以……感觉像是把整个平面翻转了。"

"泰朵拉，你试着多用几个点实际操作下。"米尔嘉说。

"啊……好。"

泰朵拉认真地在笔记本上计算 —— 过了一会儿抬她起头说：

"我明白了！平面'咚'地向左旋转了 90°！"

"提到旋转就必须有旋转中心。"米尔嘉说。

"好的，原点是旋转中心。"

"做好了。"理纱说。

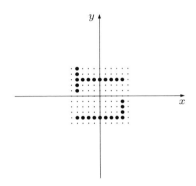

通过矩阵 $\begin{pmatrix} 0 & -1 \\ 1 & 0 \end{pmatrix}$ 进行的线性变换

"米尔嘉学姐……我有一个发现。"泰朵拉说，"在线性变换中，原点绝对不会移动。因为

$$\begin{pmatrix} a & b \\ c & d \end{pmatrix} \begin{pmatrix} 0 \\ 0 \end{pmatrix} = \begin{pmatrix} 0 \\ 0 \end{pmatrix}$$

也就是 $(0,0) \mapsto (0,0)$"

"不错的发现。"米尔嘉打了个响指，"我们无法通过线性变换改变原点的位置，因此原点是一个不动点。我们也无法通过线性变换使整个平面平移 —— 因为我们无法移动原点。"

"确实啊。"

"那么，我们只要观察 $(1, 0)$ 和 $(0, 1)$ 这两个点，就很容易理解线性变换了。"米尔嘉说，"我们可以用两个列 vector $\begin{pmatrix} a \\ c \end{pmatrix}$ 与 $\begin{pmatrix} b \\ d \end{pmatrix}$ 表示两点移动的目标位置。也就是说，矩阵 $\begin{pmatrix} a & b \\ c & d \end{pmatrix}$ 的元素直接表示移动的目标位置了。只要看矩阵就能明白点 $(1, 0)$ 与 $(0, 1)$ 会移动到哪里。"

$$\begin{pmatrix} a & b \\ c & d \end{pmatrix} \begin{pmatrix} 1 \\ 0 \end{pmatrix} = \begin{pmatrix} a \\ c \end{pmatrix} \qquad\qquad \begin{pmatrix} a & \cdot \\ c & \cdot \end{pmatrix}$$

$$\begin{pmatrix} a & b \\ c & d \end{pmatrix} \begin{pmatrix} 0 \\ 1 \end{pmatrix} = \begin{pmatrix} b \\ d \end{pmatrix} \qquad\qquad \begin{pmatrix} \cdot & b \\ \cdot & d \end{pmatrix}$$

"原来如此……"

"下一题。在线性变换中，整个平面在变换后总会为整个平面吗？"

"到目前为止的例子都是这样的吧。虽然线性变换会把平面压扁、旋转，可是平面还是平面。"泰朵拉想了一会儿，"…… 不对，有变换后不再是平面的情况，比如

$$\begin{pmatrix} 0 & 0 \\ 0 & 0 \end{pmatrix}$$

如果通过这样的矩阵进行线性变换，所有的点都会集中到原点。"

"是的。**零矩阵** $\begin{pmatrix} 0 & 0 \\ 0 & 0 \end{pmatrix}$ 会将任意一个点都变换为原点。"米尔嘉说。

我想起给尤里出题时用到的联立方程式，联立方程式可能无解也可能有无穷多解。如果在当时用到矩阵的话……

"米尔嘉，通过矩阵 $\begin{pmatrix} 2 & 4 \\ 1 & 2 \end{pmatrix}$ 进行的线性变换也属于整个平面变换后不再是整个平面的线性变换吧？"我说。

"嗯。矩阵 $\begin{pmatrix} 2 & 4 \\ 1 & 2 \end{pmatrix}$ 会将整个平面变换为直线。"米尔嘉回答。

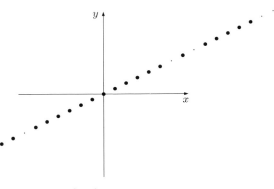

通过矩阵 $\begin{pmatrix} 2 & 4 \\ 1 & 2 \end{pmatrix}$ 进行的线性变换

"行列式的值至关重要啊。"我说。

"嗯。"米尔嘉说。

"这是什么意思呢?"泰朵拉问。

"就是说,当表示线性变换的矩阵的行列式的值不等于 0,也就是为 0 以外的数时,整个平面变换后还是'整个平面'。"我回答道,"但是,当行列式的值等于 0 时,整个平面就会变换为'通过原点的直线'或者'原点'。"

整个平面 ↦ 整个平面   行列式不等于 0

整个平面 ↦ 通过原点的直线   行列式等于 0(零矩阵除外)

整个平面 ↦ 原点   行列式等于 0(零矩阵)

"诶?"泰朵拉说,"行列式就是在求联立方程式的解的时候出现的东西吧?"

米尔嘉点头肯定。

"我们可以把矩阵与 vector 的积

$$\begin{pmatrix} a & b \\ c & d \end{pmatrix}\begin{pmatrix} x \\ y \end{pmatrix} = \begin{pmatrix} s \\ t \end{pmatrix}$$

看成联立方程式，也可以把它看成 $(x, y) \mapsto (s, t)$ 的线性变换。'联立方程式 $\begin{pmatrix} a & b \\ c & d \end{pmatrix} \begin{pmatrix} x \\ y \end{pmatrix} = \begin{pmatrix} s \\ t \end{pmatrix}$ 有唯一解的条件是什么？'这一问题与'只有唯一的点 $\begin{pmatrix} x \\ y \end{pmatrix}$ 可以通过线性变换移动到 $\begin{pmatrix} s \\ t \end{pmatrix}$ 的条件是什么？'这一问题相同。这两个问题的答案都是'行列式 $\neq 0$'。"

7.4.3　旋转

"米尔嘉，刚才的习题里出现的矩阵 $\begin{pmatrix} 0 & -1 \\ 1 & 0 \end{pmatrix}$，是 $\frac{\pi}{2}$ 弧度的旋转矩阵，对吧？"我说。

$$\begin{pmatrix} \cos \frac{\pi}{2} & -\sin \frac{\pi}{2} \\ \sin \frac{\pi}{2} & \cos \frac{\pi}{2} \end{pmatrix}$$

"当然。"米尔嘉点点头。

"稍、稍等一下。你们怎么突然就讲到三角函数了啊？"泰朵拉焦急地问道。

"泰朵拉，$\cos \frac{\pi}{2}$ 的值是多少？"米尔嘉问泰朵拉。

"呃……因为 $\frac{\pi}{2}$ 等于 $90°$……啊，答案是 0 呀。"

"正确，但你回答得太慢了。泰朵拉还没有和弧度还有三角函数成为好朋友啊。"米尔嘉说，"那么 $\sin \frac{\pi}{2}$ 的值是多少呢？"

"呃……呃……是 1……对吧？"

"是的。如此一来，下面的等式也就不难理解了。"

$$\begin{pmatrix} \cos \frac{\pi}{2} & -\sin \frac{\pi}{2} \\ \sin \frac{\pi}{2} & \cos \frac{\pi}{2} \end{pmatrix} = \begin{pmatrix} 0 & -1 \\ 1 & 0 \end{pmatrix}$$

"呃……是啊。"泰朵拉一个一个地确认矩阵的元素。

"矩阵 $\begin{pmatrix} \cos \theta & -\sin \theta \\ \sin \theta & \cos \theta \end{pmatrix}$ 表示以原点为中心向左旋转 θ 弧度。当 $\theta = \frac{\pi}{2}$ 时，矩阵 $\begin{pmatrix} 0 & -1 \\ 1 & 0 \end{pmatrix}$ 表示以原点为中心向左旋转 $\frac{\pi}{2}$ 弧度，也就是 $90°$ 左转，'向

左 —— 转！'"

米尔嘉说着脸上忽然浮现微笑。

"那么，当 $\theta = \frac{2\pi}{3}$，也就是矩阵为 $\begin{pmatrix} \cos \frac{2\pi}{3} & -\sin \frac{2\pi}{3} \\ \sin \frac{2\pi}{3} & \cos \frac{2\pi}{3} \end{pmatrix}$ 时⋯⋯"

"ω 的华尔兹[①]！"我说。

"ω 的华尔兹是什么呀？"泰朵拉紧接着问。

"真让人怀念呀。"米尔嘉说，"向左旋转 $\frac{2\pi}{3}$ 弧度 —— 也就是向左旋转 $120°$，只要做 3 次就能旋转一周回到原处。"

"啊！"泰朵拉说，"因为 $120° \times 3 = 360°$ 啊。"

"$\frac{2\pi}{3}$ 弧度的旋转矩阵的 3 次方，也就是矩阵 $\begin{pmatrix} 1 & 0 \\ 0 & 1 \end{pmatrix}$，使平面转回原位。"

$$\begin{pmatrix} \cos \frac{2\pi}{3} & -\sin \frac{2\pi}{3} \\ \sin \frac{2\pi}{3} & \cos \frac{2\pi}{3} \end{pmatrix}^3 = \begin{pmatrix} 1 & 0 \\ 0 & 1 \end{pmatrix}$$

"完成了。"理纱说。

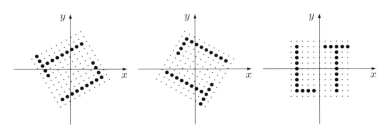

$\theta = \frac{2\pi}{3}, \frac{4\pi}{3}, 2\pi$ 时的旋转结果

"ω 的华尔兹 —— 也就是三拍子的舞蹈。"米尔嘉说。

"不好意思，ω 是指？"泰朵拉小声地问。

"ω 是满足三次方程式 $x^3 = 1$ 的复数之一。具体来说就是

---

① 最早出现在《数学女孩》第 3 章。—— 译者注

$$\omega = \frac{-1 + \sqrt{3}\,i}{2}$$

满足 $\omega^3 = 1$。"

"嗯…… 嗯。"

"结合复平面，我们可以将点与复数相对应。"

点 (x, y) ←----→ 复数 $x + yi$

以原点为中心向左旋转 $\frac{2\pi}{3}$ 弧度 ←----→ 乘 ω

以原点为中心向左旋转 $\frac{2\pi}{3}$ 弧度三次 ←----→ 乘 ω^3

$$\begin{pmatrix} \cos\frac{2\pi}{3} & -\sin\frac{2\pi}{3} \\ \sin\frac{2\pi}{3} & \cos\frac{2\pi}{3} \end{pmatrix}^3 = \begin{pmatrix} 1 & 0 \\ 0 & 1 \end{pmatrix}$$ ←----→ $\omega^3 = 1$

"旋转啊……"我感觉矩阵、线性变换，还有复数，在我的头脑中逐渐联系起来，"说起来，平面上的点以原点为中心的旋转运动，或许和天上的星星绕北极星的旋转运动相似。"

平面上的点 —— 天空的星星在运动。

平面上的图形 —— 天空中的星座在运动。

同样的，整个平面 —— 整个天空在运动。

"就像天象厅一样啊。"泰朵拉说。

"旋转矩阵让无边无际的平面旋转着，这真有趣。"

黑发少女一边说着，一边旋转着自动铅笔。

7.5 回家路上

对话

我、米尔嘉、泰朵拉，还有理纱，我们四人一同向车站走去。

"矩阵是由数排列而成的，它能表示联立方程式，也能表示线性变换。矩阵'真正的样子'究竟是什么样的呢？"

"刚才泰朵拉提到的形式都是矩阵的样子。不，实际是将联立方程式与线性变换表现为矩阵的形式，所以不如说矩阵才是它们真正的样子。能用矩阵表示的东西都具有共性，我们今后也会遇到许多能用矩阵表示的问题。如果我们能发现某个数学对象'可以用矩阵表示'，那么就能以矩阵的理论为武器来解决该问题。"

"啊，矩阵也能作为武器啊！"泰朵拉说。

"打磨自己的武器吧。"米尔嘉说，"为了不浪费手中的武器，要记得时常打磨它。如果仅是拿在手中，武器不久就会生锈。总而言之 —— 仅仅做到记忆是不够的啊！"

这时，米尔嘉看向我。

"啊，小林秀雄[①]？"我回答道。

> 仅仅做到记忆是不够的啊。
>
> 必须能回想起来才可以啊。

"提问题，回答它；出谜题，解答它。我们通过对话不断打磨武器。"米尔嘉咏唱般说道。

对话啊……我沉浸在米尔嘉的话语中。

[①] 小林秀雄（1902—1983），日本作家与文艺评论家，下文出自其 1942 年的评论作品《所谓无常》。—— 译者注

　　对话的确重要。无论是与问题的对话、与自己的对话，还是与米尔嘉或泰朵拉的对话——我通过对话衡量自己的理解程度，通过对话测试自己的能力。"示例是理解的试金石"这一口号也来自我们的对话，因为那也不过是对

　　　　"能做出一个例子证明你已经理解了吗？"

这个问题的回答。

　　"对话啊……"泰朵拉说，"当我读书时，经常会觉得自己仿佛是在和书的作者对话。我们一定是在一次次的对话中学习知识的吧。"

　　"孤独有两种。一种是有对话的孤独，一种是没有对话的孤独。"米尔嘉说。

　　有对话的孤独？没有对话的孤独我倒是明白，但什么是有对话的孤独呢？我心里这样想着。也许，米尔嘉闭起眼睛的时候，便是在与自己——或者是自己的记忆——对话吧。

　　"只要存在对话，孤独也并非无所事事。"米尔嘉说。

　　"观察矩阵之后……"泰朵拉紧握双手有些激动，"我明白了联立方程式、点、直线、平面之间有着千丝万缕的联系。这让我想更深入地思考矩阵相关的问题。比如说，行列式 $ad - bc$ 似乎就有着更深层次的含义……除了听你们讲，我还想自己看书学习。《线性代数》的书中一定也记载了很多……"泰朵拉说到一半，忽然瞪大眼睛看着我。

　　然后……她的脸涨得通红，低下了头。

出现在线性代数中的各种各样的素材——向量空间、矩阵、
线性映射、联立方程式，甚至直线与平面的方程式等——
它们都在"线性法则"的舞台上。

——志贺浩二[15]

No.

Date .   .   .

我的笔记（线性变换的线性法则）

我们以 2×2 矩阵为例来证明线性变换的线性法则。

和的线性变换等于线性变换的和

通过矩阵 $\begin{pmatrix} a & b \\ c & d \end{pmatrix}$ 对两个向量 $\begin{pmatrix} s \\ t \end{pmatrix}$ 与 $\begin{pmatrix} v \\ w \end{pmatrix}$ 的和做线性变换的结果，与对两个向量分别进行线性变换的结果的和相等。

$$
\begin{pmatrix} a & b \\ c & d \end{pmatrix} \left(\begin{pmatrix} s \\ t \end{pmatrix} + \begin{pmatrix} v \\ w \end{pmatrix} \right) = \begin{pmatrix} a & b \\ c & d \end{pmatrix} \begin{pmatrix} s+v \\ t+w \end{pmatrix}
$$

$$
= \begin{pmatrix} a(s+v) + b(t+w) \\ c(s+v) + d(t+w) \end{pmatrix}
$$

$$
= \begin{pmatrix} (as+bt) + (av+bw) \\ (cs+dt) + (cv+dw) \end{pmatrix}
$$

$$
= \begin{pmatrix} a & b \\ c & d \end{pmatrix} \begin{pmatrix} s \\ t \end{pmatrix} + \begin{pmatrix} a & b \\ c & d \end{pmatrix} \begin{pmatrix} v \\ w \end{pmatrix}
$$

因此，下面的等式成立。

$$
\underbrace{\begin{pmatrix} a & b \\ c & d \end{pmatrix} \underbrace{\left(\begin{pmatrix} s \\ t \end{pmatrix} + \begin{pmatrix} v \\ w \end{pmatrix} \right)}_{\text{和}}}_{\text{线性变换}} = \underbrace{\underbrace{\begin{pmatrix} a & b \\ c & d \end{pmatrix} \begin{pmatrix} s \\ t \end{pmatrix}}_{\text{线性变换}} + \underbrace{\begin{pmatrix} a & b \\ c & d \end{pmatrix} \begin{pmatrix} v \\ w \end{pmatrix}}_{\text{线性变换}}}_{\text{和}}
$$

No.

Date ．　．

标量倍的线性变换等于线性变换的标量倍

通过矩阵 $\begin{pmatrix} a & b \\ c & d \end{pmatrix}$ 对 K 倍的 $\begin{pmatrix} s \\ t \end{pmatrix}$ 向量进行线性变换的结果，与对 $\begin{pmatrix} s \\ t \end{pmatrix}$ 向量进行线性变换的结果的 K 倍相等。

$$\begin{aligned} \begin{pmatrix} a & b \\ c & d \end{pmatrix} \left(K \begin{pmatrix} s \\ t \end{pmatrix} \right) &= \begin{pmatrix} a & b \\ c & d \end{pmatrix} \begin{pmatrix} Ks \\ Kt \end{pmatrix} \\ &= \begin{pmatrix} aKs + bKt \\ cKs + dKt \end{pmatrix} \\ &= K \begin{pmatrix} as + bt \\ cs + dt \end{pmatrix} \\ &= K \begin{pmatrix} a & b \\ c & d \end{pmatrix} \begin{pmatrix} s \\ t \end{pmatrix} \end{aligned}$$

因此，下面的等式成立。

$$\underbrace{\begin{pmatrix} a & b \\ c & d \end{pmatrix} \underbrace{\left(K \begin{pmatrix} s \\ t \end{pmatrix} \right)}_{\text{标量倍}}}_{\text{线性变换}} = \underbrace{K \underbrace{\begin{pmatrix} a & b \\ c & d \end{pmatrix} \begin{pmatrix} s \\ t \end{pmatrix}}_{\text{线性变换}}}_{\text{标量倍}}$$

以上结论对于通过 $n \times n$ 矩阵进行的线性变换同样成立。

第 8 章

孤零零的随机漫步

"鲁宾，鲁宾，鲁宾·克鲁索。

可怜的鲁宾·克鲁索!

你在哪儿，鲁宾·克鲁索?

你在哪儿? 你一直在哪儿?"[1]

——《鲁滨逊漂流记》

8.1 家

8.1.1 雨天的周六

周六的下午，外面下着小雨。最近几天都在下雨，天气也因为气温上升而变得闷热。我正在自己的房间进行考前复习。

虽说……是在复习……可是，尤里在我的身后不知在做什么忙个不停。

"尤里，你干什么呢?"我问。

"嗯……没什么哦。"

表妹尤里住在我家附近，每逢休息日都会来我的房间玩。自从尤里上初三以来，她拿着学习用具来的次数也变多了，她会在我的房间里写

---

[1] 引用自《鲁滨逊漂流记》(丹尼尔·笛福著，鹿金译，中国宇航出版社，2017年7月) 第163页。——译者注

写作业，或是看看书。

尤里今天也带了笔记本过来，不过她的学习好像没什么进展。即便我试着向她搭话，尤里也只是回答"嗯…… 没什么"或者"呜喵…… 没什么"。不久，随着一声叹息，她小声嘀咕着：

"雨天真是糟透了。"

8.1.2   下午茶时间

"尤里，作业进展顺利吗？"

我妈端来水羊羹问道。

"嗯，我拜托哥哥教我呢。"尤里"唰"地改变状态，回答得天衣无缝。

明明没怎么学习吧 —— 我把到嘴边的话咽回肚子。

"要很认真地给尤里讲课哦。"我妈对我说。

"我知道。"

"水羊羹真好吃。"尤里说。

"和式点心体现的是一颗感怀四季的心哦。"

"说起来，门口的紫阳花插花也非常漂亮啊。"

"啊，你注意到了？"我看得出妈妈很开心。

尤里真会说话啊。

8.1.3   钢琴问题

也许是吃过点心的原因，尤里恢复了精神。她从书架上抽出一本数学智力题的书，哗哗地翻着。

"哥哥，这道题你会吗？"

问题 8-1（钢琴问题）

连接相邻白键发出的声音，按以下条件作出旋律。

· 以 do 作为开始音，以高 3 个音阶的 fa 作为结束音

· 旋律由 12 个音组成

· 不能使用比开始音低的音

比方说，"do→re→do→re→mi→re→do→re→mi→fa→so→fa"是符合条件的旋律，而像"do→re→mi→do→re→mi→mi→……"这样的旋律就不符合条件，因为后一段旋律使用了"mi→do"和"mi→mi"这样不相邻的音。

那么，符合条件的旋律有多少种呢？

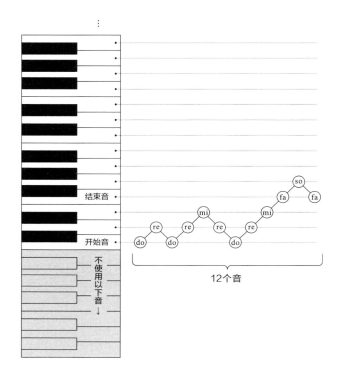

"很有趣啊。"我说。

"这里要用到排列以及组合的个数吧。"尤里问。

"应该是吧。不过首先，我们必须确认自己是否真正理解了问题的意义，也就是**题意**。不理解题意是无法解题的。"

"这不是理所当然的嘛，不明白问题就不能解题。"

"嗯，但是很多人都会忽略这理所当然的事情哦。"

"那么，我们要怎么分析这个钢琴问题呢？"

为了解答尤里的疑问，我抽出一张新的网格纸。

"确认我们是否理解的方法还是

'示例是理解的试金石'

也就是举例子。这个问题求的是满足某条件的旋律个数。因此，我们只要具体作出旋律就可以了。在不断举例子的过程中，我们自然会领会到旋律满足的条件，或许能找到解题的灵感。来一起举例子吧。"

"嗯！"

尤里戴上眼镜，仔细观察网格纸。

8.1.4　旋律示例

"问题中写了这样一个示例

$$\mathrm{do}\to\mathrm{re}\to\mathrm{do}\to\mathrm{re}\to\mathrm{mi}\to\mathrm{re}\to\mathrm{do}\to\mathrm{re}\to\mathrm{mi}\to\mathrm{fa}\to\mathrm{so}\to\mathrm{fa}$$

对吧？我们试着把它画在网格纸上吧。"

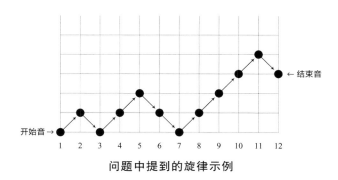

问题中提到的旋律示例

"图像是锯齿形的呀。"尤里说。

"再想想其他的图像吧。"

"嗯，很简单啊。只要让图像先按 'do → re → mi → fa → ……' 这样尽可能地上升，再像 '…… → si → la → so → fa' 这样下降就好了。"

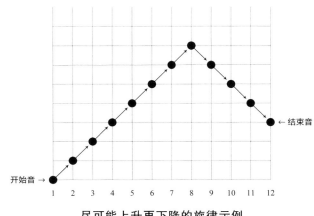

尽可能上升再下降的旋律示例

"嗯，回答得不错呀。旋律从 do 开始到 fa 结束，有 12 个音，与条件相同。还有其他的吗？"我问。

"那么，尽可能地让图像下降——啊，不行，不能使用比 do 更低的音啊。也就是说……像这样吧，先像'do → re → do → re → do → re →……'这样低空飞行之后突然上升。"

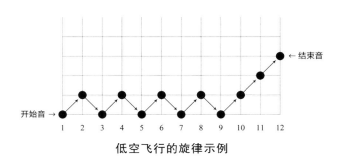

低空飞行的旋律示例

"回答得真棒。"

"哥哥……"尤里说，"我在画图像的时候察觉到了……符合条件的旋律一定会上升 7 次下降 4 次。用不同的颜色表示向上或者向下的箭头就很容易理解了！"

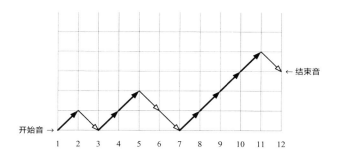

"还真是有不得了的发现呢。"我说。

"啊,我明白了!哥哥,这太简单了啊!"尤里摇着马尾辫叫了起来,"旋律的个数就是 7 个向上的箭头与 4 个向下的箭头的组合的个数!"

"真是个大胆的推理呀…… 不过真的是那样吗?"

"诶 —— 不是吗…… 啊,不是呢。我们不能使用比开始音 do 更低的音。如果仅仅是对箭头进行组合,我们可能会把下降到 do 之下的情况也算上啊。"

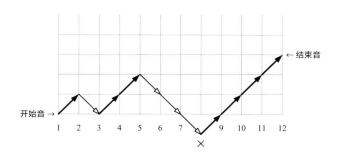

"对对。要是算上下降到 do 之下的路径可就麻烦了呀。"

"哥哥,你从一开始就摆出一副不慌不忙的架势,你已经知道答案了吗?"

"虽说我还不知道具体的答案,不过我已经发现了两个解题方法了哦。"

"诶!竟然有两个解题方法吗?"

8.1.5 解题方法一：毅力比拼

"首先，我们像泰朵拉那样解答钢琴问题吧。"我说。

"泰朵拉?"尤里说。

"就是靠毅力写出所有情况来求解的方法，就像泰朵拉做题一样。从左边的开始音开始按顺序写出'到这个音为止的情况数'。"

我在网格纸上标上数字。

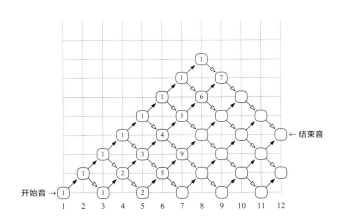

"哥哥，你在做什么呢?"尤里露出一副惊讶的表情。

"做加法哦。"

"我明白了！是把从上面来的情况数和从下面来的情况数相加对吧！停，接下来人家来做！"

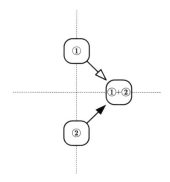

尤里从我手里抢走自动铅笔,干净利落地往图中填入数字。

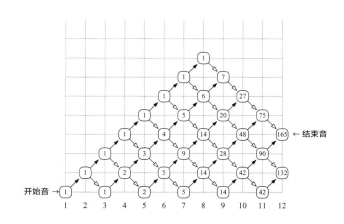

"嗯嗯,干得不错。那么,答案是……"

"在第 12 个音处奏响终止音的是这个数——165 ! 也就是说旋律有 165 种!"尤里说。

解答 8-1(钢琴问题)

可以创造 165 种旋律。

8.1.6　解题方法二：一招定胜负

"钢琴问题的另一种解法 ——"我说。

"这次是米尔嘉大人的解法！"

"算是吧…… 总之先尽可能地向下走。"

"那旋律不就比开始音 do 还要低了吗？"

"是的，但你听我把话说完。"我对尤里说，"我们设开始音为 P，结束音为 Q。从 P 到 Q 的路径中，比开始音低的路径一定会经过 R1、R2、R3、R4 这 4 点中的某一点。"

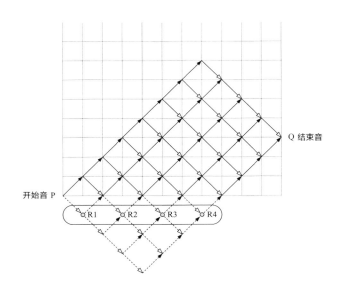

"诶？"尤里盯着图认真的思考，"嗯…… 是这样的。然后呢？"

"接下来啊，我们将一面水平的镜子放在 R1、R2、R3、R4 所在直线上，然后来研究结束点 Q 在镜子中的镜像 Q′。"

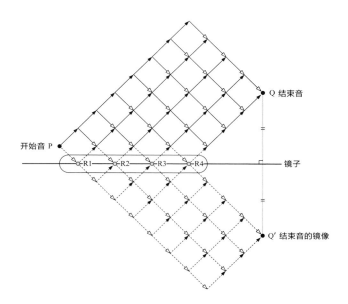

"等一等，哥哥！……这样做我们能明白什么呢？"

"你来想一想我们能明白什么吧。"我说。

尤里栗色的头发闪着金色的光泽，她已经进入了思考状态。在她思考时我在一旁静静等候。步入初三后，尤里长高了许多，表情也稍微有了大人的模样。

"……我不明白，我认输。我们能明白什么啊？"

"我们打算求从开始音 P 到结束音 Q 的情况的个数是吧？"

"要是把开始音下面的部分也算上的话就太多啦。"

"是啊。因此我们要求出多出来的部分再做减法。"

"这种事情能办到吗？"

"仔细看图吧，尤里。在 P 到 Q 的路径中低于开始音的路径，指的是至少通过 R1、R2、R3、R4 这 4 个点其中一个点的路径。"

"哥哥你刚刚说过啦。"尤里说。

"接着就要用到镜子了。通过 R1、R2、R3、R4 从 P <u>前往 Q</u> 的路径数与从 P <u>前往 Q′</u> 的路径数相等哦!"

"诶?为什么?"

"听好啦。在从 P 通过镜子前往 Q 的过程中,当路径第一次与 R1、R2、R3、R4 中的某一点相遇后,它前进的方向就会上下翻转。也就是将向'右上'前进的一步置换为向'右下'前进的一步,亦或是将向'右下'前进的一步置换为向'右上'前进的一步。就好像倒映在镜子中一样。如此一来,'经过开始音下方从 P 前往 Q 的路径'便恰好与'从 P 前往 Q′的路径'一一对应。"

"哦哦哦!"

"因此,'从 P 前往 Q′的路径'就是多出来的部分,只要减去它就能得到我们想要的答案。"

我画出求路径数目的简略图。

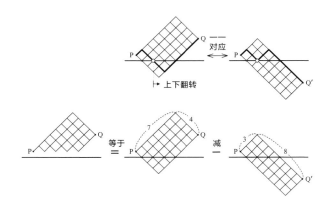

"原来如此! …… 但是,哥哥,这个想法真是厉害呀。"

"是啊,我是从米尔嘉那里学到的这个方法。"

"从米尔嘉大人那里……"

"从 P 前往 Q 的路径总数就是摆放 7 个向上的箭头与 4 个向下的箭

头的方法数。也就是合计 11 个箭头中'让哪 7 个箭头向上'的组合。虽然在学校写作 C_{11}^7，不过这里我们写作 $\binom{11}{7}$ 吧。"

从 P 前往 Q 的路径总数
= 在 $7+4$ 个箭头中，让 7 个箭头向上的组合的个数
= C_{7+4}^7
= $\binom{7+4}{7}$
= $\binom{11}{7}$
= $\binom{11}{4}$ 从 11 个元素中选取 7 个元素与从 11 个元素中选取 4 个元素等价
= $\dfrac{11 \cdot 10 \cdot \cancel{9}^{3} \cdot \cancel{8}}{\cancel{4} \cdot \cancel{3} \cdot \cancel{2} \cdot 1}$
= $11 \cdot 10 \cdot 3$
= 330

"因此，从 P 前往 Q 的路径的总数共有 330 种。"

"是这样啊。原来有这么多啊。"尤里有点惊讶。

"接下来，我们来求从 P 到 Q′ 的路径总数。这次我们要求的是摆放 3 个向上的箭头与 8 个向下的箭头的方法数……"

从 P 前往 Q′ 的路径总数
= 在 $3+8$ 个箭头中，让 3 个箭头向上的组合数
= $\binom{3+8}{3}$
= $\binom{11}{3}$
= $\dfrac{11 \cdot \cancel{10}^{5} \cdot \cancel{9}^{3}}{\cancel{3} \cdot \cancel{2} \cdot 1}$
= $11 \cdot 5 \cdot 3$
= 165

"因此，从 P 前往 Q′ 的路径的总数有 165 种。"

"然后做减法吗？"

"是的。"

> 在从 P 前往 Q 的路径中，不经过开始音下方的路径数
> $$= 从 P 前往 Q 的路径总数 - 从 P 前往 Q′ 的路径总数$$
> $$= \binom{7+4}{4} - \binom{3+8}{3}$$
> $$= 330 - 165$$
> $$= 165$$

"因此钢琴问题的答案是 165 种。"我说，"和毅力比拼时求得的值相同对吧？"

"真的啊！完全一致！真让人舒畅！"

8.1.7　一般化

"尤里，我们可以将刚才求得的旋律个数一般化哦。"

"一般化？"

"也就是说，无论音的个数为多少，我们都可以计算它对应的旋律的个数。虽然比拼毅力的方法让人吃不消，但是我们可以通过一招定胜负的方法做出算式。"

"用同样的方法来思考就就好了喵？"

"没错。刚才我们研究的是上升 7 个音下降 4 个音的旋律，这次我们用 u 来表示上升的音的个数，d 表示下降的音的个数。不用 7 和 4 这样具体的数，而是改用 u 和 d 这样的变量来考虑，这就是

　　　'通过导入变量进行一般化'

接下来的思考方法与刚才一样……"

在从开始音前往结束音的路径中，不经过开始音下方的路径数
＝ 从开始音前往结束音的路径总数 − 从开始音前往结束音的镜像路径的总数

$$= \binom{u+d}{d} - \binom{(d-1)+(u+1)}{d-1}$$

$$= \binom{u+d}{d} - \binom{u+d}{d-1}$$

$$= \frac{(u+d)!}{d!(u+d-d)!} - \frac{(u+d)!}{(d-1)!(u+d-(d-1))!}$$

$$= \frac{(u+d)!}{u!d!} - \frac{(u+d)!}{(u+1)!(d-1)!}$$

"哥哥，感觉这是个非常复杂式子呀。怎么计算这种式子呢？"

$$\frac{(u+d)!}{u!d!} - \frac{(u+d)!}{(u+1)!(d-1)!} = ?$$

"因为是对分数做减法，所以只要统一分母做'通分'就好了。"

"通分？可是……"

"比如说，$d!$ 与 $(d-1)!$ 之间有这样的关系吧？"

$$d! = d \cdot (d-1) \cdot (d-2) \cdots 2 \cdot 1 = d \cdot (d-1)!$$

"嗯……啊，的确是这样。d 与 $(d-1)!$ 相乘就能得到 $d!$。"

"同样的，$u+1$ 与 $u!$ 相乘等于 $(u+1)!$。因此通分是没问题的。"

"原来是字母算式的通分呀。"

$$\frac{(u+d)!}{u!d!} - \frac{(u+d)!}{(u+1)!(d-1)!}$$

$$= \frac{u+1}{u+1} \cdot \frac{(u+d)!}{u!d!} - \frac{d}{d} \cdot \frac{(u+d)!}{(u+1)!(d-1)!}$$

$$= \frac{(u+1)(u+d)!}{(u+1)u!d!} - \frac{d(u+d)!}{(u+1)!d(d-1)!}$$

$$= \frac{(u+1)(u+d)!}{(u+1)!d!} - \frac{d(u+d)!}{(u+1)!d!}$$

$$= \frac{(u+1) \cdot (u+d)! - d \cdot (u+d)!}{(u+1)!d!}$$

"你觉得我们接下来该怎么做呢？"我问。

"计算分子是吧……我明白了！将 $(u+d)!$ 提出来！"

$$\frac{(u+1) \cdot (u+d)! - d \cdot (u+d)!}{(u+1)!d!} = \frac{((u+1) - d)(u+d)!}{(u+1)!d!}$$

$$= \frac{(u-d+1)(u+d)!}{(u+1)!d!}$$

"尤里……"

"怎么了？不是已经完成一般化了吗？"

"不，这个式子一定还能变得更简单。"

$$\frac{(u-d+1)(u+d)!}{(u+1)!d!}$$

"数学狂人出现了啊，这就是男人的直觉吗？"

"别闹呀，我可是很认真的……"

我仔细观察着算式。

"即便遇到看起来复杂的式子，也不要气馁呀。"

想起了自己以前对泰朵拉说过的话。

"怎么做喵?"尤里问。

"嗯……比方说,分子与分母中都出现了阶乘对吧? 这也就是说,如果分子分母同时乘以 $u + d + 1$,我们就可以用组合的个数来表示算式了不是吗?"

$$
\begin{aligned}
\frac{(u-d+1)(u+d)!}{(u+1)!d!} &= \frac{u+d+1}{u+d+1} \cdot \frac{(u-d+1)(u+d)!}{(u+1)!d!} \\
&= \frac{(u-d+1)(u+d+1)(u+d)!}{(u+d+1)(u+1)!d!} \\
&= \frac{(u-d+1)(u+d+1)!}{(u+d+1)(u+1)!d!} \\
&= \frac{u-d+1}{u+d+1} \cdot \frac{(u+d+1)!}{(u+1)!d!} \\
&= \frac{u-d+1}{u+d+1} \cdot \frac{(u+d+1)!}{(u+1)!(u+d+1-(u+1))!} \\
&= \frac{u-d+1}{u+d+1} \cdot \binom{u+d+1}{u+1}
\end{aligned}
$$

"哦,可是,这个算式……真的比刚才的算式简洁吗?"尤里说。

$$
\frac{u-d+1}{u+d+1} \cdot \binom{u+d+1}{u+1}
$$

我再一次观察算式。当出现复杂的算式时,要寻找"共通的模式",而共通的模式就是……这个。

"在这里用

$$
\begin{cases}
a = u + 1 \\
b = d
\end{cases}
$$

进行变量替换吧。"我说。

"这样做式子会有什么变化呢?"

$$\frac{u-d+1}{u+d+1} \cdot \begin{pmatrix} u+d+1 \\ u+1 \end{pmatrix} = \frac{(u+1)-d}{(u+1)+d} \cdot \begin{pmatrix} (u+1)+d \\ u+1 \end{pmatrix}$$

$$= \frac{a-b}{a+b} \cdot \begin{pmatrix} a+b \\ a \end{pmatrix}$$

"这么一来，式子简洁了许多吧？"我说。

$$\frac{a-b}{a+b} \cdot \begin{pmatrix} a+b \\ a \end{pmatrix}$$

"哦哦！真简洁！"尤里拍着手说，"哥哥你真厉害！"

"尤里不仅有一颗'感怀四季的心'，还有一颗'感怀算式[①]的心'呀。"说着，我将结论归纳到笔记本上。

钢琴问题的一般解

　　旋律不使用比开始音低的音；旋律由 $a+b$ 个音组成；每个音都与邻近的音相连；旋律的终止音只比开始音高 $a-b-1$ 个音阶。满足这些条件的旋律的个数可以用下面的式子表示。

$$\frac{a-b}{a+b} \cdot \begin{pmatrix} a+b \\ a \end{pmatrix}$$

"只高 $a-b-1$ 个音阶？"尤里问。

"结束音只比开始音高 $u-d$ 个音阶，也就是高了 $u-d=(a-1)-b=a-b-1$ 个音阶对吧？因为音的个数为 $u+d+1$ 个，所以音的个数就为 $u+d+1=(a-1)+b+1=a+b$ 个。"

[①]"算式"与"四季"日语发音相同。——译者注

"原来如此……"

"求出一般解后，要进行验算。在书上的钢琴问题中，$a - b - 1 = 3$，$a + b = 12$。因此 $a = 8, b = 4$。所以……"

$$\frac{a-b}{a+b} \cdot \binom{a+b}{a} = \frac{8-4}{8+4} \cdot \binom{8+4}{8}$$

$$= \frac{4}{12} \cdot \binom{12}{8}$$

$$= \frac{4}{12} \cdot \binom{12}{4}$$

$$= \frac{\cancel{4}}{\cancel{12}} \cdot \frac{\cancel{12} \cdot 11 \cdot \overset{5}{\cancel{10}} \cdot \overset{3}{\cancel{9}}}{\cancel{4} \cdot \cancel{3} \cdot \cancel{2} \cdot 1}$$

$$= 11 \cdot 5 \cdot 3$$

$$= 165$$

"嗯 —— 嗯嗯嗯！"尤里激动地叫出声来，"正好 165 喔！"

8.1.8 摇摆不定的心

"真是太有趣了啊。"我一边说一边收拾桌子。

"啊，真开心。"

"现在心情好点了吗？"我看着一脸满足的尤里。

"我明明都忘了的，你这不又让我想起来了嘛！哥哥你这个笨蛋……"尤里叹了一口气，"少女是很辛苦的啊 —— 对了，哥哥。"

她慢慢地摘下眼镜。

"嗯？"

"那个、那个…… 果然，写信的事儿失败了。"

写信？失败？

啊……是那个转校的男生的事情啊。他是尤里的朋友。尤里说的是给"那家伙"写信的事。尤里真的按照泰朵拉的建议给他寄信了啊。

"果然，当时不去写信就好了……"

尤里一边转着手中的眼镜一边说。

"没有回信吗？"我问。

"嗯，是的，就是那么一回事……不过……"尤里站起来，"唰"地背过身，面向书架，"我才没有那么在意呢。"

　　　　　"我才没有那么在意呢。"

从这句话里可以清楚地知道她有多么在意。

寄出信，等回信 —— 无法保证今天会收到回信，也无法保证明天会收到回信。也许回信根本就不会来。

我尽可能用温柔的声音说：

"他刚搬家不久，也许比较忙吧。"

"是啊，说的也是呢。"

尤里转回身来，莞尔一笑。

"哥哥，谢谢！"

8.2　清晨的上学路

随机漫步

"学长，早上好！"活力少女冲我打招呼。

"泰朵拉，早啊。"

正值清晨，天上淅淅沥沥地下着小雨。我和泰朵拉并排走在车站到学校的路上，她打着亮橙色的伞。

"即便下雨你也很有精神呢。"我说。

"嗯 —— 虽然我想这么说，可事实并非如此呢。"

"怎么啦?"

"啊，不过我已经打算拒绝米尔嘉学姐了，所以没事啦。"

"你指什么?"

"比起那个，学长最近都在研究什么问题呢?"

我简单说了说和尤里一起思考的钢琴问题。

"原来如此。锯齿形的路径……"泰朵拉一边避过脚边的水洼一边说，"钢琴问题和 random walk 很相似呀。"

"random walk? 啊啊，确实很像。"

random walk，用中文来说就是**随机漫步**，就好像醉酒后蹒跚行走一样，它是某点随机移动的数理模型的总称。

"最近我正好在物理课上学到了随机漫步的现象 —— 嗯，好像是叫布朗运动吧。我们还看了布朗运动的录像，花粉吸水膨胀破裂，从中流出的细小粒子在水中晃来晃去。这和在钢琴键盘上一会儿向上一会儿向下的运动有点儿相似。"

"的确是这样。"我一边惊讶于泰朵拉的想象力一边说，"就像是根据抛硬币的结果弹钢琴一样，出现正面弹高一个音，出现反面弹低一个音。这么说来，这就是一维随机漫步了吧。"

"一维?"

"二维的点可以在平面的前后和左右两个方向上移动，但是钢琴的键盘只有音的高低一个方向，所以它是一维的。"

"原来如此。"泰朵拉不住地点头。

8.3 中午的教室

8.3.1 矩阵的练习

上午的课程已经结束，现在是午休时间。

"诶？米尔嘉学姐呢？"

泰朵拉拿着便当来到我的教室。她现在读高二，我和米尔嘉读高三。一般人去其他年级的教室都会有些不自在的，泰朵拉却一点不怕生。

"她今天请假了。"我回答道。

"是这样啊……"

"虽然米尔嘉不在，但你要不要在这里吃午餐？天台还下着雨呢。"我提议。泰朵拉听罢突然笑眯眯地坐到我旁边的空位上。

"我学习了矩阵。"泰朵拉说着打开便当，"多亏了学长，这次我可没把矩阵的行与列弄混。谢谢你。我现在也渐渐擅长发现式子的模式了。能意识到'乘积和'真开心。"

"那么我要出题了，会计算这个吗？"我在笔记本上写下式子。

$$\begin{pmatrix} a & b \\ c & d \end{pmatrix}^2$$

"学长……这很简单啊。"

"是吗？"

泰朵拉立刻开始计算。

$$\begin{pmatrix} a & b \\ c & d \end{pmatrix}^2 = \begin{pmatrix} a & b \\ c & d \end{pmatrix}\begin{pmatrix} a & b \\ c & d \end{pmatrix}$$

$$= \begin{pmatrix} aa + bc & ab + bd \\ ca + dc & cb + dd \end{pmatrix}$$

$$= \begin{pmatrix} a^2 + bc & (a+d)b \\ (a+d)c & cb + d^2 \end{pmatrix}$$

"没错,回答正确。结果是一个包含 $a + d$ 的式子吧?"

"嗯嗯,我注意到了。结果中出现了 $(a + d)b$ 和 $(a + d)c$。"

"下一题。会计算这个式子吗?"

$$(a+d)\begin{pmatrix} a & b \\ c & d \end{pmatrix}$$

"我才不会上当呢。"泰朵拉说。"这是数与矩阵的乘法运算吧。只要将矩阵的元素全部乘 $(a + d)$ 就好了。"

$$(a+d)\begin{pmatrix} a & b \\ c & d \end{pmatrix} = \begin{pmatrix} (a+d)a & (a+d)b \\ (a+d)c & (a+d)d \end{pmatrix}$$

"非常好。"我说,"虽然本来我也没想给你设圈套……那仔细观察一下刚刚求出来的两个式子吧。"

$$\begin{cases} \begin{pmatrix} a & b \\ c & d \end{pmatrix}^2 = \begin{pmatrix} a^2 + bc & (a+d)b \\ (a+d)c & cb + d^2 \end{pmatrix} \\ (a+d)\begin{pmatrix} a & b \\ c & d \end{pmatrix} = \begin{pmatrix} (a+d)a & (a+d)b \\ (a+d)c & (a+d)d \end{pmatrix} \end{cases}$$

泰朵拉听到"仔细观察"就开始注视着笔记本。她真直率。

"两个矩阵都包含元素 $(a + d)b$ 与 $(a + d)c$……"

"嗯，注意到这个接下来就好办了。你能完成下面这个计算吗？"

$$\begin{pmatrix} a & b \\ c & d \end{pmatrix}^2 - (a+d)\begin{pmatrix} a & b \\ c & d \end{pmatrix}$$

"啊！做减法的话，有两个元素就消失了！不过这也不是什么值得惊讶的事情。"

$$\begin{pmatrix} a & b \\ c & d \end{pmatrix}^2 - (a+d)\begin{pmatrix} a & b \\ c & d \end{pmatrix} = \begin{pmatrix} a^2+bc & (a+d)b \\ (a+d)c & cb+d^2 \end{pmatrix} - \begin{pmatrix} (a+d)a & (a+d)b \\ (a+d)c & (a+d)d \end{pmatrix}$$

$$= \begin{pmatrix} a^2+bc-(a+d)a & (a+d)b-(a+d)b \\ (a+d)c-(a+d)c & cb+d^2-(a+d)d \end{pmatrix}$$

$$= \begin{pmatrix} a^2+bc-a^2-da & 0 \\ 0 & cb+d^2-ad-d^2 \end{pmatrix}$$

$$= \begin{pmatrix} bc-da & 0 \\ 0 & cb-ad \end{pmatrix}$$

"嗯，有两个元素消失了。"我说，"然后呢？"

"$bc-da$ 与 $cb-ad$ 不会消失哦。"泰朵拉说。

"虽然不会消失……"我静静地等着她发现。

"虽然不会消失？"她微微歪着头看着我。

"没发现吗，泰朵拉？你再仔细看看 $bc-da$ 与 $cb-ad$。"

"啊！相等！ $bc-da=cb-ad$。"

"而且……"我静静地等着她发现。

"而且？"她眨着眼睛看着我。

"$bc-da$ 与 $-(ad-bc)$ 相等对吧？"

"$-(ad-bc)$……啊！ $ad-bc$ 是 $\begin{pmatrix} a & b \\ c & d \end{pmatrix}$ 的行列式！"

"没错。因此，如果用 $\begin{vmatrix} a & b \\ c & d \end{vmatrix}$ 来表示 $\begin{pmatrix} a & b \\ c & d \end{pmatrix}$ 的行列式，下面的式子成立。"

$$\begin{pmatrix} a & b \\ c & d \end{pmatrix}^2 - (a+d) \begin{pmatrix} a & b \\ c & d \end{pmatrix} = - \begin{vmatrix} a & b \\ c & d \end{vmatrix} \begin{pmatrix} 1 & 0 \\ 0 & 1 \end{pmatrix}$$

"喔……"

"也可以全部都移到左边。"

$$\begin{pmatrix} a & b \\ c & d \end{pmatrix}^2 - (a+d) \begin{pmatrix} a & b \\ c & d \end{pmatrix} + \begin{vmatrix} a & b \\ c & d \end{vmatrix} \begin{pmatrix} 1 & 0 \\ 0 & 1 \end{pmatrix} = \begin{pmatrix} 0 & 0 \\ 0 & 0 \end{pmatrix}$$

"嗯……感觉这是个非常简洁的式子呢。"

"我们用 $\boldsymbol{A}$ 表示 $\left(\begin{smallmatrix} a & b \\ c & d \end{smallmatrix} \right)$，用 $\boldsymbol{E}$ 表示 $\left(\begin{smallmatrix} 1 & 0 \\ 0 & 1 \end{smallmatrix} \right)$，用 $\boldsymbol{O}$ 表示 $\left(\begin{smallmatrix} 0 & 0 \\ 0 & 0 \end{smallmatrix} \right)$ 的话 ——"

$$\boldsymbol{A}^2 - (a+d)\boldsymbol{A} + (ad - bc)\boldsymbol{E} = \boldsymbol{O}$$

总有这个式子成立。这就是**凯莱 – 哈密顿定理**。我在做历年高考真题时，经常会见到利用这个定理解题的问题哦。"

"原来是这样啊…… 对了学长，$ad - bc$ 的名字是行列式，那 $a + d$ 没有名字吗？"

"原来如此。$a + d$ 的名字啊…… 我还真是不知道。"

然后我再一次意识到：是啊，米尔嘉今天请假了。如果伶牙俐齿的才女在，应该能不假思索地回答出 $a + d$ 的名字吧。

8.3.2　摇摆不定的心

我们因为讨论矩阵的问题而把午饭放在了一边，现在开始吃午饭。我的是面包，泰朵拉的是便当。

"说起来，你今早提到的'打算拒绝'指的是什么事啊？"

"嗯…… 嗯……"她纠结了一会儿说，"其实是，我被米尔嘉学姐拜托了一件事，她想让我代替她在 conference 上作报告。"

"conference 指的是?"

"conference 就是这个夏天将在双仓图书馆举办的一个与计算机科学相关的小型会议。"

"诶! 泰朵拉会在那里发表论文吗?"

"不不不不! 哪里的话。那个会议中有一个面向初中生的研讨会。米尔嘉学姐想让我在那里作报告。"

"诶? 你打算作怎样的报告呢?"

"本来米尔嘉学姐打算作离散数学相关的报告,不过那天她好像有些不方便,所以就由我来替补。不过,我说自己做不来,就拒绝了米尔嘉学姐……"

"但是米尔嘉想让你作报告?"我问。

"是的。据说面向中学生的比较系统的课题会由大学老师来讲解。而我,怎么说呢…… 我是处在和初中生年龄相仿的大姐姐的位置上,只要作容易和初中生拉近距离的报告就好了。报告的主题可以是与数学或计算机相关的任何内容。"

"这么难得的机会,你不想讲些什么吗?"

"怎么连学长也这么说啊。只是想到要在那里作报告,我的心就扑通扑通地跳个不停。不管怎么说,那可是在将近二十人面前作报告呀。"

"二十人也没什么大不了的呀。对了,你谈谈咱们最近学习的算法不就可以了嘛。像逐行调试啦,渐近分析啦,还有查找和排序。"

"我可做不来! 其实,米尔嘉学姐也是这样提议的!"

"啊,是这样啊 —— 你和村木老师谈过了吗?"

"…… 村木老师也是这样提议的。"

"那不如就接受了吧? 前段时间你说过'想要传递信息'吧?"

"嗯?"

"在听众面前作报告不就是'传递信息'的机会吗?"

"啊，说的对啊。我还从未像这样想过。"

这时预备铃响了。

"啊，下午的课程要开始了。"

"学长，谢谢你的建议。我再想一想。"

泰朵拉鞠了一躬，便回自己的教室了。

8.4　放学后的图书室

8.4.1　流浪问题

下午的课程结束后，我像往常一样来到图书室。

"学长！"

刚刚还在学习的泰朵拉冲着我来回摆手。

"感觉今天一直都和泰朵拉在一起呢。"我笑着说。

"真的是啊！"她笑眯眯地两手托住脸颊，"啊，对了学长，我知道矩阵 $\begin{pmatrix} a & b \\ c & d \end{pmatrix}$ 中 $a+d$ 的名字了，叫**矩阵的迹** [①]。不过我还不明白它具体的意思。"

"诶？你查过了？"

"嗯！我已经不是一次又一次地等待学长给我讲解的泰朵拉啦！"

$$\boldsymbol{A}^2 - (\underbrace{a+d}_{\text{矩阵的迹}})\boldsymbol{A} + (\underbrace{ad-bc}_{\text{矩阵的行列式}})\boldsymbol{E} = \boldsymbol{O}$$

"真了不起……话说回来，那是村木老师的卡片吗？"

我指着放在泰朵拉面前的卡片。

"嗯。我跟老师说'已经熟悉了行列式'就立刻收到了新的问题！"

[①] 一个 $n \times n$ 矩阵 $\boldsymbol{A}$ 的主对角线（从左上方至右下方的对角线）上各个元素的总和称为矩阵 $\boldsymbol{A}$ 的迹（trace），记作 $\mathrm{tr}(\boldsymbol{A})$。——译者注

问题 8-2（流浪问题）

爱丽丝每年都在 A 与 B 两个国家之间流浪。

第 0 年，爱丽丝抛出一枚质地均匀的硬币，如果出现正面就在 A 国生活一年，出现反面就在 B 国生活一年。

从那之后，每年爱丽丝都在自己生活的国家抛一次硬币，如果出现正面就留在相同的国家生活一年，如果出现反面就移动到另外一个国家生活一年。

· 第 0 年抛出的质地均匀的硬币出现正面与出现反面的概率都是 $\frac{1}{2}$

· A 国的硬币出现正面的概率为 $1-p$，出现反面的概率为 p

· B 国的硬币出现正面的概率为 $1-q$，出现反面的概率为 q

· 设 $0 < p < 1$ 且 $0 < q < 1$

求爱丽丝第 n 年在 A 国生活的概率。

"你思考到哪里了？"我问。

"虽说我还不是很明白，不过我觉得这个流浪问题可以用等比数列的通项来求解吧。等比数列 $\{c, cr, cr^2, cr^3, \cdots, cr^n, \cdots\}$ 的首项为 c 公比为 r。这道题应该也能这样吧……"

"……是吗？"

"还、还有啊，我将爱丽丝往来两个国家的概率整理出来了。"

$$A \xrightarrow{\ 1-p\ } A$$

$$A \xrightarrow{\ p\ } B$$

$$B \xrightarrow{\ 1-q\ } B$$

$$B \xrightarrow{\ q\ } A$$

"嗯……"我说，"我觉得这么整理会更好一些。"

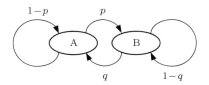

"啊,移动的状态一目了然啊……可是,接下来该怎么做呢?假设抛 n 次硬币,其中出现 m 次正面,感觉组合的个数会非常庞大呀。"

"那个,泰朵拉……你举例子了吗?"

"啊,没有……"

"你操之过急了哦。"

"是啊……我觉得答案可能与等比数列有关,于是就匆匆忙忙从通项入手了。第一步应该先举出具体的例子才对啊。"

"嗯嗯。'示例是理解的试金石'才是根本。我觉得与其一开始就匆忙思考第 n 年,不如第 0 年、第 1 年……这样逐步思考。比如说,第 0 年在 A 国生活的概率是 $\frac{1}{2}$ 对吧?你知道'第 0 年在 A 国生活,第 1 年留在 A 国的概率'吗?"

"一步一步,深入思考对吧……嗯,因为第 0 年在 A 国的概率是 $\frac{1}{2}$,第一年留在 A 国的概率是 $(1-p)$,因此所求的概率为 $\frac{1}{2} \times (1-p)$。"

"那么,'第 0 年在 B 国生活,第 1 年移动到 A 国的概率'是多少呢?"

"嗯……嗯……因为第 0 年在 B 国生活的概率是 $\frac{1}{2}$,第一年移动到 A 国的概率是 q,所以想要求的概率为 $\frac{1}{2} \times q$ 对吧?"

"'第 0 年在 A 国生活,第 1 年留在 A 国的情况'与'第 0 年在 B 国生活,第 1 年移动到 A 国的情况'——这就是全部了?"

"嗯?"

"你'不遗漏、不重复'地抓住了'第 1 年在 A 国生活的所有情况'吗?"

"嗯、嗯……啊,是啊……"

"怎么了?"

"我…… 我非常感谢学长提醒我'不遗漏、不重复'这个要点，本应该是我自己提醒自己确认的。"

"嗯，确实是…… 那么，为了便于进行一般化，我们将第 n 年在 A 国生活的概率设为 a_n，在 B 国生活的概率设为 b_n。如此一来，我们就可以将 $n = 0$ 时的状态按下面这样写出了。

$$第\,0\,年在 A 国生活的概率 = a_0 = \frac{1}{2}$$
$$第\,0\,年在 B 国生活的概率 = b_0 = \frac{1}{2}$$

这样一来，

$$第\,0\,年在 A 国生活且第\,1\,年也在 A 国生活的概率 = \frac{1}{2} \times (1 - p) = (1 - p)a_0$$
$$第\,0\,年在 B 国生活且第\,1\,年在 A 国生活的概率 = \frac{1}{2} \times q = qb_0$$

在刚才的式子中，a_0 和 b_0 的值都是 $\frac{1}{2}$。如此一来，我们就能用 a_0 和 b_0 来表示 a_1 了对吧？最终，第 1 年在 A 国生活的概率为 $(1 - p)a_0$ 与 qb_0 的和。"

$$a_1 = (1 - p)a_0 + qb_0 \qquad 第\,1\,年在 A 国生活的概率$$

"嗯！也就是说如果用同样的方法来考虑 b_1…… 就会变成这样！"

$$b_1 = (1 - q)b_0 + pa_0 \qquad 第\,1\,年在 B 国生活的概率$$

"嗯，这样是对的，不过最好把 a_0 写在前面。"

$$b_1 = pa_0 + (1 - q)b_0$$

"为什么呢？"

"只要把 a_1 与 b_1 并排写出你就明白了。"

$$\begin{cases} a_1 = (1-p)a_0 + qb_0 \\ b_1 = pa_0 + (1-q)b_0 \end{cases}$$

"……不，我还是不明白。这是为什么啊？"

"因为它们可以'用矩阵表示'呀！"

$$\begin{pmatrix} a_1 \\ b_1 \end{pmatrix} = \begin{pmatrix} 1-p & q \\ p & 1-q \end{pmatrix} \begin{pmatrix} a_0 \\ b_0 \end{pmatrix}$$

"啊！'相乘、相乘、再相加'就是'乘积和'的形式啊！"

$$\underbrace{\overbrace{(1-p) \cdot a_0}^{相乘} + \overbrace{q \cdot b_0}^{相乘}}_{相加} \qquad \underbrace{\overbrace{p \cdot a_0}^{相乘} + \overbrace{(1-q) \cdot b_0}^{相乘}}_{相加}$$

"喂喂，太大声啦。"

"……哦，不好意思。"

"继续想吧。我们刚才思考了第 0 年与第 1 年的关系。我们可以按同样的方法思考第 n 年与第 $n+1$ 年的关系对吧？"

"嗯，的确。刚才没找出规律真让人不甘心，这回我来写吧。"

$$\begin{pmatrix} a_{n+1} \\ b_{n+1} \end{pmatrix} = \begin{pmatrix} 1-p & q \\ p & 1-q \end{pmatrix} \begin{pmatrix} a_n \\ b_n \end{pmatrix}$$

8.4.2 A^2 的意义

窗外一直在下雨，图书室很安静，我和泰朵拉继续进行数学讲习。

"向量 $\begin{pmatrix} a_n \\ b_n \end{pmatrix}$ 表示爱丽丝第 n 年生活在 A 国的概率与生活在 B 国的概率。这个向量也就是第 n 年的**概率向量**哦，泰朵拉。"

"概率向量……"

"流浪问题的矩阵 $\begin{pmatrix} 1-p & q \\ p & 1-q \end{pmatrix}$ 与第 n 年的概率向量 $\begin{pmatrix} a_n \\ b_n \end{pmatrix}$ 的积为第

$n + 1$ 年的概率向量。"

$$\begin{pmatrix} 1-p & q \\ p & 1-q \end{pmatrix} \begin{pmatrix} a_n \\ b_n \end{pmatrix} = \begin{pmatrix} a_{n+1} \\ b_{n+1} \end{pmatrix}$$

"嗯。"

"那么，你觉得下面这个式子表示什么？"

$$\begin{pmatrix} 1-p & q \\ p & 1-q \end{pmatrix}^2 \begin{pmatrix} a_n \\ b_n \end{pmatrix} = ?$$

"矩阵的平方吗？嗯……表示什么呀？"

"实际计算一下吧。"

$$\begin{pmatrix} 1-p & q \\ p & 1-q \end{pmatrix}^2 \begin{pmatrix} a_n \\ b_n \end{pmatrix} = \begin{pmatrix} 1-p & q \\ p & 1-q \end{pmatrix} \underline{\begin{pmatrix} 1-p & q \\ p & 1-q \end{pmatrix} \begin{pmatrix} a_n \\ b_n \end{pmatrix}}$$

$$= \begin{pmatrix} 1-p & q \\ p & 1-q \end{pmatrix} \underline{\begin{pmatrix} a_{n+1} \\ b_{n+1} \end{pmatrix}}$$

$$= \begin{pmatrix} a_{n+2} \\ b_{n+2} \end{pmatrix}$$

"原来如此，通过矩阵的平方就能知道两年后的概率向量啊！"

8.4.3 向着矩阵的 n 次方前进

"那么让我们再一次回到村木老师的卡片。我们想求的是'第 n 年的概率向量'，也就是 $\begin{pmatrix} a_n \\ b_n \end{pmatrix}$。我们可以把目标设为求'矩阵的 n 次方'。因为将矩阵 $\begin{pmatrix} 1-p & q \\ q & 1-q \end{pmatrix}^n$ 与 $\begin{pmatrix} a_0 \\ b_0 \end{pmatrix}$ 相乘可以得到'第 n 年的概率向量'对吧？"

"矩阵的 n 次方吗……还真是非常普通呀。"

泰朵拉一边摆弄着卡片，一边陷入了沉思。

而我则有些为难。谈到矩阵的 n 次方就应该说明"那个方法",但也许下功夫进行矩阵计算再用数学归纳法证明的方法更容易让泰朵拉理解。该怎么办呢?

我这样思考着闭上了眼睛,食指无意识地在空中比划着圈圈 —— 就像米尔嘉经常做的那样。也许她闭着眼睛的时候,也是在思索"传递信息的方法"吧。

"诶诶诶?学长?!卡片的背面写的是?"泰朵拉将我从沉思中唤醒。

卡片的背面 —— 那里写着两个数学公式。

$$\begin{pmatrix} \alpha & 0 \\ 0 & \beta \end{pmatrix}^n = \begin{pmatrix} \alpha^n & 0 \\ 0 & \beta^n \end{pmatrix} \qquad (\boldsymbol{PDP^{-1}})^n = \boldsymbol{PD^nP^{-1}}$$

这是……村木老师给泰朵拉的提示啊。原来老师早就预料到了。好,我决定了。

就向着那个方法 —— 矩阵的对角化前进吧。

8.4.4 上半场准备:对角矩阵

"接下来要使用矩阵的对角化这一方法来求矩阵的 n 次方。"

"嗯。"泰朵拉点点头。

"作为'上半场准备',我们来学习对角矩阵的性质吧。"

◎　　◎　　◎

我们来学习对角矩阵的性质吧。对角矩阵指的是像

$$\begin{pmatrix} \alpha & 0 \\ 0 & \beta \end{pmatrix}$$

这种形式的矩阵。它是除从左上到右下的对角线上的元素外，其他元素都为 0 的矩阵。我们设 α、β 为实数。

对角矩阵有"可以方便地计算 n 次方"这一性质。

比如说，我们试着计算对角矩阵的 2 次方。

$$\begin{aligned} \begin{pmatrix} \alpha & 0 \\ 0 & \beta \end{pmatrix}^2 &= \begin{pmatrix} \alpha & 0 \\ 0 & \beta \end{pmatrix} \begin{pmatrix} \alpha & 0 \\ 0 & \beta \end{pmatrix} \\ &= \begin{pmatrix} \alpha \cdot \alpha + 0 \cdot 0 & \alpha \cdot 0 + 0 \cdot \beta \\ 0 \cdot \alpha + \beta \cdot 0 & 0 \cdot 0 + \beta \cdot \beta \end{pmatrix} \\ &= \begin{pmatrix} \alpha^2 & 0 \\ 0 & \beta^2 \end{pmatrix} \end{aligned}$$

也就是说，下面的式子成立。

$$\begin{pmatrix} \alpha & 0 \\ 0 & \beta \end{pmatrix}^2 = \begin{pmatrix} \alpha^2 & 0 \\ 0 & \beta^2 \end{pmatrix}$$

用同样的方法可以得到对角矩阵的 n 次方。只要用数学归纳法即可证明。

$$\begin{pmatrix} \alpha & 0 \\ 0 & \beta \end{pmatrix}^n = \begin{pmatrix} \alpha^n & 0 \\ 0 & \beta^n \end{pmatrix}$$

也就是说，对角矩阵的 n 次方等于对角矩阵中<u>各个元素的 n 次方</u>。

这就是为了矩阵的对角化的"上半场准备。"

8.4.5 下半场准备：矩阵与逆矩阵的三明治

我们把为了矩阵的对角化进行的"下半场准备"叫作矩阵与逆矩阵的三明治吧。

假设矩阵 P 有逆矩阵 [1] P^{-1}。接着利用 P 和 P^{-1} 夹住某个矩阵 D 做成三明治，也就是将三个矩阵 P 和 D 还有 P^{-1} 相乘哦，泰朵拉。这样做出来的矩阵

$$PDP^{-1}$$

非常有趣。因为变为三明治状态的矩阵 PDP^{-1} 的 n 次方，与用 P 与 P^{-1} 夹住 D^n 做出的三明治矩阵相等。

比如我们可以用三明治的 2 次方确认一下。

"三明治的 2 次方"会等于"2 次方的三明治"哦。

$$
\begin{aligned}
三明治的\,2\,次方 &= (PDP^{-1})^2 \\
&= (PDP^{-1})(PDP^{-1}) \\
&= PDP^{-1}PDP^{-1} \\
&= PD(P^{-1}P)DP^{-1} \\
&= PDEDP^{-1} \qquad E\,为单位矩阵\left(\begin{smallmatrix}1&0\\0&1\end{smallmatrix}\right) \\
&= PDDP^{-1} \\
&= PD^2P^{-1} \\
&= 2\,次方的三明治
\end{aligned}
$$

---

[1] 设 P 是 n 阶方阵，E 是 n 阶单位矩阵，如果存在 n 阶方阵 Q 使得 $PQ=QP=E$，则称 Q 是 P 的逆矩阵，P 称为可逆矩阵。——译者注

"三明治的 n 次方"的公式

$$(\boldsymbol{P}\boldsymbol{D}\boldsymbol{P}^{-1})^n = \boldsymbol{P}\boldsymbol{D}^n\boldsymbol{P}^{-1}$$

同样成立。这个公式也可以用数学归纳法证明。

夹在中间的 $\boldsymbol{P}^{-1}\boldsymbol{P}$ 部分会转化为单位矩阵 $\boldsymbol{E}$，然后消去。

"三明治的 n 次方"等于"n 次方的三明治"。

这就是为了矩阵的对角化的"下半场准备"。

8.4.6　向着特征值前进

到此为止准备完成。就像村木老师提示的那样——

▷ **对角矩阵的 n 次方等于对角线元素的 n 次方。**

$$\begin{pmatrix} \alpha & 0 \\ 0 & \beta \end{pmatrix}^n = \begin{pmatrix} \alpha^n & 0 \\ 0 & \beta^n \end{pmatrix}$$

▷ **用矩阵与逆矩阵做出的三明治的 n 次方等于 n 次方的三明治。**

$$(\boldsymbol{P}\boldsymbol{D}\boldsymbol{P}^{-1})^n = \boldsymbol{P}\boldsymbol{D}^n\boldsymbol{P}^{-1}$$

以此为基础，我们来求流浪问题中出现的矩阵的 n 次方吧。首先将矩阵命名为 $\boldsymbol{A}$。

$$\boldsymbol{A} = \begin{pmatrix} 1-p & q \\ p & 1-q \end{pmatrix}$$

我们的方针是

求满足 $\boldsymbol{A}=\boldsymbol{P}\boldsymbol{D}\boldsymbol{P}^{-1}$ 的对角矩阵 $\boldsymbol{D}$ 与矩阵 $\boldsymbol{P}$。

先整理一下问题。

问题 8-3（矩阵的对角化）

当矩阵 $\boldsymbol{A} = \begin{pmatrix} 1-p & q \\ p & 1-q \end{pmatrix}$ 时，求满足 $\boldsymbol{A} = \boldsymbol{P}\boldsymbol{D}\boldsymbol{P}^{-1}$ 的对角矩阵 $\boldsymbol{D} = \begin{pmatrix} \alpha & 0 \\ 0 & \beta \end{pmatrix}$ 与矩阵 $\boldsymbol{P} = \begin{pmatrix} a & b \\ c & d \end{pmatrix}$。

之所以采用这个方针是因为

$$\boldsymbol{A}^n = (\boldsymbol{P}\boldsymbol{D}\boldsymbol{P}^{-1})^n = \boldsymbol{P}\boldsymbol{D}^n\boldsymbol{P}^{-1}$$

矩阵 $\boldsymbol{A}$ 的 n 次方可以用对角矩阵 $\boldsymbol{D}$ 的 n 次方求得。

我们先从 $\boldsymbol{A} = \boldsymbol{P}\boldsymbol{D}\boldsymbol{P}^{-1}$ 这个式子开始讨论。

$$\boldsymbol{A} = \boldsymbol{P}\boldsymbol{D}\boldsymbol{P}^{-1}$$
$$\boldsymbol{A}\boldsymbol{P} = \boldsymbol{P}\boldsymbol{D} \qquad \text{在等号两侧从右边乘上 } \boldsymbol{P}$$

现在从矩阵的元素入手思考 $\boldsymbol{A}\boldsymbol{P} = \boldsymbol{P}\boldsymbol{D}$ 吧。

$$\begin{pmatrix} 1-p & q \\ p & 1-q \end{pmatrix} \begin{pmatrix} a & b \\ c & d \end{pmatrix} = \begin{pmatrix} a & b \\ c & d \end{pmatrix} \begin{pmatrix} \alpha & 0 \\ 0 & \beta \end{pmatrix}$$
$$= \begin{pmatrix} \alpha a & \beta b \\ \alpha c & \beta d \end{pmatrix}$$
$$= \alpha \begin{pmatrix} a & 0 \\ c & 0 \end{pmatrix} + \beta \begin{pmatrix} 0 & b \\ 0 & d \end{pmatrix}$$

此时，观察 $\begin{pmatrix} a & 0 \\ c & 0 \end{pmatrix}$ 的第一列中的 $\begin{smallmatrix} a \\ c \end{smallmatrix}$，会发现下面的式子成立。

$$\begin{pmatrix} 1-p & q \\ p & 1-q \end{pmatrix} \begin{pmatrix} a \\ c \end{pmatrix} = \alpha \begin{pmatrix} a \\ c \end{pmatrix}$$

也可以把式子写成下面这样的形式。

$$\begin{pmatrix} 1-p & q \\ p & 1-q \end{pmatrix} \begin{pmatrix} a \\ c \end{pmatrix} = \begin{pmatrix} \alpha & 0 \\ 0 & \alpha \end{pmatrix} \begin{pmatrix} a \\ c \end{pmatrix}$$

将等号右边的项移到左边进行整理。

$$\begin{pmatrix} 1-p & q \\ p & 1-q \end{pmatrix} \begin{pmatrix} a \\ c \end{pmatrix} - \begin{pmatrix} \alpha & 0 \\ 0 & \alpha \end{pmatrix} \begin{pmatrix} a \\ c \end{pmatrix} = \begin{pmatrix} 0 \\ 0 \end{pmatrix}$$

这样能得到下面的式子。

$$\begin{pmatrix} 1-p-\alpha & q \\ p & 1-q-\alpha \end{pmatrix} \begin{pmatrix} a \\ c \end{pmatrix} = \begin{pmatrix} 0 \\ 0 \end{pmatrix}$$

那么，这里出现的矩阵 $\begin{pmatrix} 1-p-\alpha & q \\ p & 1-q-\alpha \end{pmatrix}$ 存在逆矩阵吗?

◎　　◎　　◎

"矩阵 $\begin{pmatrix} 1-p-\alpha & q \\ p & 1-q-\alpha \end{pmatrix}$ 的逆矩阵存在吗?" 我问泰朵拉。

"稍等一下。'逆矩阵存在吗' 这个问题是在哪里出现的呢?"

"我们研究矩阵时，要一直注意 '逆矩阵存在吗' 这个问题。"

"原来如此…… 那么，这个矩阵的逆矩阵……"

"嗯，矩阵 $\begin{pmatrix} 1-p-\alpha & q \\ p & 1-q-\alpha \end{pmatrix}$ 的逆矩阵不存在。"

"这是为什么呢?"

"首先，因为矩阵 $\boldsymbol{P}$ 的逆矩阵存在，所以 $\begin{pmatrix} a \\ c \end{pmatrix} \neq \begin{pmatrix} 0 \\ 0 \end{pmatrix}$ 对吧?"

"诶? 这又是为什么呢?"

"先来设想一下如果 $\begin{pmatrix} a \\ c \end{pmatrix} = \begin{pmatrix} 0 \\ 0 \end{pmatrix}$ 会怎样吧。$\boldsymbol{P}$ 的行列式会像

$$|\boldsymbol{P}| = \begin{vmatrix} a & b \\ c & d \end{vmatrix} = \begin{vmatrix} 0 & b \\ 0 & d \end{vmatrix} = 0 \cdot d - b \cdot 0 = 0$$

这样等于 0。如此一来，$\boldsymbol{P}$ 的逆矩阵便不存在[1]，因此 $\begin{pmatrix} a \\ c \end{pmatrix} \neq \begin{pmatrix} 0 \\ 0 \end{pmatrix}$。也就是说，$a$、$c$ 中至少有一个不等于 0。"

"原来如此……这么一分析就能发现推理确实符合定义啊。"

"回到刚才的话题，我们从下面这个式子能推断出什么呢？"

$$\begin{pmatrix} 1-p-\alpha & q \\ p & 1-q-\alpha \end{pmatrix} \begin{pmatrix} a \\ c \end{pmatrix} = \begin{pmatrix} 0 \\ 0 \end{pmatrix}, \quad \begin{pmatrix} a \\ c \end{pmatrix} \neq \begin{pmatrix} 0 \\ 0 \end{pmatrix}$$

"抱歉！这里我也不太明白。"

"就像刚才我说的那样，我们要试着问自己'逆矩阵存在吗'，这样就能发现矩阵 $\begin{pmatrix} 1-p-\alpha & q \\ p & 1-q-\alpha \end{pmatrix}$ 的逆矩阵并不存在。"

"不好意思，我屡次三番地提问……这是为什么啊？"

"和刚才一样哦。先来设想一下，<u>如果</u> $\begin{pmatrix} 1-p-\alpha & q \\ p & 1-q-\alpha \end{pmatrix}$ 存在逆矩阵会怎样吧。刚才我们得到下面这个式子成立……

$$\begin{pmatrix} 1-p-\alpha & q \\ p & 1-q-\alpha \end{pmatrix} \begin{pmatrix} a \\ c \end{pmatrix} = \begin{pmatrix} 0 \\ 0 \end{pmatrix}$$

在等号的两边同时从左侧乘上逆矩阵 $\begin{pmatrix} 1-p-\alpha & q \\ p & 1-q-\alpha \end{pmatrix}^{-1}$ 吧。这样就会得出 $\begin{pmatrix} a \\ c \end{pmatrix} = \begin{pmatrix} 0 \\ 0 \end{pmatrix}$。"

"啊，和刚才得到的结果……矛盾啊。"

"没错，这与刚才讨论得知的 $\begin{pmatrix} a \\ c \end{pmatrix} \neq \begin{pmatrix} 0 \\ 0 \end{pmatrix}$ 矛盾。"

"确、确实……"

这时泰朵拉皱了皱眉。

"但是……我没办法像学长那样迅速地组织逻辑，流畅地运用反证

---

[1] 一个矩阵存在逆矩阵的充要条件是该矩阵的行列式不等于 0。——译者注

法……"

"嗯，确实我刚才讲的有点快了，可你不能因此气馁呀。我在此之前已经反反复复地练习了'矩阵的对角化'，正是多亏了大量的练习，才能有现在这样的速度。"

"原、原来是这样啊……那，我也要练习！"

"这种练习与死记硬背不同哦。并非要一字一句地背算式变形，而是要掌握讨论的流程。"

"嗯，就像记故事一样对吧？"

"我们接着来计算吧。因为矩阵 $\left(\begin{smallmatrix} 1-p-\alpha & q \\ p & 1-q-\alpha \end{smallmatrix}\right)$ 的逆矩阵不存在，所以矩阵 $\left(\begin{smallmatrix} 1-p-\alpha & q \\ p & 1-q-\alpha \end{smallmatrix}\right)$ 行列式等于 0。"

矩阵 $\left(\begin{smallmatrix} 1-p-\alpha & q \\ p & 1-q-\alpha \end{smallmatrix}\right)$ 行列式等于 0。

$$\begin{vmatrix} 1-p-\alpha & q \\ p & 1-q-\alpha \end{vmatrix} = 0$$

接着使用行列式的定义进行计算就可以了。

$$\begin{vmatrix} 1-p-\alpha & q \\ p & 1-q-\alpha \end{vmatrix} = (1-p-\alpha)(1-q-\alpha) - pq$$
$$= 1 - q - \alpha - p + pq + p\alpha - \alpha + q\alpha + \alpha^2 - pq$$

对 α 合并同类项。

$$= \alpha^2 - (1-p+1-q)\alpha + (1-p-q)$$

之所以对 α 合并同类项是因为此时意识到了"求 α"这个情节。因为行列式等于 0，所以 α 满足下面的式子。

$$\alpha^2 - (1 - p + 1 - q)\alpha + (1 - p - q) = 0$$

也就相当于 $x = \alpha$ 满足下面的二次方程式。

$$x^2 - (1 - p + 1 - q)x + (1 - p - q) = 0$$

我们将这个方程式称作矩阵 $\left(\begin{smallmatrix} 1-p & q \\ p & 1-q \end{smallmatrix}\right)$ 的**特征方程**。有趣的是，$\boldsymbol{A} = \left(\begin{smallmatrix} 1-p & q \\ p & 1-q \end{smallmatrix}\right)$ 的特征方程和凯莱 – 哈密顿定理中出现的式子拥有相同的结构。

$\boldsymbol{A}^2 - (1 - p + 1 - q)\boldsymbol{A} + (1 - p - q)\boldsymbol{E} = \boldsymbol{O}$　凯莱 – 哈密顿定理

$x^2 - \underbrace{(1 - p + 1 - q)}_{\text{矩阵的迹}}x + \underbrace{(1 - p - q)}_{\text{矩阵的行列式}} = 0$　　矩阵 $\left(\begin{smallmatrix} 1-p & q \\ p & 1-q \end{smallmatrix}\right)$ 的特征方程

　　当根据矩阵 $\boldsymbol{A}$ 建立的特征方程有两个解时，两个解分别为组成对角矩阵 $\boldsymbol{D}$ 的 α 与 β。

$$x^2 - (1 - p + 1 - q)x + (1 - p - q) = 0$$

我们可以将方程式分解为这样。

$$(x - 1)(x - (1 - p - q)) = 0$$

求得

$$x = 1 \text{ 或 } x = 1 - p - q$$

这两个值称作矩阵 $\left(\begin{smallmatrix} 1-p & q \\ p & 1-q \end{smallmatrix}\right)$ 的**特征值**。

　　设 $\alpha = 1, \beta = 1 - p - q$，那么我们求得的对角矩阵如下。

$$\boldsymbol{D} = \begin{pmatrix} \alpha & 0 \\ 0 & \beta \end{pmatrix} = \begin{pmatrix} 1 & 0 \\ 0 & 1 - p - q \end{pmatrix}$$

也可以将 α 与 β 对调，令 $\boldsymbol{D} = \begin{pmatrix} 1-p-q & 0 \\ 0 & 1 \end{pmatrix}$，只是我们在进行下一步之前必须确定 $\boldsymbol{D}$。

8.4.7　向着特征向量前进

"通过上述步骤我们得到了对角矩阵 $\boldsymbol{D}$。接下来只要求出矩阵 $\boldsymbol{P}$ 就可以了，为此我们需要求**特征向量**。"我说。

"特征方程、特征值、特征向量……"泰朵拉正拼命地记着笔记，"我先跟上学长的讲解，把学长的话记下来，等回过头来再仔细研究。"

"推理的过程并不复杂，可不要迷路了哦。"

$$\odot \qquad \odot \qquad \odot$$

可不要迷路了哦。

条件已经给出了 p, q，我们也求出了 α, β。接下来，只要求出 a, b, c, d 就可以了。已知数为 p, q，未知数为 a, b, c, d。

$$\begin{cases} \begin{pmatrix} 1-p-\alpha & q \\ p & 1-q-\alpha \end{pmatrix} \begin{pmatrix} a \\ c \end{pmatrix} = \begin{pmatrix} 0 \\ 0 \end{pmatrix} \\ \begin{pmatrix} 1-p-\beta & q \\ p & 1-q-\beta \end{pmatrix} \begin{pmatrix} b \\ d \end{pmatrix} = \begin{pmatrix} 0 \\ 0 \end{pmatrix} \end{cases}$$

在这里，我们将 $\alpha = 1, \beta = 1-p-q$ 代入，得到下面的式子。

$$\begin{cases} \begin{pmatrix} -p & q \\ p & -q \end{pmatrix} \begin{pmatrix} a \\ c \end{pmatrix} = \begin{pmatrix} 0 \\ 0 \end{pmatrix} \\ \begin{pmatrix} q & q \\ p & p \end{pmatrix} \begin{pmatrix} b \\ d \end{pmatrix} = \begin{pmatrix} 0 \\ 0 \end{pmatrix} \end{cases}$$

对这个式子进行计算整理可以得出下面的联立方程式。

$$\begin{cases} pa - qc = 0 \\ b + d \quad = 0 \end{cases}$$

这里只有两个方程式，但是我们想要求的变量有 a, b, c, d 四个，因此并不能通过这个联立方程式完全确定 a, b, c, d 的值。

实际上，无法确定也没关系，只要求出一组满足 $\boldsymbol{A} = \boldsymbol{PDP}^{-1}$ 的矩阵 $\boldsymbol{P}$ 与 $\boldsymbol{D}$ 即可。例如，

$$a = q, b = -1, c = p, d = 1$$

满足上述联立方程式，因此它们可以构成矩阵 $\boldsymbol{P}$。

$$\boldsymbol{P} = \begin{pmatrix} a & b \\ c & d \end{pmatrix} = \begin{pmatrix} q & -1 \\ p & 1 \end{pmatrix}$$

矩阵 $\boldsymbol{P} = \begin{pmatrix} a & b \\ c & d \end{pmatrix}$ 的逆矩阵 $\boldsymbol{P}^{-1} = \frac{1}{ad-bc}\begin{pmatrix} d & -b \\ -c & a \end{pmatrix}$[①]，所以当 $a = q, b = -1$，$c = p, d = 1$ 时，我们可以求出

$$\begin{aligned} \boldsymbol{P}^{-1} &= \frac{1}{ad - bc} \begin{pmatrix} d & -b \\ -c & a \end{pmatrix} \\ &= \frac{1}{q \cdot 1 - (-1) \cdot p} \begin{pmatrix} 1 & -(-1) \\ -p & q \end{pmatrix} \\ &= \frac{1}{p + q} \begin{pmatrix} 1 & 1 \\ -p & q \end{pmatrix} \end{aligned}$$

---

① 我们可以用待定系数法求逆矩阵：已知 $\boldsymbol{P} = \begin{pmatrix} a & b \\ c & d \end{pmatrix}$，$\boldsymbol{E} = \begin{pmatrix} 1 & 0 \\ 0 & 1 \end{pmatrix}$，设 $\boldsymbol{P}^{-1} = \begin{pmatrix} x & y \\ z & w \end{pmatrix}$，根据逆矩阵的定义有 $\boldsymbol{PP}^{-1} = \boldsymbol{E}$，因此 $\begin{pmatrix} a & b \\ c & d \end{pmatrix}\begin{pmatrix} x & y \\ z & w \end{pmatrix} = \begin{pmatrix} ax+bz & ay+bw \\ cx+dz & cy+dw \end{pmatrix} = \begin{pmatrix} 1 & 0 \\ 0 & 1 \end{pmatrix}$，

所以 $\begin{cases} ax + bz = 1 \\ ay + bw = 0 \\ cx + dz = 0 \\ cy + dw = 1 \end{cases}$，解出 x, y, z, w 代入 $\boldsymbol{P}^{-1}$ 即可。关于逆矩阵，也可参考第 276～278 页。——译者注

解答 8-3（矩阵的对角化）

对于矩阵 $\boldsymbol{A} = \begin{pmatrix} 1-p & q \\ p & 1-q \end{pmatrix}$，

$$\boldsymbol{D} = \begin{pmatrix} 1 & 0 \\ 0 & 1-p-q \end{pmatrix}$$

$$\boldsymbol{P} = \begin{pmatrix} q & -1 \\ p & 1 \end{pmatrix}$$

$$\boldsymbol{P}^{-1} = \frac{1}{p+q} \begin{pmatrix} 1 & 1 \\ -p & q \end{pmatrix}$$

满足 $\boldsymbol{A} = \boldsymbol{P}\boldsymbol{D}\boldsymbol{P}^{-1}$。

8.4.8　求 $\boldsymbol{A}^n$

终于到要求 $\boldsymbol{A}^n$ 的时候了。接下来要做的只是组合之前的成果。我们之前得到成果有这些——

$$\begin{cases} \boldsymbol{D} & = \begin{pmatrix} 1 & 0 \\ 0 & 1-p-q \end{pmatrix} \\[4mm] \boldsymbol{P} & = \begin{pmatrix} q & -1 \\ p & 1 \end{pmatrix} \\[4mm] \boldsymbol{P}^{-1} & = \dfrac{1}{p+q} \begin{pmatrix} 1 & 1 \\ -p & q \end{pmatrix} \end{cases}$$

因此，能得出

$$\begin{aligned}
\boldsymbol{A}^n &= (\boldsymbol{PDP}^{-1})^n \\
&= \boldsymbol{PD}^n\boldsymbol{P}^{-1} \\
&= \begin{pmatrix} q & -1 \\ p & 1 \end{pmatrix} \begin{pmatrix} 1 & 0 \\ 0 & 1-p-q \end{pmatrix}^n \cdot \frac{1}{p+q} \begin{pmatrix} 1 & 1 \\ -p & q \end{pmatrix} \\
&= \begin{pmatrix} q & -1 \\ p & 1 \end{pmatrix} \begin{pmatrix} 1^n & 0 \\ 0 & (1-p-q)^n \end{pmatrix} \cdot \frac{1}{p+q} \begin{pmatrix} 1 & 1 \\ -p & q \end{pmatrix} \\
&= \begin{pmatrix} q & -(1-p-q)^n \\ p & (1-p-q)^n \end{pmatrix} \cdot \frac{1}{p+q} \begin{pmatrix} 1 & 1 \\ -p & q \end{pmatrix} \\
&= \frac{1}{p+q} \begin{pmatrix} q+p(1-p-q)^n & q-q(1-p-q)^n \\ p-p(1-p-q)^n & p+q(1-p-q)^n \end{pmatrix}
\end{aligned}$$

我们使用上面推导出的结果来计算第 n 年的概率向量。

$$\begin{aligned}
\boldsymbol{A}^n \begin{pmatrix} a_0 \\ b_0 \end{pmatrix} &= \boldsymbol{A}^n \begin{pmatrix} \frac{1}{2} \\ \frac{1}{2} \end{pmatrix} \\
&= \frac{1}{p+q} \begin{pmatrix} q+p(1-p-q)^n & q-q(1-p-q)^n \\ p-p(1-p-q)^n & p+q(1-p-q)^n \end{pmatrix} \begin{pmatrix} \frac{1}{2} \\ \frac{1}{2} \end{pmatrix} \\
&= \frac{1}{2(p+q)} \begin{pmatrix} q+p(1-p-q)^n+q-q(1-p-q)^n \\ p-p(1-p-q)^n+p+q(1-p-q)^n \end{pmatrix} \\
&= \frac{1}{2(p+q)} \begin{pmatrix} 2q+(p-q)(1-p-q)^n \\ 2p-(p-q)(1-p-q)^n \end{pmatrix}
\end{aligned}$$

由此得出

$$\begin{cases} a_n &= \frac{1}{2(p+q)}(2q+(p-q)(1-p-q)^n) = \frac{q}{p+q} + \frac{p-q}{2(p+q)}(1-p-q)^n \\ b_n &= \frac{1}{2(p+q)}(2p-(p-q)(1-p-q)^n) = \frac{p}{p+q} - \frac{p-q}{2(p+q)}(1-p-q)^n \end{cases}$$

因此我们求得的概率就是 a_n。

解答 8-2（流浪问题）

爱丽丝第 n 年在 A 国生活的概率如下。

$$\frac{q}{p+q} + \frac{p-q}{2(p+q)}(1-p-q)^n$$

"呼……虽然每一步都分别明白了，但是……"

"我们画一下矩阵对角化的'旅行地图'吧。即便运算中出现了很多字母，也要掌握各个结果是根据什么条件得出的。"

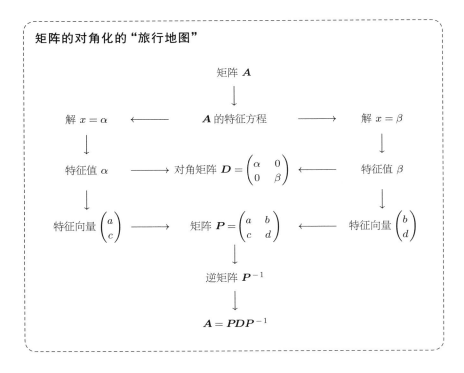

矩阵的对角化的"旅行地图"

"啊，原来旅行地图是这样的啊……只要想求矩阵的 n 次方，无论什么时候我们都可以利用'矩阵的对角化'吗？"

"我觉得当特征方程有重根时就需要想其他的办法了。"

"原来如此。对了学长……我现在愈发觉得，即便是像'人按某一概率在国家之间移动'这样简单的问题也会有十分复杂的结果呢。"

"是啊，设定十分单纯，结果却很复杂。仔细想想爱丽丝的行动仅依赖于她一年前在哪个国家，而她完全没有再之前在哪个国家生活过的'记忆'。这个问题应该是将社会现象简化后的模型……这种模型不局限于社会现象，在科学实验中也能有所应用 —— 啊！这不也是随机漫步吗?！"

"诶？"

"是啊。按某种概率在两个国家间往来 —— 也就是在两个状态间往来，这个问题也是一种随机漫步啊！"

8.5 家

8.5.1 摇摆不定的心

夜晚，我一个人在自己的房间里学习。

话虽如此，我却无法集中精神。

今天一整天，我都在和泰朵拉进行数学讲习。

但另一方面，我也不时想到米尔嘉。

我们通过矩阵的对角化解决了流浪问题。如果再花些时间，应该还可以更深入地思考那个问题的答案。比如说，我们可以不限于 A、B 两个国家 —— 两种状态，而是考虑 A, B, C 三种状态，或是思考 $n \to \infty$ 的极限……我脑海中一下子涌现出这些想法。我们一定可以提出新的问题、收获新的发现吧。

但是，如果当时米尔嘉在场，以她的知识与想象力，她一定会将同一个问题连接到一个全新的世界。她在场的话，也许会把我的解法讲得更加通俗易懂吧。

米尔嘉的短暂离开，更突出了她的存在。

我一边想着一边走向厨房，想倒一杯水喝。

这时 —— 仿佛早就等着我一样 —— 电话铃响了。

"你害怕约定吗？"

我接起电话，耳旁立刻响起这样一句话。

"诶？米尔嘉？"我吃了一惊，"怎么这么晚打来电话？"

"现在是清晨。"米尔嘉说。

"什么？"

"我正在 US，要在西海岸呆上一周。"

"诶？ US…… 你是指美国吗？"我傻傻地问道。

"你不想定下约定对吧？"

"…… 你在说什么？"

"你害怕定下约定吗？"

"不，我不清楚你在说什么。"

"你害怕定下约定吧。"

"…… 这是国际长途？"

"你害怕什么？"

"约定可能会被打破吧…… 呐，国际长途不贵吗？"

"约定就是表明决心。"米尔嘉继续自顾自话地说。

"决心？"

"要走哪条路，想成为什么样的人的决心啊。你因为害怕约定会被打破，所以不定下任何约定吗？你自己想选择什么道路？你自己想铺就什么道路？你不打算表明自己的决心吗？

> 这个人从未打破过约定。
> 因为他从未定下过约定。

你打算度过这样的一生吗？"

"……"我不知道该说什么。

"想必 ±0 的人生非常安稳吧。"

"……"

"约定就是表明决心，你打算走怎样的路？"

"……"

"不遵守约定的是坏人，让人无法遵守约定的是意外，而不愿定下约定的人不过是懦夫罢了。"

没等我回复，米尔嘉便挂掉了电话。

8.5.2　雨夜

因为米尔嘉的来电，我的头脑中一团乱麻。也许她只是像往常一样心血来潮打来电话，但摆在我面前的问题却不是凭心血来潮就能解决的。

> 你打算走怎样的路？

这是我自己必须面对的问题。

不过米尔嘉也真是的，特地打国际长途过来……诶？

等一下。

我在心里计算时差。现在那边 —— 不是凌晨 2 点吗？

那里并不是清晨，而是深夜。

米尔嘉在这样的深夜打电话给我。

难道说米尔嘉也在…… 不安?

尤里在等"那家伙"的回信——
泰朵拉在担心会议的报告——
米尔嘉,还有我。
未来让我们的内心摇摆不定。

是啊…… 米尔嘉也会有要守护自己内心的时候啊。她也需要并排坐在河畔的伙伴,她也需要能在深夜接起电话的人。解答谜题固然重要,守护内心也同样重要。

我打开窗。
湿冷的雨的味道从窗口涌进房间。
外面一片昏暗。
我还看不到…… 我们的未来。

一般来说,解一个问题的方法,
比问题的解本身重要得多。
——高德纳[1]

---

[1] 出自 *Selected Papers on Analysis of Algorithms* 第 x 页。

第 9 章

坚强、正直、美丽

> 没有帮手才是最关键的问题。
> 我可以在树林里挑出巨大的树，然后辛苦地把它们砍倒，
> 我可以用我的工具把它打造出船的外形，
> 然后通过用火烧或用刀削把它的内侧挖空，
> 这样它就成为一艘船了——
> 不过，我没办法把船从打造它的地方移走，
> 如果不能让船浮在海上，
> 这样的船对我又有什么用处呢？
> ——《鲁滨逊漂流记》

9.1　家

雨天的周六

　　周六下午。窗外依旧下着绵绵细雨。虽说正逢梅雨季节没办法，但接连的雨天实在是让人心情沉闷。我正在自己的房间里进行考前复习。

　　"哥哥！雨天真是太棒了！"

　　表妹尤里这样喊着来到我的房间。

　　之前她明明说过完全相反的话……

　　"哥哥，我带来了习题哦。"

尤里兴高采烈地打开笔记本。

问题 9-1（强正美柔问题）

有人能满足以下所有条件吗?

P1. 或坚强、或正直、或美丽。

P2. 或温柔、或正直、或不美丽。

P3. 或不坚强、或温柔、或美丽。

P4. 或不坚强、或不温柔、或正直。

P5. 或不温柔、或不正直、或美丽。

P6. 或不坚强、或不正直、或不美丽。

P7. 或坚强、或不温柔、或不美丽。

P8. 或坚强、或温柔、或不正直。

"尤里,这是什么?"

"显而易见啊哥哥,这是逻辑题啊!"

"哦哦。"我开始读题,"应该是这么回事吧。比如说,如果想要满足

> P1. 或坚强、或正直、或美丽。

这个条件,就必须或者'坚强'或者'正直'或者'美丽',对吗?"

"对对。比方说,尤里因为很'美丽'所以满足条件 P1 哦~"

"只要符合'坚强''正直''美丽'中的任意一个条件,就满足条件 P1。"我说,"这个问题问的是 —— 是否有一个人能够满足从 P1 至 P8 的所有条件?"

"怎样? 哥哥你能解开吗?"

"可是啊……"我说,"仔细想想'坚强''正直''美丽'这些不都是

主观的感受吗？用它们来做逻辑题让人有些抵触呢。"

"确实是这样，嗯……"尤里从手中的信封抽出一张纸，瞄了一眼，"啊，对了对了。我们假设之前已经适当地定义了'坚强'是什么意思——就是这样，拜托啦。"

"好想用逻辑公式[①]表示条件啊。我们可以用∨（或运算符）将条件P1写成

$$坚强 \lor 正直 \lor 美丽$$

这样的逻辑公式。只是形容词像命题似的让人有些不舒服。"

"我不满足条件P6呀。"尤里说。

"条件P6是？"

> P6. 或不坚强、或不正直、或不美丽。

"尤里是坚强、正直、美丽的！"

"原来如此，条件P6中出现了'不坚强'这样的否定表达。我们可以用逻辑符号¬（非运算符）来表示。"

$$\neg 坚强 \lor \neg 正直 \lor \neg 美丽$$

我陷入思考。

假设一个人"坚强"，如此一来，她满足条件P1，同样也满足包含"坚强"的条件P7与P8……原来如此，如果假设她"坚强"，那么我们更应该去研究包含"不坚强"的条件啊。

来考虑条件P3吧。

[①] 又叫作"合式公式"（well-formed formula）。——译者注

P3. 或不坚强、或温柔、或美丽。

假设这个人"坚强"，为了满足条件 P3，她必须"温柔"或者"美丽"。假设她"温柔"，这样她就满足条件 P3，如此一来……她也满足条件 P2。

但是条件 P4 是这样的。

P4. 或不坚强、或不温柔、或正直。

也就是说，如果她既"坚强"又"温柔"，为了满足条件 P4，她就必须"正直"。

接着来看条件 P5 吧。

P5. 或不温柔、或不正直、或美丽。

因此，如果她满足"温柔"与"正直"，就必须"美丽"。

嗯，至此集齐了"坚强""温柔""正直""美丽"，由此我们能知道她满足哪些条件。她满足条件 P1 至 P5，还有 P7 和 P8。

那么，她满足最终剩下的条件 P6 吗？

P6. 或不坚强、或不正直、或不美丽。

哎呀！她是"坚强""温柔""正直""美丽"的，不满足条件 P6。这样可不行……满足所有条件是不可能的吗？

从完全不同的角度入手吧，这次试着从"不坚强"开始。

· 假设她"不坚强"，由条件 P1 得出她必须"正直"或者"美丽"
· 假设她"正直"，由条件 P8 得出她必须"温柔"
· 由条件 P7 得出她必须"不美丽"

好，用"不坚强""正直""温柔""不美丽"来验证所有条件吧。

· 因为"正直"所以满足条件 P1
· 因为"温柔"所以满足条件 P2、P8
· 因为"不坚强"所以满足条件 P3、P4、P6
· 因为"不美丽"所以满足条件 P7
· 最后剩下的条件是 P5…… 呜，不行啊

> P5. 或不温柔、或不正直、或美丽。

"尤里，要想同时满足 8 个条件是不可能的呀。"

"那么你来证明它呀，哥哥。

> '未经证明的话只不过是猜想而已'

对吧？"

感觉今天的尤里真是既"坚强"又"美丽"呀。

"证明啊…… 那么就来思考这个人是否符合'坚强''正直''美丽'这三个形容词，找出满足条件 P1～P8 的组合就可以了对吧。"

"不是三个哦。'坚强''正直''美丽''温柔'这是四个形容词哦。"

"…… 啊，说得对啊。总之，'用表格来想'就可以了。"我说。

	强	正	美	柔	P1	P2	P3	P4	P5	P6	P7	P8
(1)	×	×	×	×	×	○	○	○	○	○	○	○
(2)	×	×	×	○	×	○	○	○	○	○	○	○
(3)	×	×	○	×	○	×	○	○	○	○	○	○
(4)	×	×	○	○	○	○	○	○	○	○	×	○
(5)	×	○	×	×	○	○	○	○	○	○	○	×
(6)	×	○	×	○	○	○	○	○	×	○	○	○

	强	正	美	柔	P1	P2	P3	P4	P5	P6	P7	P8
(7)	×	○	○	×	○	○	○	○	○	○	○	×
(8)	×	○	○	○	○	○	○	○	○	○	×	○
(9)	○	×	×	×	○	○	○	×	○	○	○	○
(10)	○	×	×	×	○	○	○	×	○	○	○	○
(11)	○	×	○	×	○	×	○	○	○	○	○	○
(12)	○	×	○	○	○	○	○	×	○	○	○	○
(13)	○	○	×	×	○	○	×	○	○	○	○	○
(14)	○	○	×	○	○	○	○	○	×	○	○	○
(15)	○	○	○	×	○	○	○	○	○	×	○	○
(16)	○	○	○	○	○	○	○	○	○	×	○	○

"这里的 ○× 表示？"尤里戴上树脂边框眼镜仔细看表格。

"如果符合'坚强''正直''美丽''温柔'中的某一项，就在那一项里画 ○，不符合就画 ×。"我一边指着表格一边说明，"这里有 (1)～(16)共 16 种**分配方式**对吧？像这样，分别比较 ○× 的分配结果是否满足条件 P1～P8，如果满足条件就画 ○，不满足就画 ×。"

"嗯嗯。"

"你看，在 (1)～(16) 的分配方式中，无论选哪一种分配方式，都存在不能满足 P1～P8 全部条件的情况。也就是说，在条件 P1～P8 之中，至少有一项条件的下方会被画 × 哦。因为我们调查了 16 种所有分配方式，所以我们可以断定没有人能 8 个条件全部满足。至此证明结束。"

"真是花了不少时间喵。"尤里点着头说。

解答 9-1（强正美柔问题）

　　没有人能满足 P1～P8 的所有条件。

"尤里，这个问题出得真棒。"我又看了一遍表格说，"这是经过周密思考之后编写出的问题。你看，每一种分配方式中都恰好有一个条件为 ×。而且，无论选择哪一个条件，都会有分配方式使这个条件为 ×。也就是说，在这 8 个条件之中，无论缺少了哪一个条件，都会有满足剩下7 个条件的分配方式存在。"

"我也发现了哦！呐，出这个问题的人聪明吗？"

"嗯……我觉得这是个有趣的问题 —— 这个问题是尤里你出的吗？"

"呃……这并不是我出的问题……"

她这样说着，目光闪烁不定地瞄着信封中抽出的纸。

"这也是逻辑题？"我探出头想去看。

"不准看！"尤里把纸藏起来，"哥哥你这个 ×××！"

"什么呀……"我刚嘀咕完，就想起来了，"尤里，这是那个转校的男生的回信吧？"

男生 —— 总和尤里互相出数学题的"那家伙"。

"嗯……啊，是的。那家伙也真是的，写一封信还要花这么久的时间，而且内容竟然还是给人家出题。话说回来那家伙……"

她的脸颊染上红晕，大有一副滔滔不绝的架势。

"尤里，尤里……真是太好了，他给你回信了。"

"……嗯，谢谢。"

9.2　图书室

9.2.1　逻辑题

"这可真是太好了！"

这里是图书室，放学后我和泰朵拉像往常一样在这里交谈。她听到尤里的事情显得十分开心。

"会提出写信这样的建议，还真像你的作风呢。"我说道。如果想把自己的心情传达给对方，写信是很好的办法 —— 泰朵拉向尤里提了这样的建议。

"因为可以通过语言与他人心灵互通是非常开心的一件事情啊。"

"尤里朋友的回信里还附上了逻辑题哦。"

"还有这回事啊。尤里的男朋友真是个有趣的人。"

"我觉得不是男朋友吧……"

"就是啦！因为……"

"啊，米尔嘉来了哦。"

米尔嘉一袭黑色长发，周身散发着端庄的气场，红发少女理纱走在米尔嘉身边，两人一起来到图书室。真不知道她们的关系到底是好是坏。

9.2.2　可满足性问题

我把从尤里那听到的与"坚强""正直""美丽""温柔"相关的逻辑题 —— 也就是强正美柔问题 —— 讲给她们听。

"可满足性问题。"米尔嘉说。

"叫可满足性问题……吗？"我问米尔嘉。

我本以为强正美柔问题只是需要考虑所有情况的简单组合问题，没想到这个问题能让米尔嘉眼前一亮。

"可满足性问题的英文是 Satisfiability Problem 哦，泰朵拉。"

米尔嘉看着举手提问的泰朵拉，抢先一步回答了她的问题。

"原来是很有名的问题啊。"我说。

"在这个逻辑题的背后，有更加一般化的可满足性问题，它与计算机科学中最著名的未解决问题相关联。"

"诶？那个

'计算机科学中最著名的未解决问题'

是什么呀！"泰朵拉兴奋地叫出声。

"假设我们已经得到了逻辑公式，那么给变量赋予怎样的真假值[①] 才能使逻辑公式整体为真呢？这可能是无法办到的事情。对于给定的逻辑公式，是否存在使其为真的变量的分配方式呢？—— 寻找能解答这一问题的高效算法，就是计算机科学中最著名的未解决问题。"米尔嘉说。

经过了几秒沉默的时间。

"但、但是，这也就是说……"泰朵拉一时语塞。

"这是……"我也一时语塞。

"……"理纱没有发言。

"没错，听起来很简单。"米尔嘉举手示意，让我们不要着急发表见解。

"说是'给变量分配真假值'……"我说，"因为变量的个数是有限的，所以，所有真假值的组合个数也是有限的。能否使逻辑公式为真不是很快就能明白吗？"

"泰朵拉，你觉得呢？"米尔嘉指向活力少女。

"嗯，我的观点和学长相同。只要让计算机先生坚持不懈地尝试所有组合，应该就能明白吧……"

"嗯。理纱，你怎么认为？"米尔嘉指向计算机少女。

---

① 真假值是数理逻辑名词，为"真"或"假"二者之一，用于命题变量的取值。

——译者注

"低效。"理纱简洁地回答。

"没错。若是逐一调查真假值的所有组合，我们确实能知道满足逻辑公式的分配方式是否存在，如果存在还可以求出分配方式本身。但是，这样的算法的阶非常高。也就是说，用逐一调查的方法求解这个问题是非常低效的。而寻找高效的算法这一问题，目前还没有得到解决。"

"高效指的是？"我问。

"运行步数可以控制在问题的规模 n 的常数次方倍。比如说，有 n 个变量时，存在常数 K 使得算法至多在 n^K 步内得出答案。"

"呜，没有思路啊。"

"先把问题公式化再说吧。"米尔嘉说着对我使了个眼色。

好好，她是要我拿出笔记本和自动铅笔吧。

9.2.3　3-SAT

"可满足性问题——Satisfiability Problem，可以取前 3 个字母简称为 SAT 问题。SAT 问题也就是'能否满足逻辑公式'的问题。为了便于理解，我先来解释一下术语吧。"

◎　　◎　　◎

我先来解释一下术语吧。

组成逻辑公式的元素是拥有"真"值或"假"值的**变量**。

$$x_1 \qquad x_2 \qquad x_3 \qquad （变量的 3 个示例）$$

我们可以在变量前添加"¬"。"¬"是反转真假的非运算符。x_1 为假时 ¬x_1 为真，x_1 为真时 ¬x_1 为假。下面列出非运算符的真值表[1]。

---

[1] 表示逻辑事件的输入和输出之间全部可能状态的表格，即列出逻辑公式真假值的表。通常以 1 表示真，以 0 表示假。——译者注

x_1	$\neg\, x_1$
假	真
真	假

非运算符 ¬ 的真值表

"变量"或者"¬ 变量"称作 literal(字面量 [①])。

$$x_1 \qquad \neg\, x_2 \qquad \neg\, x_3 \qquad (\text{字面量的 3 个示例})$$

用 ∨ 连结字面量,由此形成的整体称作 clause(子句)。

$$x_1 \vee \neg\, x_2 \vee \neg\, x_3 \qquad (\text{子句的 1 个示例})$$

只要子句中有 1 个字面量为真,子句整体便为真。只有所有字面量都为假时,子句整体才为假。

L_1	L_2	L_3	$L_1 \vee L_2 \vee L_3$
假	**假**	**假**	**假**
假	假	真	真
假	真	假	真
假	真	真	真
真	假	假	真
真	假	真	真
真	真	假	真
真	真	真	真

子句的真值表(L_1、L_2、L_3 为字面量)

我们可以使用子句表示十分复杂的东西。假设变量 x_1 表示"坚强",变量 x_2 表示"正直",变量 x_3 表示"美丽",那么,子句 $x_1 \vee \neg\, x_2 \vee \neg\, x_3$

---

① 在计算机科学技术名词中,也称作"文字"。——译者注

表示一个人

或"坚强"或"不正直"或"不美丽"

这个意思。强正美柔问题的条件P1～P8就相当于8个子句。

将括号内的子句用 ∧（且运算符）连结，形成的整体称为**逻辑公式**。逻辑公式也称为合取范式，它的简写为 **CNF**，取自 <u>C</u>onjunctive <u>N</u>ormal <u>F</u>orm 的首字母。

$$(x_1 \vee \neg x_2) \wedge (\neg x_1 \vee x_2 \vee x_3 \vee \neg x_4)$$　　（逻辑公式（CNF）的示例）

在逻辑公式（CNF）中，只要有 1 个假的子句，这个 CNF 整体就为假。只有当所有的子句都为真时，CNF 才为真。

C_1	C_2	$(C_1) \wedge (C_2)$
假	假	假
假	真	假
真	假	假
真	**真**	**真**

CNF 的真值表（C_1、C_2 为子句）

所有子句都是由 3 个字面量构成的 CNF 称为 3-CNF。

$$(x_1 \vee \neg x_2 \vee \neg x_3) \wedge (x_2 \vee x_3 \vee \neg x_4)$$　　（逻辑公式（3-CNF）的示例）

如果令变量 x_1、x_2、x_3 的意义不变，变量 x_4 表示"温柔"，$(x_1 \vee \neg x_2 \vee \neg x_3) \wedge (x_2 \vee x_3 \vee \neg x_4)$ 这个 3-CNF 表示"'坚强'或者'不正直'或者'不美丽'"且"'正直'或者'美丽'或者'不温柔'"。

我们来整理一下术语吧。

这个逻辑公式有 2 个子句，每个子句都由 3 个字面量构成，因此这个逻辑公式是 3-CNF。我们把调查是否存在分配方式满足 3-CNF 的问题称作"3-SAT"。

9.2.4 满足

至此，我们已经讲过了变量、字面量、子句、逻辑公式(CNF、3-CNF)。变量或者 ¬ 变量为字面量，用 ∨ 连结字面量得到子句，用 ∧ 连接子句得到 CNF，所有的子句都是由 3 个字面量构成的 CNF 为 3-CNF。

$$(x_1 \vee \neg x_2 \vee \neg x_3) \wedge (x_2 \vee x_3 \vee \neg x_4) \qquad (逻辑公式（3-CNF）的示例)$$

决定赋予变量"真"值还是"假"值的对应关系称作**分配方式**。比如说，下面的示例是对刚才提出的 3-CNF 中出现的 4 个变量 x_1、x_2、x_3、x_4 的分配方式。

$$(x_1, x_2, x_3, x_4) = (真, 真, 假, 假) \qquad (分配方式的示例)$$

根据这个分配方式可知，刚才的 3-CNF 为真。当分配方式 a 使逻辑公式 f 为真命题时，我们可以说，分配方式 a **满足**逻辑公式 f。

对于变量、字面量、子句，我们都可以使用"满足"这一术语。就像满足变量 x_1、满足字面量 $\neg x_3$、满足子句 $x_1 \vee \neg x_2 \vee \neg x_3$……这样。

因此，强正美柔问题也就是"是否存在一种分配方式满足由 8 个子句（条件 P1 ~ P8）构成的 3-CNF？"这样一个问题。

9.2.5　分配方式的练习

"嗯……字面量、子句还有……分配方式……"泰朵拉匆匆忙忙记下笔记。

"通过具体的题来确认是否理解了吧。"米尔嘉说，"请求出满足如下 3-CNF 的分配方式。"

$$(x_1 \lor \neg x_2 \lor \neg x_3) \land (\neg x_1 \lor x_2 \lor x_4)$$

"嗯……分配方式、分配方式……也就是说只要判断变量的真假就可以了，是吗？也就是说……好了，这样如何？"

$$(x_1, x_2, x_3, x_4) = (真，真，真，真)$$

"只要 x_1 与 x_2 为真，x_3 与 x_4 无论真假都没问题。"我说，"还有许多满足这个 3-CNF 的分配方式哦。"

"啊……确实是的。"泰朵拉点头同意，"米尔嘉学姐，我们可以立刻找到满足 3-CNF 的分配方式呀……"

"这只有在 3-CNF 很短的情况下才可以。"米尔嘉说，"那么，接下来我们来思考一个算法。该算法能够调查对于输入的任意 3-CNF，是否存在满足这个 3-CNF 的分配方式。"

"也就是让计算机先生来求解，对吧？"

"求解可满足性问题最单纯的算法是暴力算法——brute force，即按顺序逐一尝试分配方式的方法。"米尔嘉说。

"brute force……依靠蛮力解题吗？"

"问题是效率。你知道暴力算法在最坏的情况下需要调查多少种分配方式吗？"

"每一个变量能取到的值只有真和假两种对吧？"我回答，"因为一共有 n 个变量，所以分配方式的总数有 2^n 个。"

"如果有 4 个变量，分配方式就有 $2^4 = 16$ 种。"

"分配方式总共有 2^n 种，说明运行步数至少为 2^n 这一指数函数的阶。"

"仅仅有 34 个变量就会有上百亿种情况啊。"我感叹道。

"171 亿 7986 万 9184。"理纱说。

9.2.6 NP 完全问题

"3-SAT 和一个猜想有关联。这个猜想与问题的难度有关，叫作 **P ≠ NP 猜想**。"

"问题的难度？"

"假设有一个规模为 n 的问题，如果我们能在多项式时间内找到问题正确的解，就把这个问题称为 **P 问题**。'P'是多项式时间，也就是 Polynomial time 的首字母。多项式时间指计算时间可以被 n 的常数次方限制住，也就是 $O(n^K)$ 的意思。P 问题可以说是'能够高效解出的问题'。"

"P 问题……"

"与 P 问题相对应的另一类问题称为 **NP 问题**。是指当得到解的候选时，能够高效地判断候选是否为问题正确的解。NP 问题并不关注我们是否能高效地找出问题正确的解。"

"NP 问题中的'NP'是 Not Polynomial time 的意思，对吧？"

"答错了。这是常见的误解。NP 是 Non-deterministic Polynomial time 的缩写，意思是非确定多项式时间。要想详细解释这个问题，就需要说明图灵机这一假想的计算机。"

"哦……"

"人们已经证明了所有的 P 问题都是 NP 问题，但是反过来 —— 所有的 NP 问题都是 P 问题吗？—— 人们还没有对这个问题给出答案。如果所有的 NP 问题都是 P 问题，我们就能推理出 P = NP。如果 NP 问题中有问题不是 P 问题，那么P ≠ NP。"

"原来如此。"我说。

"P ≠ NP猜想是对 P 问题的集合与 NP 问题的集合不一致的猜想。也就是说，P ≠ NP猜想是'即使我们能够高效地判定问题的解，也未必能高效地找出问题的解'这样一个猜想。许多计算机科学家都相信这个猜想是成立的。但是，这个猜想还未被证明。"米尔嘉说。

"未经证明的话只不过是猜想而已……"我小声嘟囔。

"有一部分 NP 问题被称为 **NP 完全问题**。NP 完全问题在某种意义上可以说是 NP 问题之中最难的问题。因为只要证明 NP 完全问题中的任意一个问题为 P 问题，人们就能证明所有的 NP 问题都是 P 问题，也就是 P = NP。NP 完全问题是挑战P ≠ NP的钥匙。而我们刚刚谈到的可满足性问题（SAT）就是在历史上第一个被判定为 NP 完全问题的问题。斯蒂芬·库克凭借这项工作斩获了 1982 年的图灵奖 [①]。"

"……"

"比方说，当输入给定分配方式时，算法可以高效地判断逻辑公式的可满足性。但是，人们还没有发现能够高效地找出正确分配方式的 SAT 算法。SAT 问题的高效算法真的存在吗？还是说确实存在 SAT 的高效算法，只是人们还没有发现呢？这两种猜想都没有得到证明。大部分计算机科学家相信 SAT 的高效算法根本不存在，但也没有人能证明这点。"米尔嘉说。

"未经证明的话只不过是猜想而已……"泰朵拉小声嘟囔。

[①] 图灵奖（Turing Award），由美国计算机协会于1966年设立，专门奖励那些对计算机事业做出重要贡献的个人。其名称取自计算机科学的先驱、英国科学家艾伦·图灵（Alan Turing）。——译者注

"P $\neq$ NP 猜想还没有得到证明，因此存在 SAT 的高效算法的可能性还不是零。如果有人发现了 SAT 的高效算法，那么这一定会在计算机科学界掀起一场大革命。现在存在非常多的 NP 问题，而 SAT 是 NP 完全问题，如果能找到它的高效算法，也就能证明人们可以高效地解出一切 NP 问题。SAT 就是这样一个具有重大意义的问题，因此人们正在大量进行与 SAT 相关的研究。"

"喔……"我惊讶得说不出话。本以为 SAT 问题仅仅是一个与组合相关的问题，没想到它是这样一个重要的问题。我着实很惊讶。

"前几天去美国的时候，"米尔嘉继续说，"我在飞机上读了一篇关于求解 3-SAT 问题算法的论文。"

"诶！P $\neq$ NP 猜想已经被解决了吗？"

"不，那篇论文并没有高效地解出 SAT 问题。为了降低算法的时间复杂度，论文采用了与概率相关的手法。"

"将概率应用到…… 算法吗？"

"没错。"米尔嘉点了点头，"论文中使用了一种随机算法。"

"随机算法？"泰朵拉向米尔嘉提问。

"放学时间到了。"瑞谷女史宣布道。

9.3　回家路上

9.3.1　誓言与约定

泰朵拉、我、米尔嘉、理纱排成一列穿过小路，一同走向车站。

"前段时间我参加了亲戚的婚礼哦，"泰朵拉一边走一边说，"穿着洁白婚纱的新娘真的好耀眼……"

我看着回头说话的泰朵拉，担心她会摔倒。

"当神父读到《圣经》中'你要像爱自己一样爱你的妻子，妻子也同样要尊敬丈夫'时，还有当新郎新娘宣读婚姻的誓言'无论疾病或是健康'时，我都哭出来了啊。"

"应该是'无论生病还是健康时'吧？"

"嗯。就是'always'啊。"

婚姻的誓言啊。在神的面前，在众人的面前定下约定。约定……

"约定就是表明决心。"

米尔嘉在深夜的电话中说了这样的话。这可真是沉重的一句话啊，我的决心又在哪里呢？

"怎么了？"米尔嘉问。

"没什么……"我回答。

9.3.2　会议

我们穿过小路来到大道，在信号灯前等绿灯。

"会议的事情，你想得怎样了？"米尔嘉问泰朵拉。

"嗯…… 我还是觉得…… 我还是不行 ——"泰朵拉吞吞吐吐地说。

"会议？"理纱问。

"嗯，就是要在双仓图书馆举办的会议，理纱你是工作人员吗？"米尔嘉问。

"我在秘书处帮忙。"

"泰朵拉，这么难得的机会，你参加多好啊。我初中时在文化节上作过报告，那真的能学到很多。"我接着说，"研讨会是由高中生为初中生作报告对吧？可能会有初中生因为泰朵拉的报告而邂逅算法呢。"

听到这泰朵拉猛地吸了口气。

"啊……对啊。"

然后，她忽然一脸认真地说：

"果然我还是想作报告。因为会有人听我的发言，为了我的听众，我会认真地总结想法，努力地完成报告！"

"说起来，尤里她应该也会想参加会议吧。"

"这个会议太适合尤里了呀！"泰朵拉拍手叫道。

"尤里？"理纱问。

"我的表妹。她是一个热爱数学的初三学生，这个会议的确很适合她。"

"宣传单。"理纱从包中拿出一张纸递给我，上面印有双仓图书馆的标识，还印着报告的内容。

"诶？上面怎么写的是由米尔嘉来担任面向初中生的研讨会的讲师呢？"

"因为我没来得及联系秘书处更改。"米尔嘉说。

"添麻烦。"理纱说。

是啊。对于在秘书处帮忙的理纱来说，计划变更是件麻烦事。

"因为当天我在美国，所以没办法参加。"

"诶？你不在日本吗？"

9.4 图书室

9.4.1 求解3-SAT问题的随机算法

第二天放学后，我一如既往地来到图书室。图书室中，理纱正在电脑前敲打着什么，米尔嘉则站在理纱身后与她交谈。

"接下来呢？"理纱问米尔嘉。

"return'大概无法满足'后结束。"

"完成了。"理纱说。

"这是什么算法？"我探出头看屏幕。

"求解 3-SAT 问题的随机算法。"米尔嘉说着坐回椅子上。

求解可满足性问题（3-SAT）的随机算法（输入与输出）

输入

·逻辑公式（3-CNF）f

·变量的个数 n

·循环次数 R

输出

在 R 轮循环中，

当找到满足逻辑公式 f 的分配方式时，

　　输出"可以满足"。

没有找到满足逻辑公式 f 的分配方式时，

　　输出"大概无法满足"。

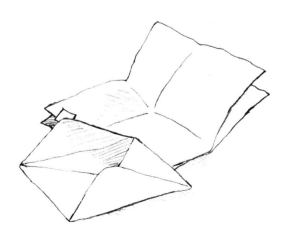

求解可满足性问题（3-SAT）的随机算法（流程）

W1: **procedure** RANDOM-WALK-3-SAT(f, n, R)
W2:　　$r \leftarrow 1$
W3:　　**while** $r \leqslant R$ **do**
W4:　　　　$a \leftarrow \langle$随机选取拥有 n 个变量的分配方式$\rangle$
W5:　　　　$k \leftarrow 1$
W6:　　　　**while** $k \leqslant 3n$ **do**
W7:　　　　　　**if** $\langle$分配方式 a 满足逻辑公式 $f \rangle$ **then**
W8:　　　　　　　　**return** "可以满足"
W9:　　　　　　**end-if**
W10:　　　　　$c \leftarrow \langle$由逻辑公式得到分配方式 a 不满足的子句$\rangle$
W11:　　　　　$x \leftarrow \langle$从子句 c 中随机选取变量$\rangle$
W12:　　　　　$a \leftarrow \langle$对分配方式 a 的变量 x 进行非运算得到新的分配方式$\rangle$
W13:　　　　　$k \leftarrow k + 1$
W14:　　　　**end-while**
W15:　　　$r \leftarrow r + 1$
W16:　　**end-while**
W17:　　**return** "大概无法满足"
W18: **end-procedure**

"看、看起来好难啊……"

不知什么时候，活力少女泰朵拉也来到了图书室。

"RANDOM-WALK-3-SAT 是一个有趣的算法。"

求解可满足性问题的随机算法 RANDOM-WALK-3-SAT—— 米尔嘉的"讲习"开始了。

9.4.2　随机漫步

RANDOM-WALK-3-SAT 是一个有趣的算法。从 n 个变量随机的分配方式开始，算法一点一点地更改分配方式，反复运行这样的随机漫步，一步一步地调查当前的分配方式是否满足逻辑公式 f。

　　算法通过随机数进行选取，也就是通过随机选取来确定从哪里开始运行随机漫步（行 W4），以及怎样改变分配方式（行 W11）。

　　这个算法由双重循环构成。

- 内层循环运行的随机漫步的步数为 $3n$ 步

　　（内层循环包括行 W5 语句的初始化变量 k，以及行 W6 至行 W14 的 **while** 语句）

- 外层循环使随机漫步运行 R 轮

　　（外层循环包括行 W2 初始化变量 r，以及行 W3 至行 W16 的 **while** 语句）

　　在行 W4 中，算法建立拥有 n 个变量的随机的分配方式，并将它代入到 a，这就是随机漫步的起点。

　　在行 W7 中，算法调查当前分配方式 a 是否满足逻辑公式 f。

　　在行 W11 中，算法决定随机漫步的下一步。

　　在行 W12 中，将新的分配方式代入变量 a。

　　以上就是 RANDOM-WALK-3-SAT 的大体的流程。感觉怎样?

◎　　◎　　◎

　　"感觉怎样?"

　　"好多地方都不明白……首先，这里的随机漫步指的是什么呢?"泰朵拉一副摸不到头脑的样子。

　　"他正在画示意图。"米尔嘉回答。

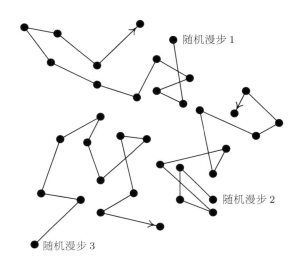

"这个图是？"泰朵拉问。

"我按照米尔嘉的说明画出了运行 3 次随机漫步的示意图。行走一段时间后，随机漫步就告一段落，然后在新的区域重新开始随机漫步……就像这样。"

"非常好。"米尔嘉回答。

"我有一些概念了……"泰朵拉说，"这个随机漫步的'区域'在哪里呢？我们是要研究逻辑公式的可满足性吧？在这张图中出现的黑点……究竟表示什么呢？"

"他会回答这个问题。"米尔嘉指着我说。

"我觉得黑点表示'分配方式'。"我说，"一组分配方式确定了用到的变量的真假，对应 1 个黑点。因为逻辑公式有 n 种变量，所以一共有 2^n 个分配方式。随机漫步就是在拥有 2^n 个元素的集合中的元素上漫步。"

"这个我明白了 —— 但又不明白，为什么要随机漫步呢？这个算法的工作原理不是不断地随机寻找分配方式，直到找出的分配方式满足输入的逻辑公式吗？"

"并非如此。"米尔嘉说，"只有行 W4 表示从全体分配方式中随机选取。算法的关键在行 W10。在行 W10 我们根据逻辑公式得出不可满足子句。"

米尔嘉在这里停了一会儿。像是在等待"不可满足子句"这一词语渗入泰朵拉的心中。

"不可满足子句……嗯，我记得逻辑公式是像

$$(\text{子句}_1) \wedge (\text{子句}_2) \wedge \cdots \wedge (\text{子句}_{123})$$

这样由 $\wedge$ 连结而成的……那么当整体的逻辑公式不可满足时，逻辑公式中应该至少存在一个不可满足的子句对吧？"

"我们设不可满足的子句为 c 吧。"米尔嘉站起来扫视着我们，"泰朵拉，子句 c 的特点是什么？"

"子句——我、我得先回想定义……抱歉。"

"没必要为回想定义道歉。"米尔嘉说。

"我知道了……嗯……子句是用 $\vee$ 连结字面量得到的整体。"

"子句中有几个字面量？"米尔嘉紧接着问。

"嗯……嗯……你是问字面量的个数吗？"

"3 个。"理纱冷不防说出答案，吓了我们一跳。

"是 3 个吗——啊啊啊！"泰朵拉叫出声来，"的确是 3 个字面量啊。因为输入的逻辑公式是 3-CNF 啊！"

"没错，因为是 3 个字面量，所以子句 c 一定是这样的形式。"

$$\text{字面量}_1 \vee \text{字面量}_2 \vee \text{字面量}_3$$

"啊！因为分配方式 a 不满足子句 c——所以字面量 $_1$、字面量 $_2$、字面量 $_3$ 都为假！"

"由分配方式 a 得出 3 个字面量皆为假。"米尔嘉说，"也就是说子句 c 的字面量中至少有 1 个字面量的真假值是错误的。"

"原来如此！"我恍然大悟。

"'错误的'是什么意思呢？"泰朵拉问。

"泰朵拉，你看这个例子。"我一边说明，一边不时观察米尔嘉的反应，"我们设子句 c 为 $x_1 \vee \neg x_2 \vee \neg x_3$ 吧。分配方式 a 不满足子句 c 也就表明，在分配方式 a 中 x_1 为假、x_2 和 x_3 为真对吧？因此，为了满足子句 c，我们必须反转 x_1、x_2、x_3 中至少 1 个变量的真假。"

"原、原来如此……诶？但是，如果想要满足子句 c，只要对 x_1、x_2、x_3 中某一变量进行非运算就够了，为什么你要说至少 1 个呢？"

"嗯，的确只要对 1 个变量进行非运算就能满足子句 c。"我说，"但是，非运算可能会让其他子句变为不可满足，这是我们不希望发生的。为了满足逻辑公式，我们必须使所有的子句皆为可满足。但是我们无法轻易了解具体要对几个变量进行非运算，因此需要进行非运算的变量可能会有多个。"

"嗯……嗯……"

"判断出应该进行非运算的变量并非易事。"我接着说，"比如假设逻辑公式为下面这种形式。

$$\underbrace{(x_1 \vee x_2 \vee x_3)}_{\text{子句}_1} \wedge \cdots \wedge \underbrace{(\neg x_1 \vee x_2 \vee x_3)}_{\text{子句}_{123}}$$

此时若，

$$(x_1, x_2, x_3) = (\text{假}, \text{假}, \text{假})$$

不满足子句$_1$。既然如此，对 x_1 进行非运算如何？

$$(x_1, x_2, x_3) = (\underline{\text{真}}, \text{假}, \text{假})$$

这个分配方式的确满足子句$_1$。但是，此前为可满足的子句$_{123}$却因为这一非运算变得不可满足了！"

"这真是按下葫芦浮起瓢啊……"

9.4.3   向着定量评估前进

"我现在对随机漫步的过程有了更清晰的认识。"泰朵拉说,"而且,我感觉在我们交谈的过程中,我逐渐与 3-CNF、子句、字面量这些术语交上了朋友。但是……归根到底,这个叫作 RANDOM-WALK-3-SAT 的随机算法真的比暴力算法更快吗?"

"想要回答这个问题,需要用到泰朵拉喜欢的'明确前提条件的定量评估'。"米尔嘉说,"实际上,我们正好得到了定量评估的线索。"

"也就是说?"

"就是刚刚提到的,不可满足子句 c 的 3 个变量中,至少有 1 个变量的真假值是错误的。"

"嗯,是的。我们要进行非运算对吧?"

"换言之,从子句 c 的 3 个变量中随机选取 1 个变量时,应该对该变量进行非运算的概率至少为 $\frac{1}{3}$。"

"哦哦。确实是这样啊!"我叫出声。

"这就是我们得到的定量评估的线索。从不可满足的子句中随机选取 1 个变量,对其进行非运算,这一操作使我们距离'满足整体逻辑公式的分配方式'更进一步的概率至少为 $\frac{1}{3}$。"

"我明白了——但、但是,我还有点没明白。"泰朵拉露出为难的表情,"米尔嘉学姐刚刚提到'更进一步',可我们并不清楚,随机选取的变量是否真正使当前的分配方式距离正确的分配方式更进了一步。因为我们并不清楚正确的分配方式是什么。如果我们知道的话,问题就已经解决了。无论进行多少次随机漫步,我们都无法明白当前的分配方式是离正确的分配方式更近,还是反而离得更远了啊!"

听了泰朵拉的发言,我心里也觉得有些不踏实。

总觉得自己忽略了什么该注意到的问题。

但是我想不出来那是什么。

究竟是什么呢?

米尔嘉不紧不慢地继续解释:"的确,我们无法知道当前的分配方式是接近了还是远离了正确的分配方式。但也有我们已经知道的事情。

- 通过 1 次随机选取以及非运算,使分配方式接近正确结果的概率至少为 $\frac{1}{3}$
- 通过 1 次随机选取以及非运算,使分配方式远离正确结果的概率至多为 $\frac{1}{3}$

这些是我们已经知道的—— 你怎么了?"

米尔嘉看着我,泰朵拉看着我,连理纱也在看着我。

因为我正夸张地摇头晃脑。

"接近、概率、远离、概率…… 我明白了!"我说。

"你想说的是 ——"

"米尔嘉,稍等一下! 在这里,还有一个随机漫步 ——"

这时我"唰"地站起身来。

"随机漫步中还有一个隐藏着的一维随机漫步!"

面对着我突如其来的发言,米尔嘉倒是显得很冷静。

"没错,是在汉明距离 [①] 上的随机漫步。"

米尔嘉就好像预料到我能考虑到这一步一样。

---

① 在信息论中,汉明距离表示两个等长字符串在对应位置上不同字符的数目,它度量了以替换字符的方式将一个字符串变换成另一个字符串所需的最小替换次数。1950年,美国数学家理查德·汉明(Richard Wesley Hamming)在论文《误差检测与校正码》(*Error detecting and error correcting codes*)中首次引入这个概念。——译者注

9.4.4　另一个随机漫步

"我们在意的问题是分配方式是否接近了正确的分配方式。"米尔嘉淡淡地说,"既然如此,我们将这个概念具体化吧,也就是在分配方式的集合中加入'距离'这一概念。"

"加入距离……"泰朵拉复述道。

"比较两个分配方式 a 与 b。假如变量 x_1 在 a 中为真,在 b 中为假,我们就称 x_1 的值<u>不一致</u>。还可以设变量 x_2 在 a 和 b 中都为假,此时我们称 x_2 的值<u>一致</u>……明白了吗,泰朵拉?"

"也就是说,我们在比较两个分配方式对吧?我明白。"

"当两个分配方式中不一致的变量个数很多时,我们认为两个分配方式距离很远;当不一致的变量个数很少时,我们认为两个分配方式距离很近。这是很自然的思维方式。为了定量地处理远和近,我们将两个分配方式的**距离**定义为'值不一致的变量的个数',我们把这样的距离称作汉明距离。"

"汉明距离……"泰朵拉认真地记笔记。

"比方说,下面两个分配方式 a 与 b 中有 3 个变量不一致,因此 a 与 b 的距离为 3。"

$$分配方式\,a \quad (x_1, x_2, x_3, x_4) = (真,真,\underline{假},\underline{假})$$
$$分配方式\,b \quad (x_1, x_2, x_3, x_4) = (\underline{假},真,\underline{真},\underline{真})$$

"因为 3 个变量 x_1、x_3、x_4 的值不一致对吧?"

"我们假设存在一种分配方式满足给定的逻辑公式,并将这个分配方式设为 a^*。如果有多个分配方式满足要求,就随便指定一个为 a^*。"

"嗯。也就是说 a^* 是正确的分配方式中的一个对吧?"

"那么,我要出题了。什么情况下 a 与 a^* 的距离等于 0?"

"嗯，当分配方式 a 与分配方式 a^* 相同时……二者的距离等于 0。"

"非常好。与此同时，分配方式 a 满足逻辑公式。"

"嗯，确实如此。"

"下一题。什么情况下 a 与 a^* 的距离等于 1？"

"在分配方式 a 中变量 x_1 错误时。"

"答错了。"

"啊，不好意思，我弄错了。答案应该是分配方式 a 中只有一个变量是错误时。有错误的变量未必是 x_1。"

"非常好。只要对有错误的变量进行非运算，逻辑公式就可以被满足。"

"嗯，我明白。"

"那么，下一题。一次非运算能使距离变化多少呢？"

"非运算会改变一个变量的真假对吧……可能将之前一致的值变为不一致，也可能将不一致的值变为一致，非运算只会产生这两种结果，因此，距离只会增加 1 或是减少 1。"

"非常好。每进行一次非运算，分配方式都会发生变化，结果只可能是距离 a^* 近一步或远一步。"

9.4.5　关注循环

"米尔嘉学姐……我已经明白了距离的概念，接下来我们要……？"

"接下来我们要定量地分析随机算法 RANDOM-WALK-3-SAT，证明它比 2^n 阶的暴力算法更节省时间。"

"比如，证明算法的运行步数至多为 $n \log n$ 阶吗？"

"泰朵拉，那是办不到的。就连我们想让运行步数为 n^K 阶都是奢望呀。现阶段我们的目标是尽可能减小 2^n 的底，也就是 2 的部分。"

"这、这样啊……"泰朵拉一边记笔记一边说,"但是,那个…… 我们怎样才能定量地分析随机算法呢?"

"来关注循环吧。进行 $3n$ 步随机漫步为 1 轮循环。"

"嗯。也就是内层的 **while** 语句吧。"

$$\vdots$$

```
W5:     k ← 1
W6:     while k ⩽ 3n do
W7:         if ⟨分配方式 a 满足逻辑公式 f⟩ then
W8:             return "可以满足"
W9:         end-if
W10:        c ← ⟨由逻辑公式得到分配方式 a 不满足的子句⟩
W11:        x ← ⟨从子句中随机选取变量⟩
W12:        a ← ⟨对分配方式 a 的变量 x 进行非运算得到新的分配方式⟩
W13:        k ← k + 1
W14:    end-while
```

$$\vdots$$

$3n$ 步随机漫步 (1 轮循环)

"1 轮循环最多有 $3n$ 步,在这其间算法能找到正确的分配方式 a^* 的概率至少为多少呢? 我们想评估运行 1 轮循环后输出'可以满足'并结束的概率,也就是想评估'循环的成功概率'。评估这个概率的下界…… 泰朵拉你怎么了?"

泰朵拉突然举起手。泰朵拉很少在讲解途中举手,真是稀奇。

"米尔嘉学姐,那个…… 我感觉我们的话题有些偏离轨道了。刚刚我们还想评估运行步数,怎么就变成要评估概率了呢?"

"呃…… 那我们先来讲解这个问题吧。外层循环是这样的。"

```
        ⋮
W2:    r ← 1
W3:    while r ≤ R do
W4:        a ← ⟨随机选取拥有 n 个变量的分配方式⟩
        ⋮
           "3n 步随机漫步 ( 1 轮循环 )"
        ⋮
W15:       r ← r + 1
W16:   end-while
        ⋮
```

"嗯，确实是这样。"

"找到可满足的分配方式时这个算法就会结束，因此循环的成功概率越高，外层循环的运行次数就会越少。因此，评估循环的成功概率与评估运行步数密不可分。"

"原来如此，我明白了。对了米尔嘉学姐，虽说有些跑题，"泰朵拉一边看着笔记本一边说，"按理说算法必须要有明确的输出，可是RANDOM-WALK-3-SAT 竟然会输出'大概无法满足'。"

"随机算法的准确度与概率息息相关。"米尔嘉回答，"当 RANDOM-WALK-3-SAT 输出'可以满足'时，算法实际的结果就是可以满足。但是当算法输出'大概无法满足'时，结果却可能为可以满足。算法有可能看漏了可以满足的分配方式，因此在这里通过概率进行评估就显得至关重要。"

"要评估看漏了的概率对吧?"

"没错，我们把像 RANDOM-WALK-3-SAT 这样的随机算法称作单侧错误的蒙特·卡罗算法。它的特点是两个输出中有一方 100% 正确，另一方有一定概率正确。如果想提高通过 RANDOM-WALK-3-SAT 算法得出'无法满足'的结果为正确结果的概率，只需增加循环次数 R。

只是作为提高正确率的代价，算法的运行步数也会相应提高，因此我们需要判断应该将 R 增加多少合适。"

"刚才我们提到评估'循环的成功概率'的下界对吧？"我问。

"假设我们可以使用比 1 大的某一常数 M，像'循环的成功概率''至少为 $\frac{1}{M^n}$'这样评估循环成功概率的下界。接下来，我们设循环次数 $R = K \cdot M^n$ 吧。也就是'循环的成功概率'的倒数的 K 倍。K 可以选择不依赖 n 的任意常数。"

"这样做有什么用呢……"

"这样做，我们便可以评估算法看漏可满足的分配方式的概率，即'疏忽概率'的上界。'疏忽概率'与'循环的失败概率'的 R 次方相等，我们可以利用'循环的失败概率''至多为 $1 - \frac{1}{M^n}$'这一条件，像下面这样评估'疏忽概率'的上界

$$
\begin{aligned}
\text{疏忽概率} &= \text{循环的失败概率}^R \\
&\leqslant \left(1 - \frac{1}{M^n}\right)^R \\
&= \left(1 - \frac{1}{M^n}\right)^{K \cdot M^n} \\
&\leqslant \mathrm{e}^{-\frac{1}{M^n} \cdot K \cdot M^n} \\
&= \mathrm{e}^{-K} \\
&= \frac{1}{\mathrm{e}^K}
\end{aligned}
$$

因为常数 K 是自己选择的任意常数，所以我们可以使用一个自己喜欢的上限 $\frac{1}{\mathrm{e}^K}$ 将'疏忽概率'限制在'至多为 $\frac{1}{\mathrm{e}^K}$'的范围内。

$$
\text{疏忽概率} \leqslant \frac{1}{\mathrm{e}^K}
$$

如果做到这一步，指数爆炸就会成为我们的朋友。只要稍稍增加 K，$\frac{1}{\mathrm{e}^K}$ 就会变得非常小。也就是说，我们可以把'疏忽概率'限制在很小的范围

内。此时，无论 K 为何值，循环次数 R 的指数函数部分都至多为 M^n 阶。"

"这样啊……那么我们把'循环的成功概率'评估为'至少为 $\frac{1}{M^n}$'就可以了。可以说'在 1 轮循环期间内，算法发现可满足的分配方式的概率至少为 $\frac{1}{M^n}$'。"

"不、不好意思。计算中途突然出现的

$$\left(1 - \frac{1}{M^n}\right)^{K \cdot M^n} \leqslant \mathrm{e}^{-\frac{1}{M^n} K \cdot M^n}$$

为什么成立呢？"

"只需想象一下 $y = \mathrm{e}^x$ 的图像就能明白了——"米尔嘉说。

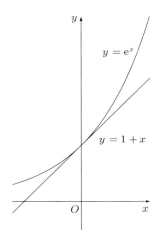

"对于任意的实数 x，$1 + x \leqslant \mathrm{e}^x$ 始终成立。接下来只要令 $x = -\frac{1}{M^n}$ 就可以了。

$$1 - \frac{1}{M^n} \leqslant \mathrm{e}^{-\frac{1}{M^n}}$$

在不等式两边同时取乘幂 $K \cdot M^n$。因为不等号的两边皆为正数，所以不等号方向不变。

$$\left(1 - \frac{1}{M^n}\right)^{K \cdot M^n} \leqslant e^{-\frac{1}{M^n} \cdot K \cdot M^n}$$

我们刚才就是一口气完成了以上这些计算。"

"放学时间到了。"图书管理员瑞谷老师宣布。

今天在图书室的一段美好时光又画上了句号。

9.5　家

9.5.1　幸运的评估

现在是晚上，我独自一人在自己的房间里学习。和米尔嘉还有泰朵拉一起研究数学固然开心，但自己独自研究数学的时间也是必不可少的。

针对米尔嘉讲解的随机算法，我与自己开始了对话。

$\vdots$

W5:　　$k \leftarrow 1$

W6:　　**while** $k \leqslant 3n$ **do**

W7:　　　　**if** $\langle$分配方式 a 满足逻辑公式 $f\rangle$ **then**

W8:　　　　　　**return** "可以满足"

W9:　　　　**end-if**

W10:　　　$c \leftarrow \langle$由逻辑公式得到分配方式 a 不满足的子句$\rangle$

W11:　　　$x \leftarrow \langle$从子句中随机选取变量$\rangle$

W12:　　　$a \leftarrow \langle$对分配方式 a 的变量 x 进行非运算得到新的分配方式$\rangle$

W13:　　　$k \leftarrow k + 1$

W14:　**end-while**

$\vdots$

$3n$ 步随机漫步（1 轮循环）

自问：我想求什么？

自答：循环的成功概率，也就是想评估在 $3n$ 步随机漫步中输出"可以满足"的概率的下界。

自问：我现在知道什么条件？

自答：从不可满足子句 c 中随机选取一个变量进行非运算时，算法接近正确的分配方式 a^* 的概率至少为 $\frac{1}{3}$。

呼……我立刻察觉到了。

这就是在抛硬币啊。也就是说，我是在反复抛

· 出现正面的概率至少为 $\frac{1}{3}$
· 出现反面的概率至多为 $\frac{2}{3}$

这样的硬币。并且，每当出现正面时算法就离目的地靠进 1 步，每当出现反面时就远离 1 步……它就是这样一个随机漫步。

但是，我并不清楚最初的分配方式 a 与正确的分配方式 a^* 的距离（不一致的变量的个数）。因为开始循环时的分配方式 a 是随机决定的，所以我完全不清楚 a 与 a^* 的距离。

……不，我知道概率！

用 $p(m)$ 来表示开始循环时 a 与 a^* 的距离为 m 的概率吧。就像这样

$$p(m) = 随机选取的\ a\ 与\ a^*\ 的距离等于\ m\ 的概率$$

我能求出 $p(m)$ 吗？

嗯，求 $p(m)$ 很轻松。

分配方式中有 n 个变量，随机选取分配方式意味着随机决定 n 个变量的真假。"所有的情况数"有 2^n 种，"n 个变量中有 m 变量一致的情况数"等于从 n 个元素中选取 m 个元素的组合数，就等于 $\binom{n}{m}$。因为

所有组合等可能出现，所以概率如下。

$$p(m) = \frac{n个变量中有m个变量一致的情况数}{所有的情况数} = \frac{\binom{n}{m}}{2^n} = \frac{1}{2^n}\binom{n}{m}$$

很好。话说回来，我是想从下方评估循环成功概率的下界，想求出循环成功的概率至少为多少 —— 那么，我就把求最幸运的情况的概率作为目标吧。

设最开始的距离为 m，那么什么情况下最幸运呢？这很简单，当我们随机选取变量进行非运算时，每一次非运算都能命中不一致的变量的情况就是最幸运的情况。

设最开始的分配方式中有 m 个变量不一致，也就是距离为 m。接下来只要连续 m 次接近 a^*，距离就会变成 0，就等于正确的分配方式。最幸运的情况就是随机漫步笔直冲向终点。这样我就可以着手计算了。

最幸运的概率 —— 也就是"距离连续减少 m 次的概率"设为 $q(m)$。因为某一次距离减少的概率至少为 $\frac{1}{3}$，所以

$$q(m) \geqslant \left(\frac{1}{3}\right)^m$$

成立。

通过上述计算得知以下式子成立。

$$p(m) = \text{初始距离为} m \text{的概率} = \frac{1}{2^n}\binom{n}{m}$$

$$q(m) = \text{距离连续减少} m \text{次的概率} \geqslant \left(\frac{1}{3}\right)^m$$

该如何处理 m 呢……让我稍稍具体思考一下吧。

m 可能是 0，此时分配方式 a 满足逻辑公式 f。m 可能是 1，此时应该有一个不一致的变量。m 还可能是 2，可能是 3……可能是 n。m 的取值为 0, 1, 2, $\cdots$, n 中的某一个。如此一来，便不会遗漏也不会重复。

啊！我明白了！m 可能为 0, 1, 2, $\cdots$, n，一共有 $n+1$ 种情况，它们包含了开始循环时的所有状态。并且这些状态事件全部互斥。也就是说，我只要计算每一个 m 值所对应的循环的成功概率，再把得到概率相加就可以了。这样便可以不受 m 值的影响求得最幸运的情况下"循环的成功概率"。

当 m 值确定时的循环的成功概率为"初始距离为 m 的概率"与最幸运的情况"连续进行 m 次非运算的概率"的积。

也就是说，在最幸运的情况下循环的成功概率为将 $m = 0, 1, 2, \cdots, n$ 时

$$p(m)q(m)$$

的结果相加。

循环的成功概率

$\geqslant$ 最幸运的情况下循环的成功概率

$$= \underbrace{p(0)q(0)}_{m=0\,的情况} + \underbrace{p(1)q(1)}_{m=1\,的情况} + \underbrace{p(2)q(2)}_{m=2\,的情况} + \underbrace{p(3)q(3)}_{m=3\,的情况} + \cdots + \underbrace{p(n)q(n)}_{m=n\,的情况}$$

$$= \sum_{m=0}^{n} p(m)q(m)$$

$$\geqslant \sum_{m=0}^{n} \frac{1}{2^n} \binom{n}{m} \left(\frac{1}{3}\right)^m \qquad 因为\, p(m) = \frac{1}{2^n}\binom{n}{m},\ q(m) \geqslant \left(\frac{1}{3}\right)^m$$

嗯，至此，我完成了对下界的评估！

$$循环的成功概率 \geqslant \sum_{m=0}^{n} \frac{1}{2^n} \binom{n}{m} \left(\frac{1}{3}\right)^m$$

接下来我要观察不等式的右边能否化简。

问题 9-2（化简和式）

化简下面的和式。

$$\sum_{m=0}^{n} \frac{1}{2^n} \binom{n}{m} \left(\frac{1}{3}\right)^m$$

9.5.2　化简和式

逻辑的话题很有趣，随机漫步的话题也很有趣，但我认为最有趣的话题还是数学公式。只要把研究对象落实到数学公式上，我就能清楚地了解它。现在的研究对象是

$$\sum_{m=0}^{n} \frac{1}{2^n} \binom{n}{m} \left(\frac{1}{3}\right)^m$$

这个数学公式。那么我能将它化简为更简单的式子吗？

首先是按部就班地计算，因为 $\frac{1}{2^n}$ 中没有变量 m，所以可以把它提到 $\sum$ 的外面。

$$\sum_{m=0}^{n} \frac{1}{2^n} \binom{n}{m} \left(\frac{1}{3}\right)^m = \frac{1}{2^n} \sum_{m=0}^{n} \binom{n}{m} \left(\frac{1}{3}\right)^m$$

式子中有 $\binom{n}{m}$ 与 $\left(\frac{1}{3}\right)^m$ 的积，还有关于 m 的和，也就是"乘积和"的形式啊……

能意识到"乘积和"真开心。

泰朵拉总是直率地学习、直率地说话。她总是很尊敬身为学长的我，学习我讲解的知识时也十分用心。

但是，变量太多让人头疼。

是啊，她不太擅长应对变量太多的式子。像二项式定理……二项式定理？

$$(x + y)^n = \sum_{m=0}^{n} \binom{n}{m} x^{n-m} y^m \qquad （二项式定理）$$

就是这个！利用二项式定理，令 $x = 1, y = \frac{1}{3}$，就可以化简我的式子了！

$$\begin{aligned}
\frac{1}{2^n} \sum_{m=0}^{n} \binom{n}{m} \left(\frac{1}{3}\right)^m &= \frac{1}{2^n} \sum_{m=0}^{n} \binom{n}{m} \cdot 1^{n-m} \cdot \left(\frac{1}{3}\right)^m \\
&= \frac{1}{2^n} \left(1 + \frac{1}{3}\right)^n \qquad （二项式定理） \\
&= \left(\frac{1}{2}\right)^n \left(\frac{4}{3}\right)^n \\
&= \left(\frac{1}{2} \cdot \frac{4}{3}\right)^n \\
&= \left(\frac{2}{3}\right)^n
\end{aligned}$$

完成了！式子变得非常简单。

解答9-2(化简和式)

$$\sum_{m=0}^{n} \frac{1}{2^n} \binom{n}{m} \left(\frac{1}{3}\right)^m = \left(\frac{2}{3}\right)^n$$

　　嗯，也就是说，当变量个数为 n 时，"循环的成功概率"的评估结果如下。

$$循环的成功概率 \geqslant \left(\frac{2}{3}\right)^n$$

9.5.3　次数的评估

　　好了!

　　循环的成功概率变成了"至少为 $\left(\frac{2}{3}\right)^n$"这样的形式。接下来，试着将它代入米尔嘉说的"至少为 $\frac{1}{M^n}$"这个形式中去，我就求出了 M 为 $\frac{2}{3}$ 的倒数，也就是 $\frac{3}{2}$。因此，循环数 $R = K \cdot M^n$ 的指数函数部分如下所示。

$$M^n = \left(\frac{3}{2}\right)^n = 1.5^n$$

　　使用暴力算法时，重复次数 2^n 的底为 2。

　　而我将随机算法 RANDOM-WALK-3-SAT 的循环数的指数函数部分评估为 1.5^n。

　　由 2 至 1.5。

　　真的变小了!

9.6 图书室

9.6.1 独立与互斥

第二天放学后。

我、泰朵拉、米尔嘉，还有沉默的理纱，我们一如既往地聚集在图书室中，我正向我的数学伙伴们讲解昨晚的成果。

"从 2^n 变成 1.5^n 了啊！"

泰朵拉拍着手说。

"嗯，我将随机漫步算法的指数函数的底数由 2 缩小到 1.5 了。"我兴奋地说道。我没看米尔嘉读过的论文就完成了算法的评估，这可真让人开心，"察觉到要使用二项式定理后，很快就做出来了。"

"的确很有趣。"米尔嘉说，"当然，与暴力算法的调查方法不同，随机漫步算法未必能在 1.5^n 阶的步数内百分之百地找到正确的分配方式。但是，当我们面对像 2^n 这样的指数型阶数时，'至少要试试减小底数'的挑战也是很重要的。随机算法是宝贵的武器之一啊。"

"抛硬币 —— 真是个好办法。"我说，"无论是 $3n$ 步随机算法，还是 R 轮循环，只要将它们看作反复抛硬币就会容易理解得多。"

"因为每次抛硬币都相互独立啊。"米尔嘉说。

"相互独立？"泰朵拉问。

"A、B 两个事件**相互独立**表示，A 和 B 之间不会互相影响。事件 'A 且 B' 发生的概率等于 $Pr(A)$ 与 $Pr(B)$ 的积。"

$$Pr(A \cap B) = Pr(A) \times Pr(B) \qquad （事件 A、B 相互独立）$$

"相互独立啊……"泰朵拉一边记笔记一边说，"相互独立 —— 和互斥不同吧？"

"不同。两个事件**互斥**指的是，事件 'A 或 B' 发生的概率等于

$Pr(A)$ 与 $Pr(B)$ 的和。"米尔嘉说。

$$Pr(A \cup B) = Pr(A) + Pr(B) \qquad （事件 A、B 互斥）$$

9.6.2　精确的评估

"那么，我们来谈谈论文中提到的评估吧。"

"诶？难道不是 1.5^n 吗？"泰朵拉问。

"论文中评估地更加精确。"米尔嘉回答。

"精确……坏了！要用到斯特林公式啊！"

"论文中会用到斯特林公式。但是在分析随机漫步时，首先用到的是我们已经熟知的武器 —— 钢琴问题的一般解 [1]。"

钢琴问题的一般解

　　旋律不使用比开始音低的音；旋律由 $a+b$ 个音组成；每个音都与邻近的音相连；旋律的终止音只比开始音高 $a-b-1$ 个音阶。满足这些条件的旋律的个数可以用下面的式子表示。

$$\frac{a-b}{a+b} \cdot \binom{a+b}{a}$$

◎　　◎　　◎

下面我们来精确地评估 RANDOM-WALK-3-SAT。

假设作为随机漫步起点的分配方式与一个正确的分配方式 a^* 距离 m 步。我们接下来开始进行随机漫步，当距离为 0 时分配方式满足逻辑公式。

---

① 在概率论中称为"选举定理"。

昨天晚上你只是在"分配方式从距离 m 步远的地方前进 m 步后使得距离为 0"这种最幸运的情况下，评估了循环成功的概率。

但是在大多数情况下，分配方式在距离接近 0 的过程中会随机行走。如果考虑这种随机行走的路径个数，由起点到 a^* 的路径就会增加，循环的成功概率也会增加，循环数的阶会降低。

我们可以像这样思考。设想从距离为 m 前进至距离为 0 的过程中，我们**远离 a^*** 的步数为 i。为了补偿远离的 i 步，我们必须在某些地方与 a^* 靠近 i 步。再加上从 m 至 0 本来就需要走的 m 步，从起点到达 a^* 一共需要前进 $m + 2i$ 步。

让我们无视 i 超过 m 时的路径吧，也就是认为当 i 超过 m 时，分配方式无法到达 a^*。

观察下面两个图像。

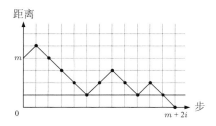 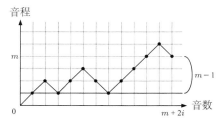

左边的图像表示：对应前进的步数"分配方式与 a^* 的距离是怎样变化的"。右边的图像表示：在钢琴问题中"音程是怎样变化的"。并排比较两个图像就会发现，随机漫步的一条路径与钢琴问题的一段旋律一一对应，它们恰好是左右反转的图像。

在钢琴问题的一般解中，结束音只比开始音高 $a - b - 1$ 个音阶。可以用以下式子来表示当有 $a + b$ 个音时旋律的个数。

$$\frac{a-b}{a+b}\binom{a+b}{a}$$

将它应用在随机漫步中，能得到下面这个联立方程式。

$$\begin{cases} a-b-1 & = m-1 \quad （结束音比开始音高多少音阶呢？）\\ a+b & = m+2i \quad （一共有多少个音呢？）\end{cases}$$

解这个联立方程式，得 $(a,b)=(m+i,i)$。由此我们得出随机漫步的路径数。

$$\begin{aligned} \frac{a-b}{a+b}\binom{a+b}{a} &= \frac{a-b}{a+b}\binom{a+b}{b} \qquad 因为 \binom{a+b}{a}=\binom{a+b}{b}\\ &= \frac{m}{m+2i}\binom{m+2i}{i} \end{aligned}$$

这就是"从距离为 m 前进至距离为 0 的过程中，与 a^* 的距离为 i 步的路径数。"

然后我们来计算循环的成功概率吧。

我们可以用 $P(m,i)$ 表示"从距离为 m 的某处向 a^* 前进的过程中，与 a^* 的距离达到 i 步后，最终到达 a^* 的概率。"我们来试着评估它，也就是思考反复抛 $m+2i$ 次硬币，其中出现 i 次正面的情况。如果硬币出现正面就远离 a^*，出现反面就靠近 a^*。因为硬币出现正面的概率至多为 $\frac{2}{3}$，出现反面的概率至少为 $\frac{1}{3}$，所以我们可以评估 $P(m,i)$ 如下所示。

$$P(m,i) \geqslant \underbrace{\frac{m}{m+2i}\binom{m+2i}{i}}_{路径数}\underbrace{\left(\frac{2}{3}\right)^{i}}_{远离步数}\underbrace{\left(\frac{1}{3}\right)^{m+i}}_{接近步数}$$

在这个评估里，忽略了远离步数 i 大于 m 时的路径。

刚才我们已经评估了 $P(m, i)$ 的下界。现在我们用 $Q(m)$ 表示任意远离步数下"从距离为 m 的某处到达 a^* 的概率"，来评估 $Q(m)$ 的下界。只要在 i 的取值范围 $0 \leqslant i \leqslant m$ 内，对 $P(m, i)$ 求和就可以了。

$$Q(m) = \sum_{i=0}^{m} P(m, i)$$
$$\geqslant \sum_{i=0}^{m} \underbrace{\frac{m}{m+2i}}_{\alpha} \binom{m+2i}{i} \underbrace{\left(\frac{2}{3}\right)^i}_{\beta} \underbrace{\left(\frac{1}{3}\right)^{m+i}}_{\gamma}$$

利用 i 的最大值为 m 这一条件，可以评估 α、β、γ 的下界。

$$\begin{cases} \alpha: & \dfrac{m}{m+2i} & \geqslant \dfrac{m}{m+2m} = \dfrac{1}{3} \\[3mm] \beta: & \left(\dfrac{2}{3}\right)^i & \geqslant \left(\dfrac{2}{3}\right)^m \\[3mm] \gamma: & \left(\dfrac{1}{3}\right)^{m+i} & \geqslant \left(\dfrac{1}{3}\right)^{m+m} = \left(\dfrac{1}{3}\right)^{2m} \end{cases}$$

利用 α、β、γ 继续评估 $Q(m)$ 的下界。

$$Q(m) \geqslant \sum_{i=0}^{m} \underbrace{\frac{m}{m+2i}}_{\alpha} \binom{m+2i}{i} \underbrace{\left(\frac{2}{3}\right)^i}_{\beta} \underbrace{\left(\frac{1}{3}\right)^{m+i}}_{\gamma}$$
$$\geqslant \sum_{i=0}^{m} \frac{1}{3} \binom{m+2i}{i} \left(\frac{2}{3}\right)^m \left(\frac{1}{3}\right)^{2m} \qquad \text{利用 "i 的最大值为 m" 这一条件}$$
$$= \frac{1}{3} \left(\frac{2}{3}\right)^m \left(\frac{1}{3}\right)^{2m} \sum_{i=0}^{m} \binom{m+2i}{i} \qquad \text{把不含 i 的式子提到 $\sum$ 的外边}$$
$$= \frac{1}{3} \left(\frac{2}{27}\right)^m \sum_{i=0}^{m} \binom{m+2i}{i}$$

把和式与它的最后一项比较，就能做出以下不等式。[①]

$$\sum_{i=0}^{m} \binom{m+2i}{i} \geqslant \binom{m+2m}{m} = \binom{3m}{m}$$

利用这个式子继续评估 $Q(m)$ 的下界。

$$Q(m) \geqslant \frac{1}{3}\left(\frac{2}{27}\right)^m \underbrace{\sum_{i=0}^{m} \binom{m+2i}{i}}$$

$$\geqslant \underbrace{\frac{1}{3}}_{\text{常数}} \underbrace{\left(\frac{2}{27}\right)^m}_{\text{乘方的形式}} \underbrace{\binom{3m}{m}}$$

让我们按乘方的形式来评估 $\binom{3m}{m}$ 的下界吧。

现在该传家宝刀——斯特林公式登场啦。

9.6.3 斯特林公式

米尔嘉一边"授课"，一边不停地在我的笔记本上写下式子。

◎   ◎   ◎

评估 $n!$ 时，我们经常会用到斯特林公式。

[①] 因为和式 $\sum_{i=0}^{m} \binom{m+2i}{i}$ 的每一项非负，所以这个和式的值一定大于等于它的某一项的值。——译者注

斯特林公式

当 n 足够大时，$n!$ 与 $\sqrt{2\pi n}\left(\dfrac{n}{e}\right)^n$ 近似，可以如下表示。

$$n! \sim \sqrt{2\pi n}\left(\frac{n}{e}\right)^n$$

当 $n \to \infty$ 时，这个式子左右两边的比值的极限等于 1，可以如下表示。

$$\lim_{n \to \infty} \frac{n!}{\sqrt{2\pi n}\left(\frac{n}{e}\right)^n} = 1$$

在这里，我们要用到与斯特林公式相关联的以下不等式。

$$n! \leqslant \sqrt{2\pi n}\left(\frac{n}{e}\right)^n e^{\frac{1}{12n}} \qquad \text{评估上界}\,(\text{U})$$

$$n! \geqslant \sqrt{2\pi n}\left(\frac{n}{e}\right)^n \qquad\qquad \text{评估下界}\,(\text{L})$$

接下来，我们使用不等式 (U) 与 (L) 来评估 $\binom{3m}{m}$ 的下界吧。根据定义，$\binom{3m}{m}$ 可以表示为阶乘的形式。

$$\binom{3m}{m} = \frac{(3m)!}{(1m)!(2m)!}$$

为了发现规律，我们把 m 写作 $1m$。因为要评估 $\binom{3m}{m}$ 的下界，所以要把分母评估得大一些，把分子评估得小一些。也就是说，我们要用不等式 (U) 评估 $(1m)!$ 和 $(2m)!$ 的上界，用不等式 (L) 评估 $(3m)!$ 的下界。

$$(1m)! \leqslant \sqrt{2\pi \cdot 1m}\left(\frac{1m}{e}\right)^{1m} e^{\frac{1}{12 \cdot 1m}} \qquad 由(U)得$$

$$(2m)! \leqslant \sqrt{2\pi \cdot 2m}\left(\frac{2m}{e}\right)^{2m} e^{\frac{1}{12 \cdot 2m}} \qquad 由(U)得$$

$$(3m)! \geqslant \sqrt{2\pi \cdot 3m}\left(\frac{3m}{e}\right)^{3m} \qquad 由(L)得$$

▶ 评估 $\frac{(3m)!}{(1m)!(2m)!}$ 中分母的上界。

$$(1m)!(2m)! \leqslant \sqrt{2\pi \cdot 1m}\left(\frac{1m}{e}\right)^{1m} e^{\frac{1}{12 \cdot 1m}} \cdot \sqrt{2\pi \cdot 2m}\left(\frac{2m}{e}\right)^{2m} e^{\frac{1}{12 \cdot 2m}}$$

$$= 2\pi \cdot \sqrt{2} \cdot m \cdot 4^m \cdot m^{3m} \cdot e^{-3m} \cdot e^{\frac{1}{12m}+\frac{1}{24m}}$$

▶ 评估 $\frac{(3m)!}{(1m)!(2m)!}$ 中分子的下界。

$$(3m)! \geqslant \sqrt{2\pi \cdot 3m}\left(\frac{3m}{e}\right)^{3m}$$

$$= \sqrt{2\pi} \cdot \sqrt{3} \cdot \sqrt{m} \cdot 27^m \cdot m^{3m} \cdot e^{-3m}$$

这样，我们就能评估 $\binom{3m}{m}$ 的下界了。

$$\binom{3m}{m} = \frac{(3m)!}{(1m)!(2m)!}$$

$$\geqslant \frac{\sqrt{2\pi} \cdot \sqrt{3} \cdot \sqrt{m} \cdot 27^m \cdot m^{3m} \cdot e^{-3m}}{2\pi \cdot \sqrt{2} \cdot m \cdot 4^m \cdot m^{3m} \cdot e^{-3m} \cdot e^{\frac{1}{12m}+\frac{1}{24m}}}$$

$$= \frac{\sqrt{3} \cdot 27^m}{\sqrt{2\pi} \cdot \sqrt{2} \cdot \sqrt{m} \cdot 4^m \cdot e^{\frac{1}{8m}}}$$

$$= \frac{\sqrt{3}}{2\sqrt{\pi}} \cdot e^{-\frac{1}{8m}} \cdot \frac{1}{\sqrt{m}} \cdot \left(\frac{27}{4}\right)^m$$

当 $m = 1, 2, 3, \cdots, n$ 时，利用 $e^{-\frac{1}{8m}} \geqslant e^{-\frac{1}{8}}$。

$$\geqslant \underbrace{\frac{\sqrt{3}}{2\sqrt{\pi}} \cdot e^{-\frac{1}{8}}}_{\text{常数}} \cdot \frac{1}{\sqrt{m}} \cdot \underbrace{\left(\frac{27}{4}\right)^m}_{\text{乘方的形式}}$$

将常数部分归纳为 C。

$$C = \frac{\sqrt{3}}{2\sqrt{\pi}} \cdot e^{-\frac{1}{8}}$$

来评估 $\binom{3m}{m}$ 的下界吧。

$$\binom{3m}{m} \geqslant \frac{C}{\sqrt{m}}\left(\frac{27}{4}\right)^m$$

现在，我们来评估 $Q(m)$ 的下界。

$$
\begin{aligned}
Q(m) &\geqslant \frac{1}{3}\left(\frac{2}{27}\right)^m \cdot \underwavy{\binom{3m}{m}} \\
&\geqslant \frac{1}{3}\left(\frac{2}{27}\right)^m \cdot \underwavy{\frac{C}{\sqrt{m}}\left(\frac{27}{4}\right)^m} \\
&= \frac{C}{3}\frac{1}{\sqrt{m}}\left(\frac{2}{27} \cdot \frac{27}{4}\right)^m \\
&= \frac{C}{3}\frac{1}{\sqrt{m}}\left(\frac{1}{2}\right)^m
\end{aligned}
$$

设 $C' = \frac{C}{3}$。

$$= \frac{C'}{\sqrt{m}}\left(\frac{1}{2}\right)^m$$

这样，我们就可以评估循环的成功概率的下界了。

循环的成功概率

$$= \sum_{m=0}^{n} \text{初始距离为} m \text{的概率} \cdot Q(m)$$

$$= \sum_{m=0}^{n} \frac{1}{2^n} \binom{n}{m} \cdot Q(m)$$

$$= \frac{1}{2^n} \binom{n}{0} \cdot Q(0) + \sum_{m=1}^{n} \frac{1}{2^n} \binom{n}{m} \cdot Q(m) \qquad \text{和式的第一项单列}^{①}$$

$$\geqslant \frac{1}{2^n} \binom{n}{0} \cdot Q(0) + \sum_{m=1}^{n} \frac{1}{2^n} \binom{n}{m} \cdot \frac{C'}{\sqrt{m}} \left(\frac{1}{2}\right)^m \qquad \text{因为} Q(m) \geqslant \frac{C'}{\sqrt{m}} \left(\frac{1}{2}\right)^m$$

$$= \frac{1}{2^n} \binom{n}{0} \cdot 1 + \sum_{m=1}^{n} \frac{1}{2^n} \binom{n}{m} \cdot \frac{C'}{\sqrt{m}} \left(\frac{1}{2}\right)^m \qquad \text{从} Q(m) \text{的定义可知} Q(0) = 1$$

$$\geqslant 1 \cdot \frac{1}{2^n} \binom{n}{0} + \frac{C'}{\sqrt{n}} \frac{1}{2^n} \sum_{m=1}^{n} \binom{n}{m} \left(\frac{1}{2}\right)^m \qquad \text{因为} \frac{1}{\sqrt{m}} \geqslant \frac{1}{\sqrt{n}}$$

$$\geqslant \frac{C'}{\sqrt{n}} \frac{1}{2^n} \binom{n}{0} + \frac{C'}{\sqrt{n}} \frac{1}{2^n} \sum_{m=1}^{n} \binom{n}{m} \left(\frac{1}{2}\right)^m \qquad \text{因为} \frac{C'}{\sqrt{n}} = \frac{1}{2\sqrt{3n\pi}\mathrm{e}^{\frac{1}{8}}} \leqslant 1$$

$$= \frac{C'}{\sqrt{n}} \frac{1}{2^n} \left(\binom{n}{0} \left(\frac{1}{2}\right)^0 + \sum_{m=1}^{n} \binom{n}{m} \left(\frac{1}{2}\right)^m \right) \qquad \text{因为} \left(\frac{1}{2}\right)^0 = 1$$

$$= \frac{C'}{\sqrt{n}} \frac{1}{2^n} \sum_{m=0}^{n} \binom{n}{m} \left(\frac{1}{2}\right)^m$$

$$= \frac{C'}{\sqrt{n}} \frac{1}{2^n} \underbrace{\sum_{m=0}^{n} \binom{n}{m} 1^{n-m} \left(\frac{1}{2}\right)^m}_{} \qquad \text{准备使用二项式定理}$$

$$= \frac{C'}{\sqrt{n}} \frac{1}{2^n} \underbrace{\left(1 + \frac{1}{2}\right)^n}_{} \qquad \text{使用二项式定理}$$

$$= \frac{C'}{\sqrt{n}} \left(\frac{1}{2} \cdot \frac{3}{2}\right)^n$$

$$= \frac{C'}{\sqrt{n}} \left(\frac{3}{4}\right)^n$$

---

① 本行及之后的五行为译者所加，用于替换原书此处的“$\geqslant \sum_{m=0}^{n} \frac{1}{2^n} \binom{n}{m} \cdot \frac{C'}{\sqrt{m}} \left(\frac{1}{2}\right)^m$”，因为当 $m = 0$ 时，$\sqrt{m}$ 不能做分母。——译者注

这样，我们就完成了对循环成功概率下界的评估。

$$循环的成功概率 \geqslant \frac{C'}{\sqrt{n}}\left(\frac{3}{4}\right)^n$$

对不等号右边取倒数，得到

$$\frac{\sqrt{n}}{C'}\left(\frac{4}{3}\right)^n$$

因此，我们可以这样评估循环数的指数函数部分。

$$循环的指数函数部分 \leqslant \left(\frac{4}{3}\right)^n = (1.333\cdots)^n < 1.334^n$$

最终，我们评估循环数的指数函数部分至多为

$$1.334^n$$

比你的评估结果$1.5n$小了很多啊。

至此，问题告一段落。

"至此，问题告一段落。遵循论文来思考也很有趣啊。"

"斯特林公式啊……"我还在回味刚才的问题。

评估"循环数的指数函数部分"下界的"旅行地图"

假设随机漫步的起点距离正确的分配方式 $a*$ 有 m 步。

利用钢琴问题求解路径数，并将求解路径数看作抛硬币来评估。

评估 $P(m, i)$ ——
"从距离 m 的某处远离 i 步后到达 a^* 的概率"

$$P(m, i) \geqslant \underbrace{\frac{m}{m+2i} \binom{m+2i}{i}}_{\text{路径数}} \underbrace{\left(\frac{2}{3}\right)^i}_{\text{远离步数}} \underbrace{\left(\frac{1}{3}\right)^{m+i}}_{\text{接近步数}}$$

评估 $Q(m)$ ——
"从距离 m 的某处到达 a^* 的概率"

$$Q(m) = \sum_{i=0}^{m} P(m, i) \geqslant \frac{1}{3}\left(\frac{2}{27}\right)^m \binom{3m}{m}$$

通过斯特林公式评估 $\binom{3m}{m}$

$$\binom{3m}{m} = \frac{(3m)!}{(1m)!(2m)!} \geqslant \frac{C}{\sqrt{m}}\left(\frac{27}{4}\right)^m$$

通过二项式定理评估"循环的成功概率"

$$\text{循环的成功概率} = \sum_{m=0}^{n} \frac{1}{2^n}\binom{n}{m} \cdot Q(m) \geqslant \frac{C'}{\sqrt{n}}\left(\frac{3}{4}\right)^n$$

取倒数，评估"循环数的指数函数部分"

$$\text{循环数的指数函数部分} \leqslant \left(\frac{4}{3}\right)^n < 1.334^n$$

"我的武器还远远不够啊……"泰朵拉慢慢地说，"这不是简单的式子变形，还涉及评估各个因数的大小；用斯特林公式评估组合的个数；评估上界；评估下界；评估循环的成功概率与失败概率；评估随机算法疏忽的概率…… 运用这些武器不仅需要掌握与数字和算式相关的广泛的知识、深刻的感悟，还需要充沛的体力。"

"是啊…… 哎呀，快到瑞谷女史的登场时间了。"我说。

"那个…… 今天要不要试着做点不同以往的有趣的事情呢？"泰朵拉说着露出一副小孩子要恶作剧的表情。

"不同以往的有趣的事情？"米尔嘉问。

"就是啊……"泰朵拉向我们小声说明。

过了一会儿，瑞谷老师从管理员办公室走了出来。她戴着深色眼镜，身穿套裙，走着和往常一模一样的路线站到图书室的中央，正当她要开口宣布时 ——

"放学时间到了！"

我们异口同声地抢在老师前面宣布，连理纱也跟着小声附和。

瑞谷女史不为所动地继续宣布。

"放学时间到了。"

9.7　回家路上

奥林匹克

我们沿着熟悉的小路走向车站，重复每日的路线。我们的脚步也是随机漫步吗？在不断行走的过程中，我们会到达什么特别的地方吗？

"话说回来为什么内层的循环是 $3n$ 次呢？"泰朵拉问，"为什么这里出现了 $3n$ 这个特别的值呢？"

"评估算法时，我们讨论了'远离 i 步'这种情况，当时的步数为 $m + 2i$，因为 i 的最大值为 m，m 的最大值为 n，所以为了使我们即便

远离 i 步后仍能到达 a^*，至少需要 $m + 2i \leqslant n + 2n = 3n$ 次循环。"

"啊，是因为这个啊！有关内层循环我还有一个问题。刚才我们一直在评估外层的循环次数，但是用文字表示的步骤不也是要花费时间处理的吗？比方说，'随机选取 n 个变量的分配方式'这一流程……"

"的确会花费时间，但是这些所花费的时间都为多项式阶…… 至少我们假设花费的时间都为多项式阶。比方说，'随机选取 n 个变量的分配方式'就是对 n 个变量进行赋值，因此运行步数为 $O(n)$。又比如，调查'分配方式 a 是否满足逻辑公式 f'的流程，它的运行步数至多为子句的个数阶，如果不允许同一子句反复出现，那么子句的个数可以被变量的个数的多项式倍阶限制住。因此这不是问题。"

"原来是这样啊…… 总觉得，就像奥林匹克一样！"泰朵拉说。

"什么像奥林匹克？"我问。

"我在说 3-SAT 哦。因为人们在比赛谁更能降低阶数。就好像大家在挑战 100 m 短跑的世界纪录一样…… 这不像奥林匹克吗？"

"历史上就有过比拼谁最先证明费马大定理的竞争呀。"

"啊，说得对啊。"

"一位学者创造出阶数更小的算法，分析它，写论文。"米尔嘉说，"其他学者读论文，将算法改良，再写出论文。人类的智慧就是这样前进的。我读到的论文 *A Probabilistic Algorithm for k-SAT and Constraint Satisfaction Problems*[28] 由乌韦·舍宁于 1999 年完成。论文发表时 3-SAT 的世界纪录是 1.334^n。"

"这样啊，论文是用英语写的吧？"

"当然，不用英语写就无法传达给世界。"米尔嘉说。

"规范正确地写下有传达价值的事情 —— 这就是论文的本质对吧？"泰朵拉说。

9.8　家

逻辑

"可满足性问题啊……"尤里说。

一如既往的周末，一如既往地和尤里待在我的房间，一如既往地进行着对话。

不对，她给我的感觉与往常有些不同。

"尤里……这条缎带是？"

"诶……哥哥你注意到了？"

"注意到了。真是条漂亮的缎带 —— 你戴着真好看。"

"谢谢~"尤里笑眯眯地说，"研究问题的难度真有趣啊，我们不仅可以解答问题，还可以把创造解题的算法当作问题。这就是问题的问题了呀。"

"定量地评估是非常重要的，这时候就要不等式大显身手了。"

"哦……逻辑的话题会转化为不等式的话题啊。"

"数学中的各个要素是紧密相连的呀。"

"计算机好像也非常有趣啊。"

"是啊。我们在图书室交谈时，理纱还会帮忙呢。"

"理纱？"尤里一脸怀疑，"理纱是谁呀！女孩子吗？"

"嗯。她有着火红的头发，擅长计算机，现在正读高一。"

这时，尤里停下来若有所思。

"她是能理解'斐波那契手势'的人吗？"

"嗯，她能理解哦，"我说，"虽说她理解的是二进制的斐波那契手势。理纱是双仓图书馆双仓博士家的孩子。对了，正好这次在双仓图书馆有一个会议。"

我把从理纱那里拿到的宣传单给尤里看，讲了讲会议相关的事情，告诉她这是计算机科学方向的小型国际会议，其中还有面向中学生的研讨会。

"啊！米尔嘉大人是讲师吗？"

"不是，泰朵拉代替米尔嘉作报告。"

"遗憾啊……嗯？面向中学生？啊，对了！"

"怎么了？"

"喵，没什么。"

"？"

"泰朵拉作报告啊……担心她会在台上摔倒喵～"

"不会摔倒吧……大概……"

在计算机科学的所有不可解问题中，

最著名的问题就是

寻求有效的方法来判定

某个布尔函数是可满足的还是不可满足的。

……

当你第一次听到这个问题的陈述时，

或许禁不住接着对自己提出这样一个问题：

"有这种事吗？

你们真的以为计算机科学家们仍然没有找到

解决这样一个简单问题的方法吗？"

——高德纳[22]

> 有帮手和工具时可以轻易完成的活儿，
>
> 如果是我独自空手干，
>
> 就得花费大量的体力和过分多的时间。
>
> ——《鲁滨逊漂流记》

10.1　休闲餐厅

雨

"真是抱歉。"泰朵拉说。

"没关系哦。"我回答。

"……"理纱沉默不语。

我们正聚集在车站附近的休闲餐厅，外面下着雨。天色已近黄昏，也许说夜晚更合适。回家途中，泰朵拉、我还有理纱一起来吃晚餐。

我从放学开始一直在帮泰朵拉出主意到现在。没错，我们在为两周之后在双仓图书馆举行的会议报告做准备。作为面向中学生的报告，泰朵拉选择的题材是算法。她努力整理好了报告的内容，虽说这是件好事……但她整理出的内容可真是不少，整整一本笔记本上都写满了大量的文章，而且泰朵拉还想写更多。

"没办法讲那么多啊。"已经累得不行的我一边吃着意大利面一边毫不留情地说。

"但是，无论如何我都想把全部内容包含进来。要是不一步一步讲解的话，听众很难理解啊。"泰朵拉一边戳开蛋包饭一边说。

"可是报告时间会完全不够吧。"

"能不能增加报告时间呢？"泰朵拉说着看向旁边的理纱。

"办不到。"理纱一边喝着冰红茶一边说。想必在秘书处帮忙的她知道不少消息吧。

"要是不按部就班地讲解，听众会迷路的啊。"

"再怎么讲解，如果不能让听众听明白就相当于白讲了。"

"所以我才认真的准备稿子啊……"

"自我满足。"理纱说。

我和泰朵拉看向理纱。理纱面无表情地含着吸管。自我满足…… 这真是严厉的说法啊。

"我、我只是想认真讲解而已。"泰朵拉对理纱说，"因为我不想在报告结束后听到'果然我还是听不懂啊'这样的话。"

"明哲保身。"理纱说。

"才、才不是呢！"泰朵拉有些生气，她少见的面露愠色，"我只是把应该讲解的东西提前写出来而已……"

"浪费，"理纱瞟了我一眼说，"应考生的时间。"

应考生，理纱指的是我吧。

"我占用了学长的时间，非常抱歉。"泰朵拉的声音小了下去，"但我想做好准备啊。"

"我们还是来谈点现实的吧。"我站出来调停，"实际上，我们既没有充足的作报告时间，也没有做充分准备的时间。所以，我们不如把排序的例子压缩到两个左右。"

"好……"泰朵拉不甘心地回答。

"比如，你可以先讲解冒泡排序，再加上一个有代表性的排序……"

"快速排序。"理纱说。

"就是那个！我还从村木老师那里拿到了卡片！"

泰朵拉打开包。

"不好意思。"我说，"今天我已经筋疲力尽了，如果现在看卡片，心里难免会惦记着它，让我们明天，啊不，后天放学再继续吧。"

"真是不好意思。"泰朵拉说。

理纱什么都没说，只是一直玩弄着自己的红发。

10.2　学校

10.2.1　中午

两天后的午休时间，我和米尔嘉在教室里交谈。

"……泰朵拉真的是干劲十足。"我说。

"嗯。"米尔嘉说着咬了一口威化饼干，"理纱呢？"

"理纱？嗯……她虽然嘴上毫不留情，但是她说等泰朵拉总结好内容后，会帮泰朵拉准备报告要用到的材料。"

"还真像那孩子的风格。"米尔嘉说。

"是啊，看起来不像高一的学生呢。"

"我说的可不是能力上的问题……你要去参加会议吗？"米尔嘉问。

"去双仓图书馆？嗯，当然要去呀，我还打算邀请尤里。米尔嘉你不在日本对吧？"

"不在。"

"这次又是什么事？"

"那边有一个看起来很有趣的数论研讨会，我打算去参加。我待上一周就回来，日期刚好是会议的后一天。"

10.2.2　快速排序算法

放学后，我来到图书室。理纱与泰朵拉已经在图书室里等着我了。

"学长！请听我讲解快速排序。尽管有些地方我还不太明白，不过我和理纱两人认真地准备了哦！"

"真是下功夫了呢……"我说。

"那么，我们赶紧从输入输出开始吧。"泰朵拉说着打开笔记本。

那么，我们赶紧从输入输出开始吧。

快速排序算法（输入与输出）

　　输入

　　·数列 $A = \{A[1], A[2], A[3], \cdots, A[n]\}$ [①]

　　·排序的范围 L 与 R

　　输出

　　对范围 $A[L]$ 到 $A[R]$ 进行排序后的数列

快速排序会像下面那样用分隔开的箱子表示输入的数列 A，然后对从 L 到 R 的范围内的元素进行排序，范围外的元素保持不变。如果想对所有元素进行排序，我们可以设 $L = 1$，$R = n$。

---

① 在后面的分析中，假设数列的元素各不相同。

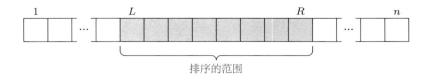

排序的范围

快速排序的流程如下所示。

快速排序算法（流程）

R1:　**procedure** QUICKSORT(A, L, R)
R2:　　**if** $L < R$ **then**
R3:　　　$p \leftarrow L$
R4:　　　$k \leftarrow L + 1$
R5:　　　**while** $k \leqslant R$ **do**
R6:　　　　**if** $A[k] < A[L]$ **then**
R7:　　　　　$A[p + 1] \leftrightarrow A[k]$
R8:　　　　　$p \leftarrow p + 1$
R9:　　　　**end-if**
R10:　　　$k \leftarrow k + 1$
R11:　　**end-while**
R12:　　$A[L] \leftrightarrow A[p]$
R13:　　$A \leftarrow$ QUICKSORT($A, L, p - 1$)
R14:　　$A \leftarrow$ QUICKSORT($A, p + 1, R$)
R15:　**end-if**
R16:　**return** A
R17: **end-procedure**

"嗯，"我说，"L 表示 left，R 表示 right 对吧？"

"Right。"泰朵拉说，"昨天我花了一整天的时间，仔细研究了这个算法。理纱也帮了我很多忙，为了尽可能不占用学长的时间，我把它整理出来了。"

泰朵拉指了指手边的一摞作业纸。

"首先，学长请看快速排序的运行示意图。"

◎　◎　◎

这张图描述了向 QUICKSORT 中输入 $A=\{5, 1, 7, 2, 6, 4, 8, 3\}$，$L=1, R=8$ 时算法的运行过程。

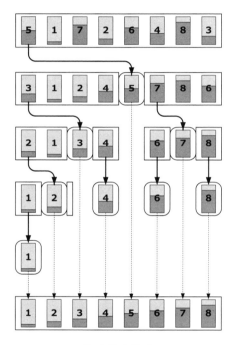

快速排序算法

首先，我们选出一个名为**枢纽项**（pivot）的元素，把枢纽项作为划分元素大小的基准值。在 QUICKSORT 中，我们选择最左端的元素作为枢纽项。

在图中，我们一开始选取了 5 作为枢纽项。接下来，我们把比枢纽项小的数移动到枢纽项的左边，把比枢纽项大的数移动到枢纽项的右边，把枢纽项移动到分界线上。我们称这个操作为"通过枢纽项划分数列"。在图中表示为，5 被夹在数列 {3, 1, 2, 4} 与 {7, 8, 6} 之间。

再次对刚刚划分出来的两个数列进行快速排序，我们把这个操作称为"对子数列排序"。

快速排序由

· 通过枢纽项划分数列（行 R3 至行 R12）
· 对子数列排序（行 R13 至行 R14）

的反复运行构成。下面我会按顺序说明这两个操作！

10.2.3　通过枢纽项划分数列——两只翅膀

我们先进行"通过枢纽项划分数列"。

设装在最左侧的箱子 $A[L]$ 里的数为枢纽项，在图中用"="来表示，意为与枢纽项相等。

在比较之前我们无法确定枢纽项与其他元素的大小关系，所以我们用"?"来表示尚未确定的大小关系。

变量 p 与 k 在行 R3 和行 R4 中被初始化，如下图所示。

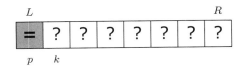

设 $A[L]$ 的值为枢纽项

通过行 R6 的 if 语句，算法将一个元素与枢纽项进行比较。

通过行 R5 至行 R11 的 **while** 语句，算法反复运行比较操作。

$$\vdots$$

R5:   **while** $k \leqslant R$ **do**
R6:   **if** $A[k] < A[L]$ **then**
R7: $A[p+1] \leftrightarrow A[k]$
R8: $p \leftarrow p + 1$
R9:   **end-if**
R10: $k \leftarrow k + 1$
R11:   **end-while**

$$\vdots$$

■ $A[2] <$ 枢纽项的情况

若 $A[2]$ 小于枢纽项，算法将运行行 R7 至行 R10。当算法从行 R11 回到行 R5 时，运行的结果如下所示。

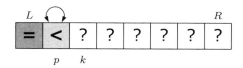

因为 $A[2]$ 的值为 1，枢纽项的值为 5，所以可以确认 $A[2]$ 的值"比枢纽项小"。我们用 "$<$" 表示选取的元素比枢纽项小的情况。

我们通过 R7 中的 $A[p+1] \leftrightarrow A[k]$ 交换元素。因为当前 $p+1 = k$，所以我们进行的操作为交换 $A[2]$ 与 $A[2]$ 本身，该操作没有任何意义，但是当 $p+1 \neq k$ 时，我们进行的交换就有了划分元素的意义。

■ $A[2] \geqslant$ 枢纽项的情况

当 $A[2]$ 大于等于枢纽项时，p 保持不变，只有 k 增加。

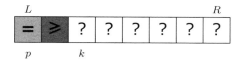

那么，在满足行 R5 的条件 $k \leqslant R$ 的情况下，算法会不断重复与刚刚相同的操作。最终，算法会根据元素是否小于枢纽项从而把元素划分为两组。下图为划分过程中的状态。

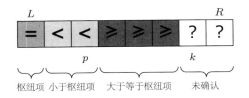

只要观察上图，我们就能清晰地了解现在的划分状况。

· "小于枢纽项"的元素在 $L+1$ 与 p 之间
· "大于等于枢纽项"的元素在 $p+1$ 与 $k-1$ 之间
· "未确认"的元素在 k 之上

变量 p 指向 "小于枢纽项" 和 "大于等于枢纽项" 的分界线，变量 k 指向划分元素的最前线。

接着，当 k 不断变大直到 $k \leqslant R$ 不成立时，**while** 语句结束，循环停止。

$$\vdots$$

R3:	$p \leftarrow L$
R4:	$k \leftarrow L + 1$
R5:	**while** $k \leqslant R$ **do**

$$\vdots \qquad\qquad \vdots$$

| R11: | **end-while** |
| R12: | $A[L] \leftrightarrow A[p]$ |

$$\vdots$$

循环结束后我们来到行 R12，一般来说，此时数列的状态会像这样。

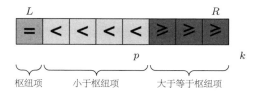

在这个状态下，算法在行 R12 交换 $A[L]$ 与 $A[p]$。

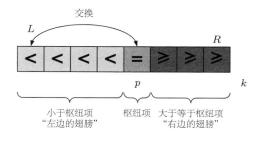

"两只翅膀"

我们把枢纽项左边的元素们称为"左边的翅膀"，把枢纽项右边的元素称为"右边的翅膀"。

数列被枢纽项划分为"两只翅膀"！

"左边的翅膀"＝ 小于枢纽项的元素的集合
"右边的翅膀"＝ 大于等于枢纽项的元素的集合

不过，之前理纱告诉我，当枢纽项在数列的左端或者右端时，会有一边的翅膀消失。

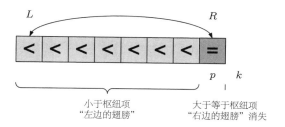

小于枢纽项
"左边的翅膀"

大于等于枢纽项
"右边的翅膀"消失

当枢纽项来到右端时"右边的翅膀"消失

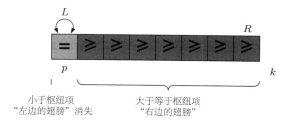

小于枢纽项
"左边的翅膀"消失

大于等于枢纽项
"右边的翅膀"

当枢纽项来到左端时"左边的翅膀"消失

以上就是关于"通过枢纽项划分数列"的讲解。

10.2.4　对子数列排序——递归

接下来讲解"对子数列排序"。

现在我们的面前有"左边的翅膀"和"右边的翅膀"两个子数列，接下来我们只要分别对左边和右边的数列再进行排序就可以了。如此一来，我们就能够完成全体元素的排序了。

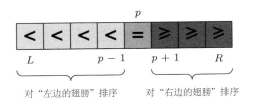

分别对"两只翅膀"排序

"左边的翅膀"的范围为 L 至 $p-1$，"右边的翅膀"的范围为 $p+1$ 至 R。在行 R13 与行 R14 分别对这两个范围内的元素进行排序。

$$\vdots$$

R13: $\qquad A \leftarrow \text{QUICKSORT}(A, L, p-1)$

R14: $\qquad A \leftarrow \text{QUICKSORT}(A, p+1, R)$

$$\vdots$$

像这样利用 QUICKSORT 本身来定义 QUICKSORT 的方法称作 recursion—— 递归。这也是理纱教给我的……它与数学上的递推公式有些相似。

10.2.5　运行步数的分析

"原来如此，真有趣。算法先将数列划分为'左边的翅膀'与'右边的翅膀'，再分别对它们进行排序。"

"分而治之。"理纱说。

"我们可不仅是探究了快速排序的运行模式哦。"泰朵拉说，"在分析运行步数上我们也有了相当的进展！"

泰朵拉冲着理纱露出寻求肯定的微笑，红发少女无言地点头。

"和往常一样，我们来数一下各行的运行次数。"泰朵拉说。

	运行次数 （$L \geqslant R$）	运行次数 （$L < R$）	快速排序算法
R1:	1	1	**procedure** QUICKSORT(A, L, R)
R2:	1	1	**if** $L < R$ **then**
R3:	0	1	$p \leftarrow L$
R4:	0	1	$k \leftarrow L + 1$
R5:	0	$R - L + 1$	**while** $k \leqslant R$ **do**
R6:	0	$R - L$	**if** $A[k] < A[L]$ **then**
R7:	0	W	$A[p+1] \leftrightarrow A[k]$
R8:	0	W	$p \leftarrow p + 1$
R9:	0	W	**end-if**
R10:	0	$R - L$	$k \leftarrow k + 1$
R11:	0	$R - L$	**end-while**
R12:	0	1	$A[L] \leftrightarrow A[p]$
R13:	0	T_{left}	$A \leftarrow$ QUICKSORT$(A, L, p - 1)$
R14:	0	T_{right}	$A \leftarrow$ QUICKSORT$(A, p + 1, R)$
R15:	0	1	**end-if**
R16:	1	1	**return** A
R17:	1	1	**end-procedure**

流程 QUICKSORT 的分析

在运行次数一栏中，有一部分运行次数是由变量表示的。

- R 与 L 是通过输入得到的值
- 虽然 W 表示在行 R7 进行交换的次数……不过因为 W 会根据输入的数列产生变化……所以我们还不能确定 W 的值
- T_{left} 是对"左边的翅膀"进行排序所花费的运行步数
- T_{right} 是对"右边的翅膀"进行排序所花费的运行步数

因为 T_{left} 与 T_{right} 会根据输入发生变化，所以我还不太清楚该怎么处理它。不过，我可以先讲解我们已经研究过的部分。

设"QUICKSORT 的运行步数（L 至 R）"为

$$T_{\text{Q}}(R - L + 1)$$

则有如下等式：

$$
\begin{aligned}
T_Q(R - L + 1) &= R1 + R2 + R3 + R4 + R5 + R6 + R7 + R8 + R9 \\
&\quad + R10 + R11 + R12 + R13 + R14 + R15 + R16 + R17 \\
&= 1 + 1 + 1 + 1 + (R - L + 1) + (R - L) + W + W + W \\
&\quad + (R - L) + (R - L) + 1 + T_{\text{left}} + T_{\text{right}} + 1 + 1 + 1 \\
&= 9 + 4R - 4L + 3W + T_{\text{left}} + T_{\text{right}}
\end{aligned}
$$

啊，只有当 $L < R$ 时上面的式子才成立。当 $L \geqslant R$ 时，也就是当 $R - L + 1 = 0$（数列大小为 0）或 $R - L + 1 = 1$（数列大小为 1）时，算法的运行步数如下所示。

$$
\begin{aligned}
T_Q(0) &= R1 + R2 + R16 + R17 = 1 + 1 + 1 + 1 = 4 \\
T_Q(1) &= R1 + R2 + R16 + R17 = 1 + 1 + 1 + 1 = 4
\end{aligned}
$$

学长……我们到了。

这个式子就是我和理纱抵达的最前线！

泰朵拉和理纱完成的快速排序算法的分析

　　通过 QUICKSORT 算法排序从 L 至 R 的元素时，算法的运行步数为

$$
T_Q(R - L + 1) = 9 + 4R - 4L + 3W + T_{\text{left}} + T_{\text{right}}
$$

当 $L < R$ 时以上式子成立。其中，W、T_{left}、T_{right} 的含义如下。

- W 表示在行 R7 进行元素交换的次数
- T_{left} 表示"左边的翅膀"的运行步数
- T_{right} 表示"右边的翅膀"的运行步数

10.2.6 分情况讨论

"这个式子就是我和理纱抵达的最前线！"

$$T_Q(R - L + 1) = 9 + 4R - 4L + 3W + T_{\text{left}} + T_{\text{right}}$$

理纱轻轻点头，附和泰朵拉的发言。她没有像往常一样打开红色笔记本电脑，而是全神贯注地听我们说话。

听完泰朵拉的讲解，我也来了兴致。我们该怎样评估这个式子呢？

"有趣。先来减少字母吧。"我说。

"要怎么做呢？"

"对 L 至 R 的元素进行排序时，元素的个数为 $R - L + 1$ 对吧？我想泰朵拉你是察觉到这一点才想出 $T_Q(R - L + 1)$ 的吧。"

"嗯，是的。因为

$$元素数 = 右端 - 左端 + 1$$

这个式子成立。"

"设元素数为 n 的话，我们就可以把 $T_Q(R - L + 1)$ 写作 $T_Q(n)$。这样，T_{left} 和 T_{right} 也能写成 $T_Q(\cdots)$ 的形式吧？"

"没问题呢。因为我们可以用 $\text{QUICKSORT}(A, L, p - 1)$ 对'左边的翅膀'排序，所以

$$左边的翅膀的元素数 = 右端 - 左端 + 1 = (p - 1) - L + 1 = p - L$$

我们也可以用 $\text{QUICKSORT}(A, p + 1, R)$ 对'右边的翅膀'排序，因此

$$右边的翅膀的元素数 = 右端 - 左端 + 1 = R - (p + 1) + 1 = R - p$$

由以上式子我们能得出下面的式子成立！"

$$\begin{cases} T_{\text{left}} & = T_{Q}(p - L) \\ T_{\text{right}} & = T_{Q}(R - p) \end{cases}$$

"是……这样吗?"我隐约觉得哪里不对。

"是这样啊。如此一来就能减少变量啦。"泰朵拉说。

$$T_{Q}(R - L + 1) = 9 + 4R - 4L + 3W + T_{\text{left}} + T_{\text{right}}$$
$$T_{Q}(n) = 9 + 4R - 4L + 3W + T_{Q}(p - L) + T_{Q}(R - p)$$

"没有减少。"理纱说。

"诶呀? 仅仅是 R、L、W、T_{left}、T_{right} 变成了 n、R、L、W、p 而已……"

"我们可以利用 $R - L + 1$ 表示 $9 + 4R - 4L$,这样就能用 n 来表示 $9 + 4R - 4L$ 啦。"我说。

$$\begin{aligned} T_{Q}(n) &= 9 + 4R - 4L + 3W + T_{Q}(p - L) + T_{Q}(R - p) \\ &= 4(\underline{R - L + 1}) + 5 + 3W + T_{Q}(p - L) + T_{Q}(R - p) \\ &= 4\underline{n} + 5 + 3W + T_{Q}(p - L) + T_{Q}(R - p) \end{aligned}$$

"怎么处理 W 呢?"

"怎么办呢…… 嗯,既然我们现在想评估运行步数,就试着将 W 评估得大一些吧。W 是交换的次数对吧? 既然行 R6 的 **if** 语句运行了 $R - L$ 次,那么 W 的运行次数应该至多为 $R - L$ 次。"

	运行次数 （$L \geqslant R$）	运行次数 （$L < R$）	快速排序算法
$\vdots$			
R6:	0	$R - L$	if $A[k] < A[L]$ then
R7:	0	W	$A[p+1] \leftrightarrow A[k]$
R8:	0	W	$p \leftarrow p + 1$
R9:	0	W	end-if
$\vdots$			

"原来如此。"

"这样我们可以把 W 往大评估为 $W = R - L = n - 1$。"

$$
\begin{aligned}
T_Q(n) &= 4n + 5 + 3\underline{W} + T_Q(p - L) + T_Q(R - p) \\
&= 4n + 5 + 3(\underline{R - L}) + T_Q(p - L) + T_Q(R - p) \\
&= 4n + 5 + 3(\underline{n - 1}) + T_Q(p - L) + T_Q(R - p) \\
&= 7n + 2 + T_Q(p - L) + T_Q(R - p)
\end{aligned}
$$

"哇……式子变简单了很多。"

$$
T_Q(n) = 7n + 2 + T_Q(p - L) + T_Q(R - p)
$$

"由于刚才我们把 W 评估得稍大了些，所以严格来说 $T_Q(n)$ 实际上表示的是效率更低一些的算法的运行步数。但还有个问题 ——"我说出开始一直察觉到的违和感，"p 是存放枢纽项的地方对吧？因此，p 的值依赖于输入的数列 A。这真的…… 对吗？"

"是指 p 可能取很多值的意思吗？"

"嗯。我们知道 p 的取值范围是 $L \leqslant p \leqslant R$。因此 $p - L$ 的**取值范围**是 ——

$$
0 \leqslant p - L \leqslant R - L = n - 1
$$

同样，我们知道 $R-p$ 的取值范围是

$$0 \leqslant R-p \leqslant R-L = n-1$$

但是——"

"我们不清楚它们的值究竟是哪一个，对吧？"

"嗯。分情况讨论真是麻烦啊。"

"喜欢。"理纱说。

"喜欢，你是说分情况讨论吗？"泰朵拉问。

理纱轻轻地点头。

"呃，先不管讨厌还是喜欢，"我说，"分情况讨论都是无法回避的问题。即便我们确定了 n，若是无法确定 p，我们也就无法确定 $T_Q(n)$ 的值，这可真让人头疼。$0 \leqslant p-L \leqslant R-L = n-1$ 表示 $p-L$ 的值有 n 种情况，由此可知，$T_Q(n)$ 是和枢纽项位置相关的递推公式。"

"是啊。"

"为了防止迷路，我们在树枝上系上'作为线索的缎带'吧。也就是先写出递推公式。"

QUICKSORT 的"作为线索的缎带"

$$\begin{cases} T_Q(0) & = 4 \\ T_Q(1) & = 4 \\ T_Q(n) & = 7n+2+T_Q(p-L)+T_Q(R-p) \qquad (n=2,3,4,\cdots) \end{cases}$$

（但是，递推公式中仍然存在变量 p 啊……）

10.2.7 最大运行步数

"只要避免根据 p 的分情况讨论就可以了对吧？"泰朵拉说。

"嗯，是的呀。"

"学长⋯⋯我有个想法。我们能否像刚才把 W 评估为'至多为 $R-L$'那样，只思考运行步数最大的情况呢？也就是设每次划分元素后'枢纽项一直在左端'。这时我们可以认为 $p=L$ 对吧？"

"原来如此，那么我们把此时的 $T_Q(n)$ 设为 $T_Q^{'}(n)$ 吧。"我说。

$$T_Q^{'}(n) = \text{QUICKSORT 的最大运行步数}$$

泰朵拉急忙开始对式子进行变形。

$$
\begin{aligned}
T_Q^{'}(n) &= 7n + 2 + T_Q^{'}(p-L) + T_Q^{'}(R-p) \\
&= 7n + 2 + T_Q^{'}(L-L) + T_Q^{'}(R-L) \quad && \text{设 } p=L \\
&= 7n + 2 + T_Q^{'}(0) + T_Q^{'}(n-1) \quad && \text{计算} \\
&= 7n + 2 + 4 + T_Q^{'}(n-1) \quad && \text{利用 } T_Q^{'}(0)=4 \\
&= T_Q^{'}(n-1) + 7n + 6 \quad && \text{变更顺序}
\end{aligned}
$$

"就是这样一个递推公式呀。"

$$
\begin{cases}
T_Q^{'}(0) = 4 \\
T_Q^{'}(1) = 4 \\
T_Q^{'}(n) = T_Q^{'}(n-1) + 7n + 6 \quad (n = 2,3,4,\cdots)
\end{cases}
$$

"嗯！这个递推公式很容易就能解出哦。"我说。

◎　　◎　　◎

像 $n, n-1, n-2, \cdots$ 这样展开 $T_Q^{'}(n)$，我们便能立刻找出规律。

$$T'_Q(n) = \underline{\underline{T'_Q(n-1)}} + 7n + 6$$

$$= \underline{\underline{T'_Q(n-2) + 7(n-1) + 6}} + 7n + 6$$

$$= \underline{T'_Q(n-2)} + (7(n-1) + 6) + (7n + 6)$$

$$= \underline{T'_Q(n-3) + 7(n-2) + 6} + (7(n-1) + 6) + (7n + 6)$$

$$= T'_Q(n-3) + (7(n-2) + 6) + (7(n-1) + 6) + (7n + 6)$$

将 n 写作 $n-0$ 后，规律就变得更清晰了。

$$T'_Q(n) = T'_Q(n-3) + (7\underline{(n-2)} + 6) + (7\underline{(n-1)} + 6) + (7\underline{(n-0)} + 6)$$

用 $\sum$ 来表示吧。

$$= T'_Q(n-3) + \sum_{j=n-2}^{n-0} \left(7j + 6 \right)$$

像 $n-4, n-5, \cdots, n-k$ 这样不断展开。

$$T'_Q(n) = T'_Q(n-k) + \sum_{j=n-k+1}^{n} \left(7j + 6 \right)$$

最终我们展开至 $n - (n-1) = 1$，也就是展开至 $T'_Q(1)$ 这一项。

$$T'_Q(n) = T'_Q(1) + \sum_{j=2}^{n} \left(7j + 6 \right)$$

$$= 4 + \sum_{j=2}^{n} \left(7j + 6 \right) \qquad （利用 T'_Q(1) = 4）$$

为了让 $\sum$ 从 $j = 1$ 开始，我们调整式子。

$$T_{Q}^{'}(n) = 4 - (7 \cdot 1 + 6) + \sum_{j=1}^{n} \left(7j + 6\right)$$

$$= -9 + \sum_{j=1}^{n} 7j + \sum_{j=1}^{n} 6$$

$$= -9 + 7\sum_{j=1}^{n} j + 6n$$

$$= 6n - 9 + 7\sum_{j=1}^{n} j$$

$$= 6n - 9 + \frac{7n(n+1)}{2} \qquad (利用 \ 1 + 2 + 3 + \cdots + n = \frac{n(n+1)}{2})$$

整理与 n 相关的式子，得到

$$T_{Q}^{'}(n) = \frac{7}{2}n^2 + \frac{19}{2}n - 9$$

◎　　◎　　◎

"也就是说，我们可以用大 O 表示法像这样表示。"我总结道。

$$T_{Q}^{'}(n) = O(n^2)$$

"诶？至多为 n^2 阶……这不是和冒泡排序相同吗？"泰朵拉问。

"嗯，这是在'枢纽项一直在左端'这一附加条件下的运行步数哦。"

"学长，这真不可思议！因为我们选择数列左端的元素作为枢纽项，所以'每一次选取的枢纽项都为最小的元素'就意味着左端总是最小的元素，也就是说，输入的数列是一个已经排序过的数列吗？"

"啊，的确。还真是这样呢。"

"如果给定的数列是一个已经排序过的数列，那么快速排序的最大运行步数就是 $O(n^2)$ 对吧？"

$$T_{Q}^{'}(n) = O(n^2)$$

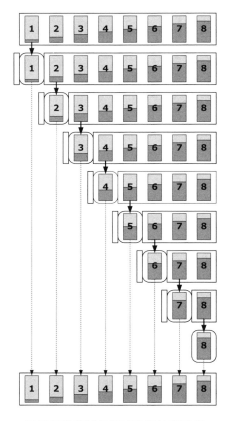

对已经排序过的数列进行快速排序

"走投无路了呢。我本以为确定了枢纽项的位置就能避开分情况讨论……"泰朵拉一边拽自己的脸一边说,"枢纽项的位置有 n 种,分别是从 1 至 n。我们没办法同时计算这么多的值啊。"

"说的是啊。而且因为枢纽项的位置有 n 种,所以我们在研究之前必须把它们一般化。"

"大量的值、大量的值。"泰朵拉反复念叨。

"嗯？什么？"

"米尔嘉学姐说过这样的话吧 ——

　　　当出现大量的值时，

　　　自然要对它们进行归纳整理。

如果能将大量的值 summarize 就好了。"

"米尔嘉好像确实说过这样的话，记得当时……我们在讨论平均值的话题吧？"

"啊！"泰朵拉叫出声来。

"这样啊！"我也叫出声来。

"就是平均 $\begin{Bmatrix} 啊 \\ 呀 \end{Bmatrix}$ ！"我和泰朵拉异口同声。

"……！"理纱默不作声。

"改变目标吧。"我说，"不要把目光局限在单纯的运行步数上，我们来求平均运行步数吧！"

10.2.8　平均运行步数

"我们接下来思考快速排序算法的平均运行步数吧。我们建立函数 $\bar{T}_Q(n)$，用它表示输入大小为 n 的所有快速排序的运行步数的平均值。"

$$\bar{T}_Q(n) = 平均运行步数$$

"我们回到'作为线索的缎带'这一步重新开始。"我说，"我们可以求出平均运行步数的递推公式。"

"但是学长，大小为 n 的输入可是有无数个呀。因为我们没有限定数列元素的范围，所以数列可以是 $\{5, 1, 7, 2, 6, 4, 8, 3\}$，也可以是 $\{500,$

$100, 700, 200, 600, 400, 800, 300\}$。我们怎么求无限的平均值呢？"

"不不，我们现在不需要考虑元素本身的值，只要考虑元素之间的大小关系就可以了。为了便于分析，我们可以假设数列中的所有元素都不同，如此一来，只需要研究 $1, 2, 3, \cdots, n$ 这样 n 个数的排列。"

"但是、但是，怎么求平均值呢？"

"并不难哦。当输入的数列大小为 n 时，这 n 个数的排列有 $n!$ 种。因为我们要以全部的排列为研究对象，所以枢纽项的位置在 1 至 n 的任何地方都是等价的。因此，我们可以在 $p = L, L+1, L+2, \cdots, R-1, R$ 的范围内移动 p。p 的位置有 $R-L+1$ 种，也就是 n 种。求平均值要先把所有的元素相加再除以 n，我们用情况数 n 除所有情况下运行步数的和，就能得到递推公式。"

◎　◎　◎

我们用情况数 n 除所有情况下运行步数的和，就能得到递推公式。

QUICKSORT 算法的递推公式（$\bar{T}_{\mathrm{Q}}(n)$ 表示平均运行步数）

$$\begin{cases} \bar{T}_{\mathrm{Q}}(0) = 4 \\ \bar{T}_{\mathrm{Q}}(1) = 4 \\ \bar{T}_{\mathrm{Q}}(n) = \dfrac{1}{n} \sum_{p=L}^{R} \left(7n + 2 + \bar{T}_{\mathrm{Q}}(p-L) + \bar{T}_{\mathrm{Q}}(R-p) \right) \quad (n = 2, 3, 4, \cdots) \end{cases}$$

令 $j = p - L + 1$ 后，这个式子就比较容易理解了。因为 $p - L = j - 1$，所以 $R - p = R - (j + L - 1) = (R - L + 1) - j = n - j$。由此我们可以得出

$$\bar{T}_{\mathrm{Q}}(n) = \frac{1}{n} \sum_{j=1}^{n} \left(7n + 2 + \bar{T}_{\mathrm{Q}}(j-1) + \bar{T}_{\mathrm{Q}}(n-j) \right)$$

总之先去掉 $\sum$，将式子转化为 $T_{\mathrm{Q}}^{'}(n)$ 的递推公式的形式吧。

我们先将不依赖 j 的式子 $7n + 2$ 提到 $\sum$ 外边。因为在从 1 至 n 的求和过程中，$7n + 2$ 一共被加了 n 次，因此将它提到 $\sum$ 外边时需要乘 n 倍。不过由于 $\sum$ 外边已经乘上了一个 $\frac{1}{n}$，所以 n 恰好可以与 $\frac{1}{n}$ 互相消去。

$$
\begin{aligned}
\bar{T}_{\mathrm{Q}}(n) &= \frac{1}{n} \sum_{j=1}^{n} \left(\underline{7n + 2} + \bar{T}_{\mathrm{Q}}(j-1) + \bar{T}_{\mathrm{Q}}(n-j) \right) \\
&= \frac{1}{\not{n}} \cdot \not{n} \cdot \underline{(7n + 2)} + \frac{1}{n} \sum_{j=1}^{n} \left(\bar{T}_{\mathrm{Q}}(j-1) + \bar{T}_{\mathrm{Q}}(n-j) \right) \\
&= 7n + 2 + \frac{1}{n} \sum_{j=1}^{n} \left(\bar{T}_{\mathrm{Q}}(j-1) + \bar{T}_{\mathrm{Q}}(n-j) \right) \\
&= 7n + 2 + \frac{1}{n} \sum_{j=1}^{n} \bar{T}_{\mathrm{Q}}(j-1) + \frac{1}{n} \sum_{j=1}^{n} \bar{T}_{\mathrm{Q}}(n-j)
\end{aligned}
$$

这里的两个 $\sum$ 结果相等哦，因为这两个 $\sum$ 不过是颠倒了一下求和的顺序而已。写成下面这样会比较容易理解吧。

$$
\begin{cases}
\displaystyle\sum_{j=1}^{n} \bar{T}_{\mathrm{Q}}(j-1) = \bar{T}_{\mathrm{Q}}(0) + \bar{T}_{\mathrm{Q}}(1) + \bar{T}_{\mathrm{Q}}(2) + \cdots + \bar{T}_{\mathrm{Q}}(n-1) \\
\displaystyle\sum_{j=1}^{n} \bar{T}_{\mathrm{Q}}(n-j) = \bar{T}_{\mathrm{Q}}(n-1) + \cdots + \bar{T}_{\mathrm{Q}}(2) + \bar{T}_{\mathrm{Q}}(1) + \bar{T}_{\mathrm{Q}}(0)
\end{cases}
$$

所以我们可以将它们合二为一。

$$
\begin{aligned}
\bar{T}_{\mathrm{Q}}(n) &= 7n + 2 + \frac{1}{n} \sum_{j=1}^{n} \bar{T}_{\mathrm{Q}}(j-1) + \frac{1}{n} \sum_{j=1}^{n} \bar{T}_{\mathrm{Q}}(n-j) \\
&= 7n + 2 + \frac{2}{n} \sum_{j=1}^{n} \bar{T}_{\mathrm{Q}}(j-1) \quad \text{（整理，将系数变为 2 倍）}
\end{aligned}
$$

这里 $\frac{2}{n}$ 的部分有些碍事，我们在等号两边同乘 n 用以消去分母上的 n。

$$n \cdot \bar{T}_{\mathrm{Q}}(n) = 7n^2 + 2n + 2\sum_{j=1}^{n} \bar{T}_{\mathrm{Q}}(j-1)$$

嗯，这样式子就简洁多了。

我们想要研究 $\bar{T}_{\mathrm{Q}}(n)$ 的结构，因此必须妥善处理右边的 $\sum$。

嗯…… 怎么办好呢？

嗯，就用解递推公式的常用方法 ——"差分法" 吧。

为了消去 $\sum$，我们要计算 $(n+1) \cdot \bar{T}_{\mathrm{Q}}(n+1) - n \cdot \bar{T}_{\mathrm{Q}}(n)$ 哦。

$(n+1) \cdot \bar{T}_{\mathrm{Q}}(n+1) - n \cdot \bar{T}_{\mathrm{Q}}(n)$

$$= \left(7(n+1)^2 + 2(n+1) + 2\sum_{j=1}^{n+1} \bar{T}_{\mathrm{Q}}(j-1) \right) - \left(7n^2 + 2n + 2\sum_{j=1}^{n} \bar{T}_{\mathrm{Q}}(j-1) \right)$$

$$= \left(\cancel{7n^2} + 14n + 7 + \cancel{2n} + 2 + 2\sum_{j=1}^{n+1} \bar{T}_{\mathrm{Q}}(j-1) \right) - \left(\cancel{7n^2} + \cancel{2n} + 2\sum_{j=1}^{n} \bar{T}_{\mathrm{Q}}(j-1) \right)$$

$$= 14n + 9 + 2\left(\sum_{j=1}^{n+1} \bar{T}_{\mathrm{Q}}(j-1) - \sum_{j=1}^{n} \bar{T}_{\mathrm{Q}}(j-1) \right)$$

$$= 14n + 9 + 2 \cdot \bar{T}_{\mathrm{Q}}((n+1)-1)$$

$$= 14n + 9 + 2 \cdot \bar{T}_{\mathrm{Q}}(n)$$

在最后消去 $\sum$ 的地方用到了下面这个式子。

$$\sum_{j=1}^{n+1} \bar{T}_{\mathrm{Q}}(j-1) = \underbrace{\bar{T}_{\mathrm{Q}}(0) + \bar{T}_{\mathrm{Q}}(1) + \cdots + \bar{T}_{\mathrm{Q}}(n-1)}_{\sum_{j=1}^{n} \bar{T}_{\mathrm{Q}}(j-1)} + \bar{T}_{\mathrm{Q}}(n)$$

相当于从 $j = 1, \cdots, n, n+1$ 的和中减去 $j = 1, \cdots, n$ 的和，这样我们就能得到 $j = n+1$ 这一项。

那么，既然两边都有包含 $\bar{T}_{\mathrm{Q}}(n)$ 的项，我们就可以把 $n \cdot \bar{T}_{\mathrm{Q}}(n)$ 移项到等式右边。

$$(n+1) \cdot \bar{T}_{\mathrm{Q}}(n+1) - n \cdot \bar{T}_{\mathrm{Q}}(n) = 14n + 9 + 2 \cdot \bar{T}_{\mathrm{Q}}(n)$$
$$(n+1) \cdot \bar{T}_{\mathrm{Q}}(n+1) = n \cdot \bar{T}_{\mathrm{Q}}(n) + 14n + 9 + 2 \cdot \bar{T}_{\mathrm{Q}}(n)$$
$$(n+1) \cdot \bar{T}_{\mathrm{Q}}(n+1) = (n+2) \cdot \bar{T}_{\mathrm{Q}}(n) + 14n + 9$$

到目前为止，我们知道了当 $n = 2, 3, \cdots$ 时，下面的递推公式成立。看，通过差分法 $\sum$ 被消去了。

$$(n+1) \cdot \bar{T}_{\mathrm{Q}}(n+1) = (n+2) \cdot \bar{T}_{\mathrm{Q}}(n) + 14n + 9$$

对了，还必须研究 $n = 2$ 时的情况。

$$\bar{T}_{\mathrm{Q}}(n) = \frac{1}{n} \sum_{j=1}^{n} \left(7n + 2 + \bar{T}_{\mathrm{Q}}(j-1) + \bar{T}_{\mathrm{Q}}(n-j) \right)$$
$$\bar{T}_{\mathrm{Q}}(2) = \frac{1}{2} \sum_{j=1}^{2} \left(7 \cdot 2 + 2 + \bar{T}_{\mathrm{Q}}(j-1) + \bar{T}_{\mathrm{Q}}(2-j) \right)$$
$$= \frac{1}{2} \left(\left(7 \cdot 2 + 2 + \bar{T}_{\mathrm{Q}}(0) + \bar{T}_{\mathrm{Q}}(1) \right) + \left(7 \cdot 2 + 2 + \bar{T}_{\mathrm{Q}}(1) + \bar{T}_{\mathrm{Q}}(0) \right) \right)$$
$$= 14 + 2 + \bar{T}_{\mathrm{Q}}(0) + \bar{T}_{\mathrm{Q}}(1)$$
$$= 14 + 2 + 4 + 4$$
$$= 24$$

从这里开始渐近分析吧。

◎　　◎　　◎

"从这里开始渐近分析吧。"我说。

"我、我已经筋疲力尽了。学长……你写数学公式的时候总是充满干劲呢。"泰朵拉说。

"也许吧。"

"这个 $\bar{T}_Q(n)$ —— 快速排序的平均运行步数大概是多少呢……"

"因为快速排序是比较排序…… 所以 $\bar{T}_Q(n)$ 的阶数至少为 $n \log n$ 阶对吧？那么我们能否用 $n \log n$ 阶从上方限制住 $\bar{T}_Q(n)$ 呢？"

"放学时间到了。"瑞谷老师宣布。

问题 10-1（快速排序算法的平均运行步数）

快速排序算法的平均运行步数 $\bar{T}_Q(n)$ 满足下面的递推公式。

$$\begin{cases} \bar{T}_Q(0) & = 4 \\ \bar{T}_Q(1) & = 4 \\ \bar{T}_Q(2) & = 24 \\ (n+1) \cdot \bar{T}_Q(n+1) = (n+2) \cdot \bar{T}_Q(n) + 14n + 9 & (n = 2, 3, 4, \cdots) \end{cases}$$

此时，下面的式子是否成立？

$$\bar{T}_Q(n) = O(n \log n)$$

10.2.9　回家路上

"你要讲与冒泡排序和快速排序相关的话题吗？"我问。

我、泰朵拉还有理纱三人，沿着熟悉的道路向车站走去。

"嗯，是这样的。我想在会议上通过报告分享亲自分析问题的快乐…… 虽然我请理纱和学长帮了很多忙。"

这么说来，我不仅发现"泰朵拉有着意外顽固的一面"，还发现"理纱有着意外贴心的一面"。虽说她不怎么擅长言语表达，但理纱确实一直支持着泰朵拉。

"米尔嘉学姐今天 ——"泰朵拉说。

"她不在啊。也许有什么急事吧。"

"会议当天她也不会来吗？"

"嗯。她是这么说的。听她说今年她要去几次美国。"

"是这样啊。"泰朵拉说。

理纱一句话也没有说。

10.3 自己家

10.3.1 变形

今天是周六。我正和来我房间~~玩耍~~学习的尤里谈论关于评估快速排序算法运行步数的话题。

问题 10-1（快速排序算法的平均运行步数）

快速排序算法的平均运行步数 $\bar{T}_Q(n)$ 满足下面的递推公式。

$$\begin{cases} \bar{T}_Q(0) & = 4 \\ \bar{T}_Q(1) & = 4 \\ \bar{T}_Q(2) & = 24 \\ (n+1) \cdot \bar{T}_Q(n+1) = (n+2) \cdot \bar{T}_Q(n) + 14n + 9 & (n = 2, 3, 4, \cdots) \end{cases}$$

此时，下面的式子是否成立？

$$\bar{T}_Q(n) = O(n \log n)$$

"这样的递推公式能一下子就解出来吗？"尤里问。

"如果 $f(n)$ 是这样简单的形式就没问题……

$$\begin{cases} f(1) & = 式子 \\ f(n+1) & = f(n) + 式子 \end{cases} \quad (n = 1, 2, 3, \cdots)$$

只要不断缩小函数 $f(n)$ 的 n，我们就能找到头绪。可是在这个递推公式中，$\bar{T}_Q(n)$ 与包含 n 的式子混杂在一起了。"

"既然问题是式子包含 n，我们把 n 消去不就好了嘛。"

"要是能轻松消去 n 我也不用头疼啦 —— 诶？"

"怎么了？"

"呃，也许我们能消去 n。如果将等号两边同时除以 $(n+1)(n+2)$ 的话 —— 你看！"

$(n+1) \cdot \bar{T}_Q(n+1) = (n+2) \cdot \bar{T}_Q(n) + 14n + 9$　由递推公式得出

$$\frac{\bar{T}_Q(n+1)}{n+2} = \frac{\bar{T}_Q(n)}{n+1} + \frac{14n+9}{(n+1)(n+2)} \quad 等号两边同时除以 (n+1)(n+2)$$

"哦哦！唉⋯⋯我还是不怎么明白。式子太乱啦！"

"只要利用定义式就行了，尤里。比方说我们定义

$$F(n) = \frac{\bar{T}_Q(n)}{n+1}$$

这样一来我们就能用 $F(n)$ 来表示刚才的结果。"

$$\frac{\bar{T}_Q(n+2)}{n+2} = \frac{\bar{T}_Q(n)}{n+1} + \frac{14n+9}{(n+1)(n+2)} \quad 刚才得到的结果$$

$$F(n+1) = F(n) + \frac{14n+9}{(n+1)(n+2)} \quad 用 F(n) 表示$$

"哦哦！唉⋯⋯我果然还是不明白啊！式子中还有奇怪的分数！"

"我们能将分数 $\frac{14n+9}{(n+1)(n+2)}$ 分解为和的形式。比方说 ——"

◎　◎　◎

我们假设能利用 a 与 b 把 $\frac{14n+9}{(n+1)(n+2)}$ 分解为像下面这样的和的形式。

$$\frac{14n+9}{(n+1)(n+2)} = \frac{a}{n+1} + \frac{b}{n+2}$$

计算这个式子可以得到

$$\frac{a}{n+1} + \frac{b}{n+2} = \frac{(a+b)n + (2a+b)}{(n+1)(n+2)}$$

也就是说，下面的式子成立。

$$\frac{\boxed{14}n + \boxed{9}}{(n+1)(n+2)} = \frac{(\boxed{a+b})n + (\boxed{2a+b})}{(n+1)(n+2)}$$

因此，我们只要解 $\begin{cases} a+b = 14 \\ 2a+b = 9 \end{cases}$ 这个联立方程式就可以了。

解联立方程式得 $(a, b) = (-5, 19)$，这样我们就能得到下面这个式子。

$$\frac{14n+9}{(n+1)(n+2)} = \frac{-5}{n+1} + \frac{19}{n+2}$$

在这里我们回到式子 $F(n+1)$。

$$F(n+1) = F(n) + \frac{14n+9}{(n+1)(n+2)}$$

将分数部分变为和的形式。

$$F(n+1) = F(n) + \frac{-5}{n+1} + \frac{19}{n+2}$$

利用递推公式，用简单的式子替换 $F(n)$。这样我们就能发现规律。

$$
\begin{aligned}
F(n) &= \underwavy{F(n-1)} + \frac{-5}{n-0} + \frac{19}{n+1} \\
&= \underwavy{F(n-2) + \frac{-5}{n-1} + \frac{19}{n-0}} + \frac{-5}{n-0} + \frac{19}{n+1} \\
&= F(n-2) + \frac{-5}{n-1} + \left(\frac{19}{n-0} + \frac{-5}{n-0} \right) + \frac{19}{n+1} \\
&= \underwavy{F(n-2)} + \frac{-5}{n-1} + \frac{14}{n-0} + \frac{19}{n+1} \\
&= \underwavy{F(n-3) + \frac{-5}{n-2} + \frac{19}{n-1}} + \frac{-5}{n-1} + \frac{14}{n-0} + \frac{19}{n+1} \\
&= F(n-3) + \frac{-5}{n-2} + \left(\frac{19}{n-1} + \frac{-5}{n-1} \right) + \frac{14}{n-0} + \frac{19}{n+1} \\
&= \underwavy{F(n-3)} + \frac{-5}{n-2} + \frac{14}{n-1} + \frac{14}{n-0} + \frac{19}{n+1} \\
&= \underwavy{F(n-4) + \frac{-5}{n-3} + \frac{19}{n-2}} + \frac{-5}{n-2} + \frac{14}{n-1} + \frac{14}{n-0} + \frac{19}{n+1} \\
&= F(n-4) + \frac{-5}{n-3} + \left(\frac{19}{n-2} + \frac{-5}{n-2} \right) + \frac{14}{n-1} + \frac{14}{n-0} + \frac{19}{n+1} \\
&= F(n-4) + \frac{-5}{n-3} + \underbrace{\frac{14}{n-2} + \frac{14}{n-1} + \frac{14}{n-0}} + \frac{19}{n+1}
\end{aligned}
$$

发现规律!

将 14 提到括号外边。

$$
= F(n-4) + \frac{-5}{n-3} + 14 \left(\frac{1}{n-2} + \frac{1}{n-1} + \frac{1}{n-0} \right) + \frac{19}{n+1}
$$

用 $\sum$ 表示和的形式吧。

$$
= F(n-4) + \frac{-5}{n-3} + 14 \sum_{j=n-2}^{n} \frac{1}{j} + \frac{19}{n+1}
$$

继续置换，直至右边的 $F(n-4)$ 变为 $F(2)$。

$$F(n) = F(n-(n-2)) + \frac{-5}{n-(n-2)+1} + 14 \sum_{j=n-(n-2)+2}^{n} \frac{1}{j} + \frac{19}{n+1}$$

$$= F(2) + \frac{-5}{3} + 14 \sum_{j=4}^{n} \frac{1}{j} + \frac{19}{n+1}$$

$$= F(2) + \frac{-5}{3} - 14\left(\frac{1}{1} + \frac{1}{2} + \frac{1}{3}\right) + 14 \sum_{j=1}^{n} \frac{1}{j} + \frac{19}{n+1}$$

利用 $F(2) = \frac{T_Q(2)}{2+1} = \frac{24}{3} = 8$。

$$F(n) = \underbrace{8 + \frac{-5}{3} - 14\left(\frac{1}{1} + \frac{1}{2} + \frac{1}{3}\right)}_{\text{常数部分}} + 14 \sum_{j=1}^{n} \frac{1}{j} + \frac{19}{n+1}$$

$$= K + 14 \sum_{j=1}^{n} \frac{1}{j} + \frac{19}{n+1}$$

在这里设常数部分为 K 了。

$$K = 8 + \frac{-5}{3} - 14\left(\frac{1}{1} + \frac{1}{2} + \frac{1}{3}\right)$$

然后回到 $F(n)$。

$$F(n) = K + \frac{19}{n+1} + 14 \sum_{j=1}^{n} \frac{1}{j}$$

$$= K + \frac{19}{n+1} + 14H_n$$

◎　　◎　　◎

"等等，等等！哥哥！怎么 $\sum$ 突然变成 H_n 了呀？"

"这个 H_n 是我们的好朋友 —— 调和级数哦。它的定义是这样的。"

$$H_n = \frac{1}{1} + \frac{1}{2} + \frac{1}{3} + \cdots + \frac{1}{n} = \sum_{j=1}^{n} \frac{1}{j}$$

"哦哦。"

"接下来的工作就是单纯地计算啦。"

$$F(n) = \frac{\bar{T}_Q(n)}{n+1}$$

"这样我们就可以用 $F(n)$ 表示 $\bar{T}_Q(n)$ 了。"

$$\begin{aligned}
\bar{T}_Q(n) &= (n+1) \cdot F(n) \\
&= (n+1) \cdot \left(K + \frac{19}{n+1} + 14H_n \right) \\
&= K \cdot (n+1) + 19 + 14(n+1)H_n \\
&= \underbrace{14n \cdot H_n}_{\text{渐近分析上的最大项}} + K \cdot n + 14H_n + K + 19 \\
&= O(n \cdot H_n)
\end{aligned}$$

"这样就完成啦!"

$$\bar{T}_Q(n) = O(n \cdot H_n)$$

QUICKSORT 算法的平均运行步数 $\bar{T}_Q(n)$ 满足下面的式子。

$$\bar{T}_Q(n) = O(n \cdot H_n)$$

其中,H_n 为调和级数,定义如下。

$$H_n = \frac{1}{1} + \frac{1}{2} + \frac{1}{3} + \cdots + \frac{1}{n}$$

"诶……还是没有完成啊！我们想验证的不是 $\bar{T}_Q(n) = O(n \cdot H_n)$，而是 $\bar{T}_Q(n) = O(n \log n)$ 对吧？"

"嗯，是那样没错。不过，调和级数的阶与对数函数相同哦。因此

$$H_n = O(\log n) \quad \text{和} \quad n \cdot H_n = O(n \log n)$$

都成立。所以我们也可以说，$\bar{T}_Q(n) = O(n \log n)$ 成立。"

解答 10-1（快速排序算法的平均运行步数）

关于 QUICKSORT 算法的平均运行步数有以下式子成立。

$$\bar{T}_Q(n) = O(n \log n)$$

10.3.2 H_n 与 $\log n$

"呐，哥哥。调和级数是指将 $\frac{1}{1}, \frac{1}{2}, \frac{1}{3}, \cdots, \frac{1}{n}$ 这些数相加的和吧，这个人家也知道哦。但是，你突然谈到 $\log n$，我就有点不理解了啊……"

"你是指刚才的 $H_n = O(\log n)$ 吗？"

"是啊。我在学校还没学过，哥哥你耍赖。"

"才没耍赖呢，它们都是数学啊。是否在学校学过和数学并没有直接关系。通过 $\sum \frac{1}{k}$ 可以被 $\int \frac{1}{x} \mathrm{d}x$ 限制住，我们能证明 H_n 可以被 $\log n$ 限制住。不过需要用到积分哦。"

"哥哥你说要用积分我也……"

"只要用图像找到感觉就好啦。左边的图像是调和级数，右面的图像是对数函数。"

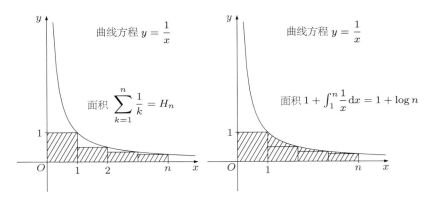

调和级数与对数函数

"这说明与左边的图像相比，右边的图像的面积更大吗？"

"是啊。因为图像中的面积就是积分的值，所以我们能根据面积的大小关系判定不等式成立。"

"积分与面积 …… 总觉得不甘心啊。呜呜！"

"那就赶紧学习吧。"

"喔 …… 话说回来哥哥，快速排序的前提条件是什么？"

"前提条件？"

"你想啊，'明确前提条件的定量评估'是很重要的吧？我们评估快速排序算法的平均运行步数时，就没有前提条件喵？"

"没有前提条件哦，因为我们的评估手段只是平均呀。"我说。

10.4 图书室

10.4.1 米尔嘉

"有一个大的前提条件。"米尔嘉说。

周一的图书室。我和平时的伙伴们聚在一起，正在谈论关于快速排序算法的平均运行步数 $\bar{T}_Q(n)$ 的结果。

$$\bar{T}_Q(n) = O(n \log n)$$

"真的有……大的前提条件吗？"我问。

"你取运行步数的平均值时假设了

'算法按相同概率得到所有输入'

这就是前提条件。你将输入的概率分布为**均匀分布**作为了前提条件。"

"啊……"

"正因为这样，你才能认为枢纽项的位置在从 1 至 n 的任何地方都是等价的，然后才能用 n 去除运行步数的总和，从而得到平均值。"

"确实是这样啊。"我也表示认同。

"但、但是……"泰朵拉说，"均匀分布 —— 所有的输入都以相同的概率出现，这是非常自然事情，也不是什么坏事吧。"

"我并不是说均匀分布不好哦，泰朵拉。我只是说不能忘记前提条件。当我们认为快速排序的平均运行步数为 $O(n \log n)$ 时，要附加上'输入服从均匀分布'这一条件。"米尔嘉一边用手指梳理着长发一边说。

"喔……"

"比方说，当我们用快速排序算法处理已经排序过的数列时，平均运行步数为 $O(n \log n)$ 这一观点就是错误的。"

"的确……如果输入是排序过的数列，其最大运行步数就是 $O(n^2)$

对吧？"泰朵拉也表示赞同。

"那么，算法的前提条件越少越好吧。"我说。

"这要根据'好'的定义而定。"米尔嘉回答，"不过，与加上'输入服从均匀分布'这一注释相比，的确是'输入为任意概率分布'的适用范围更广。"

"稍等一下呀，米尔嘉。"我打断米尔嘉的话，"我们能在输入为任意概率分布这样的状况下分析运行步数吗？"

"只要利用随机算法，就能妥善处理。"米尔嘉说，"在某些情况下，我们能利用随机算法，使我们的评估不依赖于输入的概率分布。前几天讲到的 RANDOM-WALK-3-SAT 这一随机算法便是如此。无论作为输入的给定逻辑公式服从怎样的概率分布，我们都能评估成功概率，也能渐近分析算法的运行步数。"

"米尔嘉学姐，但是……"泰朵拉抱着脑袋说，"随机漫步和排序差得也太远了吧。将零散的东西整齐地排列才是排序，在这里真的能使用随机算法吗？"

"能对排序使用随机算法吗？当然能。比方说 ——"

米尔嘉立起食指微笑着说：

"随机快速排序。"

10.4.2　随机快速排序

"在随机快速排序中，我们随机选取枢纽项。无论我们选择哪一个元素作为枢纽项，算法都能完成排序，只是运行步数会发生变化。"

"啊……是这样呢。"

"只要改变快速排序的选取枢纽项的方式，我们就能得到随机快速排序。"

随机快速排序算法 (流程)

▶ **R1a:** procedure RANDOMIZED-QUICKSORT(A, L, R)

R2: if $L < R$ then

▶ **R2a:** $r \leftarrow \text{RANDOM}(L, R)$

▶ **R2b:** $A[L] \leftrightarrow A[r]$

R3: $p \leftarrow L$

R4: $k \leftarrow L + 1$

R5:   while $k \leqslant R$ do

R6:   if $A[k] < A[L]$ then

R7: $A[p + 1] \leftrightarrow A[k]$

R8: $p \leftarrow p + 1$

R9:   end-if

R10: $k \leftarrow k + 1$

R11:   end-while

R12: $A[L] \leftrightarrow A[p]$

▶ **R13a:** $A \leftarrow \text{RANDOMIZED-QUICKSORT}(A, L, p - 1)$

▶ **R14a:** $A \leftarrow \text{RANDOMIZED-QUICKSORT}(A, p + 1, R)$

R15: end-if

R16: return A

R17: end-procedure

"为了将快速排序变为 RANDOMIZED-QUICKSORT, 我做的本质上的改变是, 在原来的流程中追加了行 R2a 与行 R2b。在行 R2a 中, 算法随机选取了一个大于等于 L 小于等于 R 的整数 r, 在行 R2b 中, 算法交换了 $A[L]$ 与 $A[r]$ 的值。"

"只有这些地方不同吗？"

"除去名字上的变化, 剩下的部分与 QUICKSORT 别无二致。"米尔嘉说。

"仅仅改变了这些地方的话, 递推公式也只会有一点不同。"我说。

RANDOMIZED-QUICKSORT 算法的递推公式

$$\begin{cases} \bar{T}_{\mathrm{R}}(0) = 4 \\ \bar{T}_{\mathrm{R}}(1) = 4 \\ \bar{T}_{\mathrm{R}}(n) = \dfrac{1}{n} \displaystyle\sum_{p=L}^{R} \left(7n + \underset{\sim}{4} + \bar{T}_{\mathrm{R}}(p-L) + \bar{T}_{\mathrm{R}}(R-p) \right) \quad (n = 2, 3, 4, \cdots) \end{cases}$$

我接着说：

"如果用 $j = 1, 2, \cdots, n-1, n$ 代替 $p = L, L+1, \cdots, R-1, R$，我们可以把递推公式改写成下面这样的形式。"

$$\begin{cases} \bar{T}_{\mathrm{R}}(0) = 4 \\ \bar{T}_{\mathrm{R}}(1) = 4 \\ \bar{T}_{\mathrm{R}}(n) = 7n + 4 + \dfrac{1}{n} \displaystyle\sum_{j=1}^{n} \left(\bar{T}_{\mathrm{R}}(j-1) + \bar{T}_{\mathrm{R}}(n-j) \right) \quad (n = 2, 3, 4, \cdots) \end{cases}$$

"因此，"我继续说，"随机快速排序算法的平均运行步数的阶果然是

$$\bar{T}_{\mathrm{R}}(n) = O(n \log n)$$

啊。"

"是的，只是意思变了。"米尔嘉补充道，"$\bar{T}_{\mathrm{R}}(n)$ 并不是服从均匀分布的输入的平均值。因为我们随机选取枢纽项，因此运行步数不依赖于输入。即便输入相同，每次运行随机快速排序时，算法的运行步数都可能产生变化。因为 $\bar{T}_{\mathrm{R}}(n)$ 是运行步数的期望。无关给定的输入如何，只要输入的数列大小为 n，我们都可以期待算法的运行步数为 $\bar{T}_{\mathrm{R}}(n)$，并且期望至多为 $n \log n$ 阶。"

■ $\bar{T}_Q(n) = O(n \log n)$

  进行快速排序时,

  <u>对于服从均匀分布的输入</u>,

  算法的平均运行步数至多为 $n \log n$ 阶。

■ $\bar{T}_R(n) = O(n \log n)$

  进行随机快速排序时,

  <u>对于任意输入</u>,

  算法的运行步数的期望至多为 $n \log n$ 阶。

"随机选取枢纽项能把我们从前提条件中解放出来,这真是太神奇了。"泰朵拉说。

10.4.3 观察比较过程

米尔嘉闭上眼睛,用食指在空中描绘奇怪的图形。我们则默默地看着她。

"我们……"米尔嘉睁开眼睛慢慢说道,"已经知道,快速排序算法通过反复进行根据枢纽项划分元素这一操作从而完成排序。算法将'小于枢纽项的元素'划分到枢纽项左侧,将'大于等于枢纽项的元素'划分到枢纽项的右侧。"

"嗯。'左边的翅膀'和'右边的翅膀'对吧!"

"没错。快速排序由'两只翅膀'构成。话说回来,我们是否真正地理解了划分的支柱 ——'对元素进行比较'呢?接下来请听题。"

"是!"泰朵拉答道。

"用随机快速排序对数列 $\{1, 2, 3, \cdots, n\}$ 进行排序时,

什么情况下元素 j 与元素 k 互相比较呢?

补充一下，设 $1 \leqslant j < k \leqslant n$。"

"诶……看情况而定吧。"泰朵拉马上回答。

"没错，看情况而定。"米尔嘉说。

"j 和 k 两个元素……它们可能不被比较，也可能被比较很多次。"

"是吗？"米尔嘉恶作剧似地说。

我一边听两人交谈一边思考。

在随机快速排序中，什么时候要比较 j 和 k 两个元素呢……一定会有两个元素一次也没被比较过的情况。比方说将 $\{1, 2, 3\}$ 输入到随机快速排序中，假设算法随机选取了 2 作为枢纽项。用枢纽项 2 划分元素时，"1 与 2""2 与 3"分别比较了 1 次。划分完成后，"左边的翅膀"的元素只有 1，"右边的翅膀"的元素只有 3，直到算法运行结束，"1 与 3"也没有互相比较过。那么一般来说，在 $\{1, 2, 3, \cdots, n\}$ 中的 j 和 k 什么时候被比较呢……。

"观察划分元素的例子。"米尔嘉说，"因为枢纽项是随机选择的，翅膀内的元素顺序并不重要，所以我们把翅膀当作数的集合来看待吧。"

◎　　◎　　◎

我们把翅膀当作数的集合来看待吧。

比如我们假设给定的输入为下面 8 个数。

$$\{1, 2, 3, 4, 5, 6, 7, 8\}$$

如果 5 被选为枢纽项，"两只翅膀"就可以像这样表示。

$$\underbrace{\{1, 2, 3, 4\}}_{\text{左边的翅膀}} \quad \underbrace{5}_{\text{枢纽项}} \quad \underbrace{\{6, 7, 8\}}_{\text{右边的翅膀}}$$

在创造这"两只翅膀"的过程中，哪些元素和哪些元素被比较了呢？

回答这个问题并不难。"左边的翅膀"中的所有元素都比枢纽项小。我们之所以能得出这个结论，是因为作为枢纽项的 5 分别与 1, 2, 3, 4 进行了比较。同理，"右边的翅膀"中的所有元素都大于等于枢纽项。我们之所以能得出这个结论，是因为作为枢纽项的 5 分别与 6, 7, 8 进行了比较。

也就是说，在一次划分中，

"比较只在'枢纽项'与'枢纽项之外的元素'之间进行。"

在一次划分中，枢纽项之外的元素之间不会发生比较。

接下来，左右翅膀分别进行递归的排序。但是，5 作为划分元素的枢纽项，它不会被分进任何一个翅膀中。也就是说，只要元素被选为枢纽项一次，它就不会再被选为枢纽项。

被比较的两元素中某一方必为枢纽项，被选择为枢纽项的元素不会被选第二次。也就是说，在一次快速排序中，

"比较在两个元素之间至多进行一次。"

元素 j 与元素 k 的比较次数至多为 1 次，这表示它们的比较次数为 0 次或者 1 次。

再一次观察刚刚做出的"两只翅膀"吧。

$$\underbrace{\{1, 2, 3, 4\}}_{\text{左边的翅膀}} \quad \underbrace{5}_{\text{枢纽项}} \quad \underbrace{\{6, 7, 8\}}_{\text{右边的翅膀}}$$

我们对"左边的翅膀"与"右边的翅膀"分别进行递归的排序。在这个过程中，绝不会出现"左边的翅膀"中的元素 1, 2, 3, 4 与"右边的翅膀"中的元素 6, 7, 8 之间进行比较的情况。因此，我们可以说

"比较不会横跨左右翅膀进行。"

◎　　◎　　◎

"比较不会横跨左右翅膀进行。"米尔嘉说。

"的确，的确是这样啊！"泰朵拉说。

"原来如此。"我说，"虽然分析起来感觉是理所当然的，但运用数学公式思考的时候完全没有注意到啊。"

"综上所述，'比较'必然会在翅膀中进行是吧。从翅膀中选择枢纽项，然后用翅膀中剩下的元素和枢纽项进行比较。这也就是'比较不会横跨左右翅膀进行'吧。"

"就是这样，不过接下来才是关键。"米尔嘉站起身来，"既然我们已经如此深入地了解了比较过程，那么对于快速排序而言，我们应该能回答

什么时候会比较元素 j 和元素 k 呢？

这一问题。"

"j 或 k 有一方为枢纽项时！"泰朵拉说。

"这不正确哦。"我说。

"是、是吗？"

"只要想想刚才的例子就明白了。我们假设第一次划分时，枢纽项为 5，第二次划分时枢纽项为 3。3 与 7 之间会进行比较吗？虽然 3 是第二次划分时的枢纽项，但 3 与 7 之间并不会进行比较。"

"啊，还真是这样……这是因为在第一次划分时，j 与 k'各奔东西'到不同翅膀了啊！"

"元素 j 与元素 k 什么时候进行比较呢？"米尔嘉问。

"是想让我们明确地指出比较的条件对吧？"我说。

"嗯……只要 j 与 k 不会'各奔东西'到两个翅膀……并且 j 与 k 有一方为枢纽项就行了吧。"

"应该是的。"我说，"在 $j \leqslant \bigcirc \leqslant k$ 这一范围内，且 j 或者 k 率先成为枢纽项 —— 仅限此时，我们会比较元素 j 与元素 k。"

"诶……是这样吗？我不是很清楚。"泰朵拉说。

"只要思考 j 和 k 会在什么时候'各奔东西'就好啦。"我说，"当存在元素 p

$$j < p < k$$

且 p 先于 j 或 k 被选为枢纽项时，j 与 k 会'各奔东西'到左右的翅膀。为了避免 j 与 k '各奔东西'，只要思考相反的条件就可以了。也就是说，对于满足不等式

$$j < p < k$$

的任意 p 而言，j 或者 k 会先于 p 被选为枢纽项。"

"原来如此！我明白了！"

"因此，米尔嘉出的题'什么时候会比较元素 j 和元素 k'的答案为

'在大于等于 j 小于等于 k 的元素中，j 或者 k 最先被选为枢纽项时'

对吧？"

我说着看向米尔嘉。

"这样理解是正确的。"黑发才女轻轻点头，"我们进一步认识到了元素 j 和元素 k 会在什么情况下相互比较，而且我们已经确认了比较次数只能为 0 次或者 1 次。说起来，意识到'元素 j 和元素 k 的比较次数为 0 次或者 1 次'这一结论让我很开心。"

"为什么?"泰朵拉问。

"因为它让我想起计数的工具。"

"指示器?"理纱说。

"指示器!"泰朵拉叫出声来。

"指示器!"我也叫出声来,"值为 0 或 1 的变量,确实是指示器啊。"

"严格来说,是**指示器随机变量**。"米尔嘉接着说,"虽然'元素 j 和元素 k 的比较次数'会根据随机试验改变,但是它的取值仅限于 0 或 1,也就是指示器随机变量。我们设这个指示器随机变量为 $X_{j,k}$ 吧。"

$$X_{j,k} = \begin{cases} 1 & \text{元素 } j \text{ 和元素 } k \text{ 被比较时} \\ 0 & \text{元素 } j \text{ 和元素 } k \text{ 未被比较时} \end{cases}$$

"指示器随机变量…… 嗯…… 我们以前用它表示过抛硬币时出现正面的次数吧。"

"是的。指示器随机变量这一工具便于计数。利用迄今为止学到的知识,我们不用解递推公式就能评估'总比较次数的期望'。因为总比较次数等于两个元素的比较次数的总和,在这里就该

'和的期望等于期望的和'

大显身手了。"米尔嘉说。

"期望的线性法则。"理纱补充道。

10.4.4 期望的线性法则

米尔嘉继续讲解。

"设表示'元素的总比较次数'的随机变量为 X,表示'元素 j 和元素 k 的比较次数'的指示器随机变量为 $X_{j,k}$。这样,X 就可以分解为 $X_{j,k}$ 的和。也就是所有满足 $1 \leqslant j < k \leqslant n$ 的 j、k 组合的和。"

$$X = \sum_{j=1}^{n-1} \sum_{k=j+1}^{n} X_{j,k} \qquad \text{用 } X_{j,k} \text{ 的和表示 } X$$

$$E[X] = E\Big[\sum_{j=1}^{n-1} \sum_{k=j+1}^{n} X_{j,k} \Big] \qquad \text{对等式两边取期望}$$

$$= \sum_{j=1}^{n-1} E\Big[\sum_{k=j+1}^{n} X_{j,k} \Big] \qquad \text{根据期望的线性法则}$$

$$= \sum_{j=1}^{n-1} \sum_{k=j+1}^{n} E[X_{j,k}] \qquad \text{根据期望的线性法则}$$

"$E[X]$ 可以像这样表示成 $E[X_{j,k}]$ 的和。所以我们只需调查 $X_{j,k}$ 的期望即可。这里 $X_{j,k}$ 为指示器随机变量这一点就变得至关重要。因为

'指示器随机变量的期望等于概率'

总是成立。"

10.4.5 指示器随机变量的期望等于概率

通过期望的定义，我们不难得出指示器随机变量的期望等于概率这一结论。

$$E[X_{j,k}] = 0 \cdot Pr(X_{j,k}=0) + 1 \cdot Pr(X_{j,k}=1) \qquad \text{期望的定义}$$
$$= Pr(X_{j,k}=1) \qquad \text{乘 0 的项消失}$$

也就是说，期望 $E[X_{j,k}]$ 一定等于 $X_{j,k}=1$ 的概率。因为 $X_{j,k}$ 是指示器随机变量，它表示元素 j 和元素 k 是否相互比较，所以我们能这样说。

$$E[X_{j,k}] = \text{元素 } j \text{ 和元素 } k \text{ 相互比较的概率}$$

接着求"元素 j 和元素 k 相互比较的概率"吧。实际上，我们只要思考"什么情况下元素 j 和元素 k 会被比较"这一问题的答案就能立刻得出下面的结果。

"元素 j 和元素 k 相互比较的概率"

= "在大于等于 j 小于等于 k 的元素中，

j 或者 k 最先被选为枢纽项时的概率"

也就是说，只要求从大于等于 j 小于等于 k 的 $k - j + 1$ 个元素中选取 j 或者 k 的概率就可以了。这很简单。

$$\underbrace{\textcircled{j},\ j+1, \cdots, k-1,\ \textcircled{k}}_{k-j+1 \text{ 个}}$$

我们把它想象成一个写有 $j, j+1, \cdots, k-1, k$ 这些数并拥有"$k - j + 1$ 个格子"的轮盘吧。每旋转一次这个轮盘，结果为 j 或者 k 的概率是多少？答案当然是——

$$\frac{\text{选取 } j \text{ 或者 } k \text{ 的情况数（ 2 ）}}{\text{所有情况数（ } k - j + 1 \text{ ）}} = \frac{2}{k - j + 1}$$

因此下面的式子成立。

$$E[X_{j,k}] = \text{元素 } j \text{ 和元素 } k \text{ 相互比较的概率} = \frac{2}{k - j + 1}$$

现在我们回到"和的期望等于期望的和"。

$$E[X] = \sum_{j=1}^{n-1} \sum_{k=j+1}^{n} E[X_{j,k}]$$

$$= \sum_{j=1}^{n-1} \sum_{k=j+1}^{n} \frac{2}{k-j+1} \qquad E[X_{j,k}] \text{为概率}$$

$$= 2 \sum_{j=1}^{n-1} \sum_{k=j+1}^{n} \frac{1}{k-j+1}$$

k在$j+1 \leqslant k \leqslant n$的范围内移动时,$k-j+1$在$2 \leqslant k-j+1 \leqslant n-j+1$的范围内移动,所以设$m = k-j+1$,我们能得出下面这个式子。

$$E[X] = 2 \sum_{j=1}^{n-1} \sum_{m=2}^{n-j+1} \frac{1}{m}$$

$$= 2 \sum_{j=1}^{n-1} \left(\sum_{m=1}^{n-j+1} \frac{1}{m} - \frac{1}{1} \right) \qquad \text{转化为从1开始的和的形式}$$

$$= 2 \sum_{j=1}^{n-1} \left(H_{n-j+1} - 1 \right) \qquad \text{用} H_n \text{表示}$$

$$= 2 \sum_{j=1}^{n-1} H_{n-j+1} - 2 \sum_{j=1}^{n-1} 1$$

$$= 2 \sum_{j=1}^{n-1} H_{n-j+1} - 2(n-1)$$

j在$1 \leqslant j \leqslant n-1$的范围内移动时,$n-j+1$在$2 \leqslant n-j+1 \leqslant n$的范围内移动,所以设$\ell = n-j+1$,我们能得出下面这个式子。

$$E[X] = 2\sum_{\ell=2}^{n} H_\ell - 2(n-1)$$
$$= 2(H_2 + H_3 + \cdots + H_n) - 2n + 2$$
$$\leqslant 2\big(\underbrace{H_n + H_n + \cdots + H_n}_{n-1\,\uparrow}\big) - 2n + 2$$
$$= 2(n-1)H_n - 2n + 2$$
$$= 2n \cdot H_n - 2H_n - 2n + 2$$
$$= O(n \cdot H_n)$$
$$= O(n \log n)$$

至此，我们着眼于随机快速排序中的比较过程，利用"期望的线性法则"与"指示器随机变量的期望等于概率"这两个结论，完成了对期望的阶评估。

$$E[X] = O(n \log n)$$

随机快速排序的总比较次数的期望至多为 $n \log n$ 阶。

10.5　休闲餐厅

10.5.1　各种各样的随机算法

"除了 RANDOM-WALK-3-SAT、RANDOMIZED-QUICKSORT，还有其他种类的随机算法吗？"泰朵拉问。

我们正在车站前的休闲餐厅吃晚餐。

"有无数种随机算法。"米尔嘉回答，"其中最容易理解的是**以把握整体为目的的随机算法**。当研究对象过于庞大，我们难以把握整体时，为了对研究对象有一个整体上的认识，我们可以进行随机抽样。也就是用较少的运行步数尽可能地把握对象整体。"

"就像是先把汤搅匀再去尝味道那样吧。"

"也有**以回避最坏情况为目的的随机算法**，随机快速排序就是这种算法。如果选取固定的枢纽项可能会陷入最坏的情况，因此该算法改用随机选取枢纽项的办法。"

"原来如此。"

"也有**以得出大量证据为目的的随机算法**，比如概率质数测试。该算法以位数很大的整数作为输入，判断输入是否为质数，输出的结果为'一定是合数'或'可能为质数'。"

"那个……'可能'这个词从数学角度来看合适吗？"

"我觉得认真评估失败概率是非常重要的。"我说，"也就是我们不应该只是指出'会有失败的可能性'，还要评估失败概率最多为多少。"

"如果得出'可能为质数'这个结果，我们是可以花时间去作严密的质数检测的。"米尔嘉说，"这就是要取得花费时间与算法严密性的平衡。这种工科的研究方式没有任何坏处。"

"Trade-off，抉择。"理纱说。

10.5.2 准备

"会议的事情你准备得怎么样了？"我问泰朵拉。

"嗯……我原本打算介绍冒泡排序和快速排序的。"泰朵拉说，"不过现在还想介绍从米尔嘉学姐那儿听到的随机快速排序！"

"诶，还要增加内容吗？报告的时间不会不够用吗？"

"能增加一些时间吗？"泰朵拉看向邻座的理纱。

"办不到。"理纱简洁地回答。

"说的也是啊……"

"用文字。"理纱说。

"啊，是啊。"我说，"只要把详细的式子变形以及来不及充分说明的部分印在讲义上，分发给会场的人就可以了啊。"

"原来如此！"泰朵拉说，"就像是给听众写信一样啊！ …… 啊，不、不过，这个准备起来感觉很辛苦的样子。"

"我帮你。"理纱说。

"泰朵拉在听众面前说话不会紧张吧。"我说。

"不是不是！我超级容易紧张！不过这次听众只有十几位初中生对吧？这样的话我应该没问题。"

"房间也定下来了吗？"米尔嘉问理纱。

"我看看。"理纱立刻打开电脑操作起来。

"诶？这也能查到吗？"

"理纱已经把电脑连上图书馆系统了吧。"米尔嘉说。

"Iodine。"理纱看着显示屏回答道。

"哦 …… 在会场作报告啊。"

"会、会场？"泰朵拉吃了一惊。

"听众增加。"理纱说。

10.6　双仓图书馆

10.6.1　Iodine

会议当天的早晨。

天气预报明明是晴天，不巧，天空正下着小雨。

我、泰朵拉还有尤里三人走进双仓图书馆的正门，理纱已经在等着我们了。

"那个，会场在 …… ？"我问。

"这边。"理纱引导我们。

"那个特别帅气的图书管理员 ① 在哪呢。"

"那边。"顺着理纱的视线，我看到一位身材挺拔的男士正在整理书架。

"瑞谷先生。"理纱说。

"诶？"我有些惊讶，"瑞谷先生是瑞谷女史的……"

"弟弟。"理纱说。

"诶诶诶诶？"我们惊讶地叫出声来。

"他也好高啊。"尤里看着瑞谷女史的弟弟说，"……男性其实对自己的身高心里是有数的吧。"

尤里一边说着，一边抚摸自己的额头。

"说起来，米尔嘉大人呢？"尤里问。

"我不是说了米尔嘉不在嘛。"我说，"她明天才回日本。"

"诶——"尤里有些不满。

"……"泰朵拉从早晨开始一句话也没说。

"在紧张吗？"我问泰朵拉。

"没关系……我已经把要讲的东西都写下来了……"泰朵拉把一叠稿子给我看。不过她的状态怎么都不像没问题的样子。

10.6.2　紧张

名为 Iodine 的会场里已经聚集了不少初中生和高中生。

"这么多人……"泰朵拉环视会场感叹道。

虽说会场不是那种大讲堂，可是泰朵拉原本以为报告是在小教室里进行，看到这么大的阵势，难免有些慌张。

会场中正在举行面向初高中学生的研讨会。上午的安排是先由大学

---

① 在《数学女孩 3：哥德尔不完备定理》10.1.1 节，一行人在双仓图书馆前台遇到英俊的图书管理员。——译者注

老师进行演讲，再由泰朵拉作报告。

老师在台上讲离散数学的时候，泰朵拉在台下紧张地浏览稿子。

过了一会儿，讲堂前的屏幕显示出"快速排序"这几个字。终于要到泰朵拉作报告了。

她离开座位，走向讲台，在讲台上差一点摔倒。我不由得起身想要去扶她，好在她没有摔倒，但是手里的稿子撒了一地，她慌忙拾起稿子并整理整齐。我也跟着提心吊胆地都不敢看台上。

她鞠了一躬后，台下响起稀稀落落的掌声。

"今天，我要讲的是……"

泰朵拉的声音突然止住了。

"……"

她说不出话来。

"……！"

我知道泰朵拉拼命地想说话，但她怎么也发不出声音 —— 她已经紧张到了极点。

一开始还很安静的会场逐渐嘈杂起来。"怎么回事啊"这样的窃窃私语在会场中扩散开来。泰朵拉僵在台上一动不动。

我也变得焦躁不安。

"哥哥，泰朵拉正在台上为难啊。"尤里小声说。

尤里不说我也知道，但是我又不能去讲台上帮助泰朵拉。

这时 ——

伴随着柑橘系的芳香，身后传来一声：

"泰朵拉正为难着呢，理纱！"

我一回头，竟然是米尔嘉！

"处理中。"理纱一边打开膝上的笔记本电脑，一边回答。

理纱敲了下键盘。

与此同时，一阵像音叉一样尖锐的声音响彻会场。

理纱又敲了下键盘。

泰朵拉身后的大屏幕"唰"地切换为"请安静"三个大字。

大家的视线回归到屏幕上。

会场的喧闹也逐渐平静下来。

理纱再一次敲击键盘。

大屏幕变回原来的画面。

"泰朵拉！"理纱用微微沙哑的声音喊道。

"Continue！"

10.6.3 报告

泰朵拉深吸一口气然后继续报告。

"出了一些状况，非常抱歉。接下来我要讲的是随机快速排序……"

她的声音非常平稳。

我也从心底松了一口气。

找回状态的泰朵拉，简洁明快地讲解完术语，便开始讲解算法的渐近分析。她没有过分依赖数学公式，举了很多具体的例子，报告进行得很顺畅。

会场内的学生们刚开始还有些迷茫，但不久他们就被泰朵拉说明中的关键句子吸引了。

"示例是理解的试金石。"

"我们要从理所当然的地方开始思考问题。"

"通过导入变量进行一般化。"

"明确前提条件的定量评估。"

泰朵拉还在报告中实际演示了算法的运行过程。她在讲台上逐渐露出微笑。

"因此，我们能得出

　　　　'比较不会横跨左右翅膀进行'

这一结论。"

泰朵拉这样说着，台下的听众纷纷点头。有不由自主地说出"原来如此"的听众，也有认真记笔记的听众。

"期望的线性法则。"

"和的期望等于期望的和。"

"指示器随机变量的期望等于概率。"

"指示器随机变量是用于计数的工具。"

滔滔不绝的泰朵拉已然忘记了紧张，她讲解着，大大的眼睛闪着亮光。讲堂里的听众也都沉浸在泰朵拉的报告中。

10.6.4　传达

就这样，随机快速排序的说明到此为止。

在最后一点时间里，请让我谈一谈学习数学的感受。

数学不仅仅是解决我们面临的问题。

想要努力理解不明白的东西、复杂的东西、模棱两可的东西的动机同样非常重要。提出问题，再动手动脑解决问题也是非常重要的。

在这过程中，我经常会有惊奇的发现。

排序本是为了让错乱的元素井然有序，而随机快速排序这个算法竟然会用到随机选择，这出乎我的意料，真是太神奇了。而我也想把这份惊讶传递给在座的各位。

今天站在这里，我想感谢很久很久以前的数学家，想感谢近代的数学家，想感谢学校的老师、学长、还有双仓图书馆的小理纱……在准备报告的过程中，我得到了很多帮助，请让我在此说一声谢谢。

抱歉，我、我说得太多了。

在最后，我想借用我最喜……嗯……最尊敬的学长的话结束本次报告。

大家知道莱布尼茨吗？在 17 世纪研究二进制的莱布尼茨并不知道 21 世纪的计算机。即便如此，历史上仍有很多数学家在研究二进制，而二进制在如今的计算机中持续焕发着生命力。

即便莱布尼茨离开了这个世界，数学也穿越时空生生不息，传达给身处现代的我们。

"数学，能够穿越时空。"

数学，我们的数学，穿越时空生生不息。
我今天将这份微不足道的报告传达给大家。
也请大家将自己学习的数学传达给身边的人。
将数学的喜悦、学习的喜悦、传递喜悦的喜悦传递下去。

"数学，能够穿越时空。"

请让我用这句话结束我的报告。

谢谢各位的聆听。

◎   ◎   ◎

泰朵拉在讲台上深深地鞠了一躬。

台下爆发出热烈的掌声！

"啊，对了，还有一件事情。"泰朵拉在台上慌张地摆手，想让大家停下来，"大家一起试着做一下数学爱好者的手势 —— 斐波那契手势吧？"

说着泰朵拉夸张地挥着手。

$$1, 1, 2, 3,$$

会场中的大家举手回应。

$$5\cdots\cdots$$

接着，台下再一次爆发出热烈的掌声！

在一片热烈的气氛中，泰朵拉结束了报告。

10.6.5 Oxygen

"啊，我在台上真是急得焦头烂额啊。"泰朵拉说，"当时我头脑一片空白……"

"练习不足。"理纱一边喝着奶茶一边说。

我们正聚在双仓图书馆三层的咖啡餐厅 Oxygen——氧，现在正是午餐时间。窗外的雨已经停下，云隙间透出蓝天。

"不是很好地救场了嘛。"米尔嘉说。

"连斐波那契手势也做了呀。"我说。

"啊啊！我真是太紧张了。下午我想悠闲地度过，不过下午好像还有很有趣的研讨会。"泰朵拉一边翻着宣传单一边说。

"倒是有不少面向初中生的研讨会……"尤里一边四处张望一边说，她一副心神不定的样子。

在我们吃饭聊天的时候，总有素未谋面的人向泰朵拉搭话。不仅有日本的学生，还有来自中国的男生和来自瑞典的女生，他们都拿着泰朵拉分发的讲义。

是啊——数学不仅能穿越时空，还能跨越国境。

来自瑞典的女生金发碧眼，像娃娃一样可爱，我不禁看得入了迷。她用英语与泰朵拉交流，泰朵拉也认真地用英语回答。

"泰朵拉你真厉害啊。"女生离开后我说。

"用英语交流倒是没问题，但是我对数学的理解没有跟上啊。"泰朵拉脸涨得通红，"米尔嘉学姐，刚刚那位女生提到的 probabilistic analysis of algorithms 与 analysis of randomized algorithms 的区别是什么呢？"

"比如，"米尔嘉说，"在假设输入服从某种概率分布的前提下研究该输入的算法的运行时间叫作 probabilistic analysis of algorithms，即算法概率分析。与之相对应，在 analysis of randomized algorithms，也就是随机算法分析中，我们无须假设输入的概率分布。你报告中提到的随机快速排序就是一种随机算法分析。"

10.6.6　连接

"话说回来 Iodine 是什么意思？"

"嗯……就是英语中的另一个 I。"泰朵拉微笑着说。

"另一个 I？"

"Iodine 是碘，元素符号为 I。"

"啊啊，是这么回事啊。"

泰朵拉的表情忽然变得严肃起来。

"谈到超越自己的生命，将思想传递下去的方法时，米尔嘉学姐提到了'论文'。"泰朵拉说，"但我觉得除了论文之外还有其他的方法，比如教育。人们可以将知识传授给其他人，其他人再把知识传授给其他人，人们就可以像这样把思想传递到永远。"

"嗯……"米尔嘉抱着胳膊若有所思。

"呼……"尤里叹了一口气。

"怎么了尤里，你没什么精神啊。"

"将思想传递给别人真的办得到吗？"尤里耷拉着肩膀说，"真的能将自己的心情与远方的人连接起来吗……"

"能的。"泰朵拉说，"距离并不是问题。语言有绝对的力量。"

这时尤里"唰"地抬起头，向四周张望。

不知何处传来喊尤里的声音。

追着尤里的视线，我看到别的桌子上有一位初中生模样的男生正向我们这边挥手。

"什么啊，既然来了就说一声啊……"

说着尤里站起身向男生的桌子那边走去。

"毕竟是亲过额头的关系……"泰朵拉小声说。

"亲额头？"

10.6.7　庭园

在咖啡餐厅吃过午饭，我与米尔嘉两人来到庭园里。

雨后的空气格外清新。

"你的表情就像是尤里的父母一样啊。"米尔嘉说。

"你回来了啊。"

"我提前了一天。"米尔嘉紧紧握住我的手说。

无言的时间。

"真凉啊。"米尔嘉皱了皱眉。

"啊……"两人一直沉默不太好吧，"嗯，我很开心……"

这种时候我该说些什么好呢？

"我是说你的手很凉啊。"

啊？啊啊……

"我虽然现在还无法和你约定什么，但总有一天，我会支持你——"

我也不知道说什么好，头脑中乱作一团。

"你什么都不明白。"米尔嘉叹了口气说。

"？"

"你的存在是——"

"存在？"

"没什么。"米尔嘉说着错开视线。

"总有一天我会定下约定的。我保证。"我说。

"高阶约定啊。那么，作为约定的预支——"

"预支？"

"不用电话——"

米尔嘉说着向我走近一步。

"？"我不由自主地后退一步。

"也不用写信——嗯，你知道近在咫尺的意思吗？"

"近在咫尺的意思？"

米尔嘉拉住我的手，又靠近了一步。

"你不懂吗？"

"呃……"我吞吞吐吐说不出话来。

"你马上就知道了。"她说着把脸凑了上来。

米尔嘉近在咫尺。她戴着金属框眼镜，眼镜片泛着蓝光。深处是她静谧的眼瞳。

"没错，用不了一分钟。"

10.6.8　约定的印记

两分钟后。

泰朵拉来到了庭园。

"学长学姐！你们在这儿啊。啊，好漂亮的彩虹。"

雨后的天空万里无云，蓝天上浮现彩虹。

"下午的研讨会要开始了哦！"

我向着双仓图书馆迈出一步。

回头仰望天空，彩虹清晰可见。

　　　"彩虹是约定的印记。"

架在空中的彩虹桥，一眼望去像是约定的印记。

梅雨季节就要结束了。

即将到来的是 —— 炎热的夏天。

随机算法（randomized algorithm）的概念
自诞生起已经有30年的历史。
在算法理论的领域中，
随机算法已经彻底取得了公民权。
仅从算法的角度来看，
如今把随机算法划分进算法是理所应当的。
但在实用算法的世界中，
很难说随机算法的效果与价值已经得到了充分的认识。
——玉木久夫《随机算法》[24]

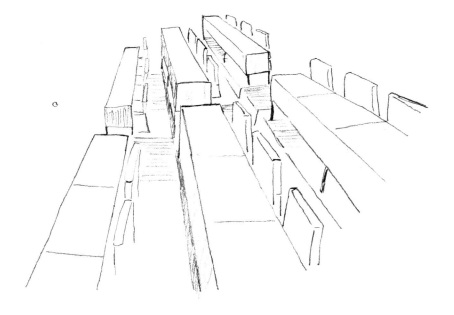

尾　声

"老师！"少女跑进办公室。

"怎么了？"我从文件中抬起头。

"今天我来出题！"

售卖点 A 和售卖点 B 两个地方在卖彩票。

请分析"与售卖点 A 相比，售卖点 B 的中奖概率更高"这一传言。

"在数学上无意义。"我立即回答，我才不会上这种当。

"不过，这个传言是真的！"少女窃笑不止。

"不可能，难道有什么不正当的行为？"

"嘿嘿，不对哦。实际上，和售卖点 A 相比，售卖点 B 售卖的彩票张数更多！售卖点卖出的彩票张数越多，在那个售卖点出现中奖彩票的概率就会变得越高哦，老师。"

"那每个彩票的中奖概率不也没有变高吗？"

"而且啊，误会了这个传言的人们又会在售卖点 B 买更多的彩票，结局就是在售卖点 B 中奖的概率越来越高。"

"喂喂……"

"偶尔有这样的小伎俩也没什么吧？"少女再一次偷笑起来，"所以说老师，你有新的卡片吗？"

"嗯，你看看这个吧。"

"哪个哪个……

　　'被改动过一个数的随机数表，还能称作随机数表吗？'

这个？"

"你知道随机数表吗？"

```
8 0 0 5 8 9 6 7 7 0 2 9 7 5 9 6 8 5 1 4
5 8 2 7 7 2 1 7 6 6 0 8 1 5 6 2 2 3 6 1
5 2 8 9 9 2 0 7 5 0 1 0 1 6 8 9 8 9 6 7
3 5 1 9 4 6 2 9 8 9 7 7 1 1 3 6 3 9 2 2
9 4 8 6 5 8 4 7 5 4 5 1 5 7 9 4 4 1 9 9
4 0 4 9 7 3 5 0 1 3 8 2 6 2 0 3 8 7 7 5
3 5 6 3 1 3 4 8 7 2 2 0 3 8 5 5 1 8 4 8
2 9 3 8 4 5 9 0 7 6 0 2 9 5 4 6 0 6 4 0
1 8 7 0 5 6 1 4 7 2 6 6 1 5 9 3 1 8 0 2
5 8 7 1 0 3 5 8 4 6 6 1 6 1 9 5 6 7 ⋯
```

"当然知道啦，随机数表是由随机排列的数构成的表对吧？ 嗯……嗯…… 因为是随机排列的数，所以就算改写一个数也可以称作随机数表吧？"

"你的意思是即便随机数表中有一个数被改写了，它仍然是随机数表？"

"就是这样。"

"那么，已经有一个数被改写了的随机数表 —— 即使我们再改写一个数，这个数表还是随机数表喽？"

"呃……"少女有些困惑。

"也就是说，无论随机数表有多少个数被改写，它仍然是随机数表。换言之，我们可以把任意数表称为随机数表。"

"呃呃呃……"少女小声嘟囔着陷入沉思。

"回家慢慢想吧。你看，雨已经停了。"

"……呐，老师，我们先把随机数放一边。"少女一边用手指摆弄着卡片一边说，"老师您在课堂上经常说'示例是理解的试金石'对吧？"

"是啊。试金石原本指鉴定贵金属所用到的黑色石头。现在我们用试金石来比喻评价这一行为，评价也可以说是测试。'示例是理解的试金石'这句话的用意是让大家试着举出具体的例子。也可以说是通过具体的例子来测试你是否真正的理解了。"

"老师……对于我来说，真正的测试在哪里呢？"

"真正的测试？"

"只要通过了这个测试，前方就没什么难关了 —— 就是像这样的测试。高考这个试金石并不能测试我能否一帆风顺地活着吧？"

"高考就是高考，不过是为了进入大学的选拔考试而已。"

"我能一帆风顺地活着吗……"

少女露出前所未有的认真表情。

我觉得我有必要认真回答她，可教师能做到的微乎其微。17 岁少女的"问题"的"答案"还需要本人去找到。

"老师在高中时代也思考过类似的问题哦。"

"诶！是这样吗？"

"嗯，我们一样的。"

"老师，上了年纪的话，我也会活得轻松吗？"

"喂喂……不要把人说的像大叔一样啊。"

少女自言自语地说道：

"生于这个世界，该怎样利用属于自己的时间呢？应该去做些什么呢？我喜欢数学，也打算认真准备高考，但是在高考之后又有什么等着我呢？没有人来告诉我答案。读书，思考，我越学习就越发觉自己所知甚少……老师，如果我能顺利升入大学，进入公司，出色完成工作，和优秀的男性邂逅，这样我的烦恼就会消解吗？"

"是啊，谁说得清呢……"

"老师，您庆幸自己成为教师吗？"

"嗯。老师我喜欢传道授业，也喜欢数学。尤其喜欢与学生进行数学'对话'，享受认真提问与认真回答的过程。为什么人类上百年上千年持续不断地向数学贡献力量、传道授业，现在老师觉得自己稍微能理解了。"

"喔……"

"数学，能够穿越时空。"

"穿越时空？这么说来我们正触及'永远'啊，老师。"

"没错。我们正触及永远 —— 通过现在，触及永远。"

"是啊！珍惜现在啊！老师，我现在充满活力了！"

"啊 —— 我也有干劲了。"

"啊哈，我第一次听到您称呼自己的时候没用'老师'呢。"

"哦，是吗？"

"我还会再来的，老师。"

"嗯。"

少女离开办公室没多久，又回来了。

"老师，我发现了新的解！"

"你指什么？"

"刚才的随机数表啊。'被改动过一个数的随机数表，还能称作随机数表吗？'"

"嗯？——新的解？"

"这样回答怎样？'其实随机数表这种东西根本不存在。'"

"哦？"

"或者说，"少女笑着说道，"也许'是否为随机数表'这种二选一的问题就是错的。也许我们应该像'这个随机数表的随机程度是怎样的？'这样评估数表随机程度呀，老师！"

"哦哟。"

"总之，今天的'对话'大概就是这种感觉。谢谢老师。"

少女开心地晃着手指离开了教师办公室。

我透过窗户望向外面。

少女刚刚穿过校门。

她转过身，夸张地冲着我挥手。

我也隔着窗户挥手回应。

啊，她真是个才思敏捷的孩子……

我发自内心地祈祷少女的学习之路、人生道路充满梦想与希望。

我不自觉地抬起头。

雨已经停了。

湛蓝湛蓝的晴空上挂着——约定的彩虹。

对于多种多样的算法应用来说，
随机算法是能应用的最单纯的算法么？
还是说它是最快速的算法呢？
亦或是二者都是呢？
——《随机算法》[25]

后 记

所谓写作，便是想包含进所有心思，却难免遗漏。
—— 幸田文《包》

我是作者结城浩。

不才拙笔，为各位献上《数学女孩 4：随机算法》一书。

本书是

- 《数学女孩》(2007 年 [①])
- 《数学女孩 2：费马大定理》(2008 年)
- 《数学女孩 3：哥德尔不完备定理》(2009 年)

的续篇，属于《数学女孩》系列的第四部作品。出场人物包括"我"、米尔嘉、泰朵拉、表妹尤里，还有声音沙哑的理纱。数学与青春的故事一如既往地围绕着他们五个人展开。

在本书的创作中，我采取了记录主人公们活动的这种写作形式。每

[①] 此处年份是《数学女孩》日文原书出版时间，并非中译本出版时间。接下来两行同此说明。—— 译者注

一位主人公都遵循着自己的方法挑战遇到的问题。虽然有时他们能摸索到答案，但更多的时候他们会在途中陷入困境。而在这一过程中，主人公们会迎来惊奇的新发现……可以说内容就是主人公们经历着"不知会发生什么"的每一天。我自身也时常感叹惊讶于他们的发言，希望可以把这份激动的心情传递给各位读者。

本书和《数学女孩》系列的前三本一样，都使用 LaTeX2ε 和 Euler 字体（AMS Euler）排版。排版方面，多亏了奥村晴彦老师的《LaTeX2ε 精美文章制作入门》[1]一书，在这里对奥村晴彦老师深表感谢。版式采用了 Microsoft Visio 以及由大熊一弘老师（tDB 老师）设计的用于制作初级数学印刷品的宏 emath 制作，在这里也对大熊一弘老师深表感谢。

各章的章首引语出自《鲁滨逊漂流记》，日文引语由我所译[2]。

另外，我还想对那些阅读我写作过程中完成的原稿，并发表宝贵意见的以下各位，以及匿名人士致以诚挚的谢意。当然，本书中若有错误，则均为我疏漏所致，以下人士不负任何责任。

actuary_math、赤泽凉、石宇哲也、稻叶一浩、上原隆平、镜弘道、川岛稔哉、毛塚和宏、上泷佳代、田崎晴明、花田启明、平井洋一、藤田博司、前原正英、松木直德、三宅喜义、村田贤太（mrkn）、山口健史、矢野勉、吉田有子。

感谢各位读者、各位经常访问我的网站的朋友们、经常为我祈祷的教友们。

---

[1] 原书名为『LaTeX2ε 美文書作成入門』，尚无中文版。——译者注
[2] 中文引语由本书译者根据日文引语译出，其中参考或引用了鹿金的译本（见第 6 章章首脚注），在此深表感谢。——译者注

感谢一直支持我写完本书的野泽喜美男总编。还要感谢无数喜爱《数学女孩》系列的读者，你们的鼓励对于我来说无比宝贵。

感谢我最爱的妻子和两个儿子。

谨以本书献给我的父亲，感谢他将学习的快乐传递给我。

最后，感谢一直把本书读完的您。

我们有缘再会。

结城浩

2011 年，对发生出乎意料的事情的每一天都怀抱惊讶与感谢

http://www.hyuki.com/girl/

参考文献和导读

图书馆好比我的第二个家。

或者不如说，

对我来说图书馆才是真正的家。①

—— 村上春树《海边的卡夫卡》

读物

[1] 结城浩. 数学女孩 [M]. 朱一飞，译. 北京：人民邮电出版社，2016.

　　　该书是《数学女孩》系列的第一部作品，描写了"我"、米尔嘉、泰朵拉三人的邂逅和故事。三个高中生在放学后的图书室、教室以及咖啡店挑战与学校所学内容略有不同的数学。

[2] 结城浩. 数学女孩2：费马大定理 [M]. 丁灵，译. 北京：人民邮电出版社，2016.

　　　该书是《数学女孩》系列的第二部作品。在这本书中，初中生尤里加入了高中生三人组，他们为了求整数的"真实的样子"而踏上旅途。该书描写的是从简单的数字谜题来切入，通过群、环、域到达费马大定理的整个过程。

---

① 该段落引用自《海边的卡夫卡》（村上春树著，林少华译，上海译文出版社2017年5月出版）。——译者注

[3] 结城浩. 数学女孩 3：哥德尔不完备定理 [M]. 丁灵，译. 北京：人民邮电出版社，2017.

　　　　该书是《数学女孩》系列的第三部作品。书中描写了高中生三人组与尤里利用形式系统 "把数学数学化" 的故事。在这本书中，主人公们向因 "不完备" 这一名字饱受误解的哥德尔不完备定理发起挑战。

[4] 结城浩. 程序员的数学 [M]. 管杰，译. 北京：人民邮电出版社，2012.

　　　　该书是程序员学习 "数学思维" 的入门书。书中讲解了逻辑、数学归纳法、排列组合、反证法等内容。

[5] 伊藤清. 確率論と私 [M]. 東京：岩波書店，2010.

　　　　《概率论与我》(尚无中文版)。该书是创造了随机微分方程式的数学家伊藤清的随笔集，记录了柯尔莫哥洛夫的教育论以及有关学习数学的态度的提示。

离散数学

[6] Jiří Matoušek，Jarošlav Nesetřil. 離散数学への招待(上)[M]. 根上生也，中本敦浩，訳. 東京：シュプリンガー・ジャパン，2002.

　　　　《离散数学的邀请(上)》(尚无中文版，英文版书名为 *Invitation to Discrete Mathematics*)。该书(上卷)适合用于学习渐近式、基本量的评估、组合的基本技法(本书在第 6 章评估 $n!$ 时参考了该书)。

[7] Jiří Matoušek，Jarošlav Nesetřil. 離散数学への招待(下)[M]. 根上生也，中本敦浩，訳. 東京：シュプリンガー・フェアラーク東京，2002.

　　　　《离散数学的邀请(下)》(尚无中文版)。下卷可以学到图论、投影平面、概率、母函数等相关知识(本书第 4 章和第 5 章参考了该书)。

[8] Ronald L.Graham，Donald E.Knuth，Oren Patashnik. 具体数学：计算机科学基础(第 2 版)[M]. 张明尧，张凡，译. 北京：人民邮电出

版社，2013.

这是一本以求和为主题的、关于离散数学的书，第8章讲解离散概率，第9章讲解渐近式（本书整体上参考了该书[①]　）。

概率论

[9] 柯尔莫哥洛夫. 概率论导引 [M]. 周概容，肖慧敏，译. 哈尔滨：哈尔滨工业大学出版社，2012.

　　　　该书是一本概率论入门书，由公理概率论的创立者、苏联数学家柯尔莫哥洛夫编写。读者可以通过诸多浅显易懂的问题与例子邂逅概率活泼灵动的一面（本书第4章、第5章和第8章参考了该书）。

[10] 平冈和幸，堀玄. 程序员的数学2：概率统计 [M]. 陈筱烟，译. 北京：人民邮电出版社，2015.

　　　　该参考书适合非数学专业的读者用于学习概率及统计的基础知识。通过阅读此书，读者可以从"概率就是面积"入手逐步学习便于运用的概率基础知识（本书第4章和第5章参考了该书）。

[11] Gunnar Blom，Lars Holst，Dennis Sandell. 確率論へようこそ [M]. 森真，訳. 東京：シュプリンガー・ジャパン，2005.

　　　　《欢迎来到概率论》（尚无中文版，英文版书名为 *Problems and Snapshots from the World of Probability*）。这是一本问题集，可以使读者在解决典型概率问题的过程中逐步把握概率的全貌（本书第4章、第5章和第8章参考了该书）。

[12] 小針晛宏. 確率・統計入門 [M]. 東京：岩波書店，1973.

　　　　《概率统计入门》（尚无中文版）。该书是概率、统计的教科书（本书第4章、第5章和第8章参考了该书）。

[①] 其中第1章和第5章末尾的引语引用了译者张明尧、张凡的译文（见第5章章末脚注），在此深表感谢。——译者注

线性代数

[13] 高橋正明. モノグラフ 行列 [M]. 東京：科学新興新社，1989.

  《矩阵专题分析》(尚无中文版)。这是一本适合高中生学习矩阵要点的参考书、问题集(本书第 7 章参考了该书)。

[14] 堀玄，平冈和幸. 程序员的数学 3：线性代数 [M]. 卢晓南，译. 北京：人民邮电出版社，2016.

  本参考书主要面向以实际应用线性代数为目的的非数学专业读者(本书第 7 章参考了该书。虽然听说利用汉字记忆"行"与"列"的方法在数学课堂上也经常讲到，不过这个方法笔者是参考了这本书才写出来的)。

[15] 志賀浩二. 線形代数 30 講 [M]. 東京：朝倉書店，1988.

  《线性代数 30 讲》(尚无中文版)。从联立方程式到特征值，读者可以根据该参考书分 30 步逐步学习。该书旨在使读者站上"线性法则"的舞台，透彻了解线性代数(本书第 7 章参考了该书)。

[16] 志賀浩二. 線形という構造へ　次元を超えて [M]. 東京：紀伊國屋書店，2009.

  《超越维度——向着线性构造前进》(尚无中文版)。该书由"有限维度的线性法则"和"无限维度的线性法则"两部分构成(本书第 7 章参考了该书)。

算法总论

[17] Jon Bentley. 编程珠玑(第 2 版 - 修订版)[M]. 黄倩，钱丽艳，译. 北京：人民邮电出版社，2015.

  这本读物包含了诸多与算法相关的趣味话题(本书第 10 章参考了该书)。

[18] Thomas H.Cormen，Charles E.Leiserson，Ronald L.Rivest，等．算法导论（原书第3版）[M]．殷建平，徐云，王刚，等译．北京：机械工业出版社，2012．

　　标准的算法教科书。由日本近代科学出版社分三册翻译出版（本书第2章、第6章和第10章参考了该书）。

[19] Donald E. Knuth．计算机程序设计艺术 卷1：基本算法（第3版）[M]．李伯民，范明，蒋爱军，译．北京：人民邮电出版社，2016．

　　该书是被评为"算法圣经"的历史性教科书。第1卷的内容为"离散数学和数据结构"（本书第2章参考了该书）。

[20] Donald E. Knuth．计算机程序设计艺术 卷2：半数值算法（第3版）[M]．巫斌，范明，译．北京：人民邮电出版社，2016．

　　"算法圣经"的第2卷。第2卷的内容为"随机数与算术运算"（本书第9章和第10章参考了该书。本书尾声中的随机数表问题参考了该书3.5节的习题44）。

[21] Donald E. Knuth．计算机程序设计艺术 卷3：排序与查找（第2版）[M]．贾洪峰，译．北京：人民邮电出版社，2017．

　　"算法圣经"的第3卷。第3卷的内容为"排序与查找"（本书第2章、第6章和第10章参考了该书）。

[22] Donald E. Knuth．计算机程序设计艺术 卷4A：组合算法（一）[M]．李伯民，贾洪峰，译．北京：人民邮电出版社，2019．

　　"算法圣经"的第4卷分册A（本书第9章的强正美柔问题参考了该书7.1.1节的李维斯特8子句公式（公式32））。

[23] J. Kleinberg，É. Tardos．算法设计[M]．张立昂，屈婉玲，译．北京：清华大学出版社，2007．

　　读者可以通过该参考书学习算法的典型思考方法和设计方法（本书第2章、第6章和第10章参考了该书）。

随机算法

[24] 玉木久夫. 乱択アルゴリズム [M]. 東京：共立出版，2008.

　　　《随机算法》(尚无中文版)。该书是日本首次以随机算法为主题的教科书。书中将随机算法分门别类，浅显易懂地进行了解说(本书第9章和第10章参考了该书)。

[25] Rajeev Motwani，Prabhaker Raghavan. 随机算法 [M]. 孙广中，黄宇，李世胜，译. 北京：高等教育出版社，2008.

　　　该书是随机算法领域的先驱教科书(本书第9章和第10章参考了该书)。

[26] Michael Mitzenmacher，Eli Upfal. 概率与计算 [M]. 史道济，译. 北京：机械工业出版社，2007.

　　　该书是一本与随机算法分析、算法概率分析相关的教科书。该书的讲解由浅入深，首先从概率论的基础知识开始讲起，最后扩展到随机算法的尖端话题(本书第8章、第9章和第10章参考了该书)。

[27] Juraj Hromkovič. 計算困難問題に対するアルゴリズム理論 [M]. 和田幸一，増澤利光，元木光雄，訳. 東京：シュプリンガー・フェアラーク東京，2005.

　　　《面向计算困难问题的算法理论》(尚无中文版，英文版书名为 *Algorithmics for Hard Problems*)。该书是设计面向困难问题算法的参考书。书中讲解了如何利用决定论、近似、概率论的手段进行算法设计(本书第10章参考了该书)。

论文

[28] Uwe Schöning. A Probabilistic Algorithm for k-SAT and Constraint Satisfaction Problems [D]. Proceedings of the 40th Annual

IEEE Symposium on Foundations of Computer Science, IEEE Computer Society, 1999：410-414.

这是一篇与3-SAT问题的一般化k-SAT问题相关的论文。其中记述了通过随机漫步从概率角度入手解决k-SAT的方法，论文还记述了将SAT问题一般化的约束满足问题（CSP）（本书第9章参考了该论文。在第9章的评估中，本书参考了Robert B. Ash的 *Information Theory*）。

[29] Brian Dawkins. Siobhan's Problem: The Coupon Collector Revisited [D]. The American Statistician, Vol.45, No.1, 1991：76-82.

这是一篇有关赠券收集问题的论文（本书问题5-3（直到出现所有点数的期望）参考了该论文）。

Web网站

[30] 结城浩. 数学ガールシリーズ. http://www.hyuki.com/girl/.

该网站搜集了一些与数学和少女相关的读物。《数学女孩》系列的最新信息都在这里。

我，不是独自一人。

每个人都在独自面对"自己的问题"。

全世界的"小数学家"们都在忙于各自的问题。

所以、所以我并不孤独。

即便面对的问题不同，

我也绝对、绝对不孤独。

——《数学女孩4：随机算法》

版 权 声 明